核电厂维修人员专业技能培训教材

控制和保护设备检修

中核核电运行管理有限公司　组织编写

中国原子能出版社

图书在版编目（CIP）数据

核电厂维修人员专业技能培训教材. 控制和保护设备检修 / 中核核电运行管理有限公司组织编写. —北京：中国原子能出版社，2020.11（2024.7 重印）
ISBN 978-7-5221-0945-9

Ⅰ. ①核… Ⅱ. ①中… Ⅲ. ①核电厂–控制设备–设备检修–技术培训–教材②核电厂–保护装置–设备检修–技术培训–教材 Ⅳ. ①TM623.7

中国版本图书馆 CIP 数据核字（2020）第 192100 号

核电厂维修人员专业技能培训教材　控制和保护设备检修

出版发行　中国原子能出版社（北京市海淀区阜成路 43 号　100048）
责任编辑　刘东鹏
装帧设计　赵　杰
责任校对　冯莲凤
责任印制　赵　明
印　　刷　中煤（北京）印务有限公司
经　　销　全国新华书店
开　　本　787 mm×1092 mm　1/16
印　　张　21.875
字　　数　547 千字
版　　次　2020 年 11 月第 1 版　2024 年 7 月第 2 次印刷
书　　号　ISBN 978-7-5221-0945-9　　　**定　价　154.00 元**

网址：http://www.aep.com.cn　　　**E-mail：atomep123@126.com**
发行电话：010-88828678

核电厂维修人员专业技能培训教材

控制和保护设备检修

编审委员会

主　任	邹正宇			
副主任	朱晓斌	刘崇都	吴炳泉	董军成
委　员	王孔钊	王晓波	方幼君	卢才华
	叶丹萌	朱　磊	孙国忠	李厚文
	吴小海	吴明亮	邹俊磊	张世敏
	周瑞东	郑建华	费志松	徐宏明
	盛建华	韩光辉	蒲晓彬	樊鹏飞
编　者	王　波	井维泉	田　野	冯　薇
	关　悦	许琳燕	李　倩	宋　磊
	张建平	张　洁	陈海锋	周民建
	赵　俊	姚　彤	贾小强	夏善杰
	徐　波	盛建新	童之刚	廖明军
	谭　平			
审　者	卫毓卿	方幼君	方金土	卢才华
	朱　磊	孙国忠	李显俊	张　兵
	苑成光	金国强	彭小蓟	楼贤根
	雷夏生	廖明军		

出版前言

为保障入职一年以上的核反应堆维修员工获得应对正常工况和紧急情况所需的工作技能和技术水平，中核核电运行管理有限公司维修领域各处室和综合培训处在完成维修专业技能培训科目编制和教学实施工作的基础上，继续推动了《维修专业技能培训教材》控制与保护合订本的出版工作。

《维修专业技能培训教材》控制与保护合订本中所有科目于 2015 年编制完成。2016 年开始面向维修领域入职一年的员工进行教学实施，并纳入中核核电运行管理有限公司各维修处室的岗位培训清单。《维修专业技能培训教材》控制与保护合订本的所属科目对维修领域的员工技能培训工作中起到了“提高维修技能水平、保障机组安全生产”的作用。为了更好发挥维修专业技能培训教材的作用，配合核电厂维修领域工作的顺利有序开展，便于培训部门有效地组织培训，正确引导学员通过培训、学习，提高自身素质和能力，中核核电运行管理有限公司综合培训处组织印刷出版《维修专业技能培训教材》控制与保护合订本。

《维修专业技能培训教材》控制与保护合订本内容紧扣维修领域入职一年后的员工所迫切需要掌握的维修相关技能；通过对核电厂共性专业设备中控制与保护知识学习和基本操作技能演练，正确辨识相关参数，通过对核电厂共性控制与保护设备基本操作演练，正确认识岗位上专业维修控制与保护设备的基本操作方法，进而提升核电厂维修人员对控制与保护设备进行规范操作的能力。

《维修专业技能培训教材》控制与保护合订本包含 11 个部分。其中第一部分 使用存储记录仪(8841 型)专业技能培训由宋磊负责编写，第二部分 使用高阻仪专业技能培训由夏善杰负责编写，第三部分 保护系统识图专业技能培训、第四部分 反应堆保护系统功能试验专业技能培训由周民建、赵俊、张建平、姚彤、冯薇、许琳燕、张洁负责编写，第五部分 堆外核测系统定期试验专业技能培训、第六部分 堆内核测系统定期试验专业技能培训、第七部分 棒控棒位系统日常及大修试验专业技能培训由冯薇负责编写，第八部分 DCS 系统试验操作专业技能培训由井维泉负责编写，第九部分 DEH 系统技能培训由李倩、冯薇负责编写，第十部分 装卸料控制系统操作技能培训由徐波负责编写，第十一部分 基于 I/A+ADACS-N 平台的 DCS 系统试验操作培训由谭平负责编写。内容涵盖核电厂共性专业设备中控制与保护设备的理论知识和基本操作技能。

《维修专业技能培训教材》控制与保护合订本的编制出版，凝聚着编、审、校、排、印及组织管理人员的大量辛勤劳动和心血，同时得到了相关部门的大力支持和热情帮助，在此表示深深地谢意！

《维修专业技能培训教材》控制与保护合订本中如有不妥之处，恳请批评指正。

中核核电运行管理有限公司

目　　录

第一部分　使用存储记录仪（8841 型）

第二部分 使用高阻仪

第三部分 保护系统识图

第四部分 反应堆保护系统功能试验

第五部分　堆外核测系统定期试验

第六部分　堆内核测系统定期试验

第七部分　棒控棒位系统日常及大修试验

第八部分 DCS 系统试验操作

第九部分 DEH 系统

第十部分　装卸料控制系统操作

第十一部分 基于 I/A+ADACS-N 平台的 DCS 系统试验操作

第一部分 使用存储记录仪(8841 型)

第一章 操作准备

1.1 存储记录仪概述

1.1.1 存储记录仪的定义

所谓的存储记录仪即将采样后的电压等信号转换为波形或数字代码进行显示或存储，以便于后续工况分析，图 1-1 即为存储记录仪的原理图。

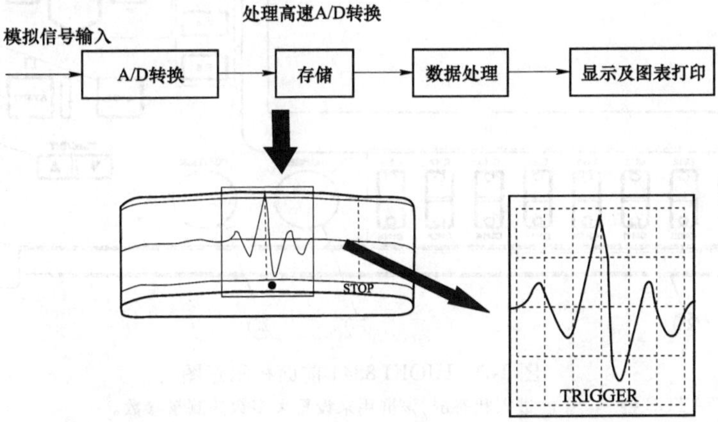

图 1-1 存储记录仪原理图

其中对于 A/D 转换部分，见图 1-2，采样速度越快，X 轴上的数据就越精确，分辨率越高，Y 轴上的数据就越精确。

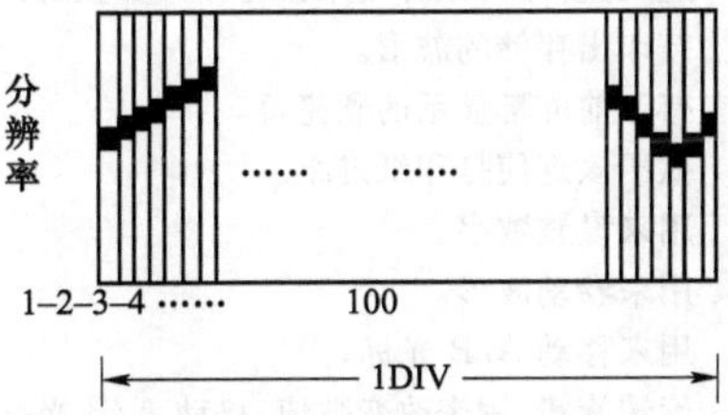

图 1-2 存储记录仪 A/D 转换 1.1.2 HIOKI 8841 的基本结构与设置

1. 前面板

HIOKI 8841 记录仪前面板上设置有所有的按键以及旋钮，用来完成参数设置、调节、测量、存储、打印、查看等基本操作，图 1-3 即为其示意图。

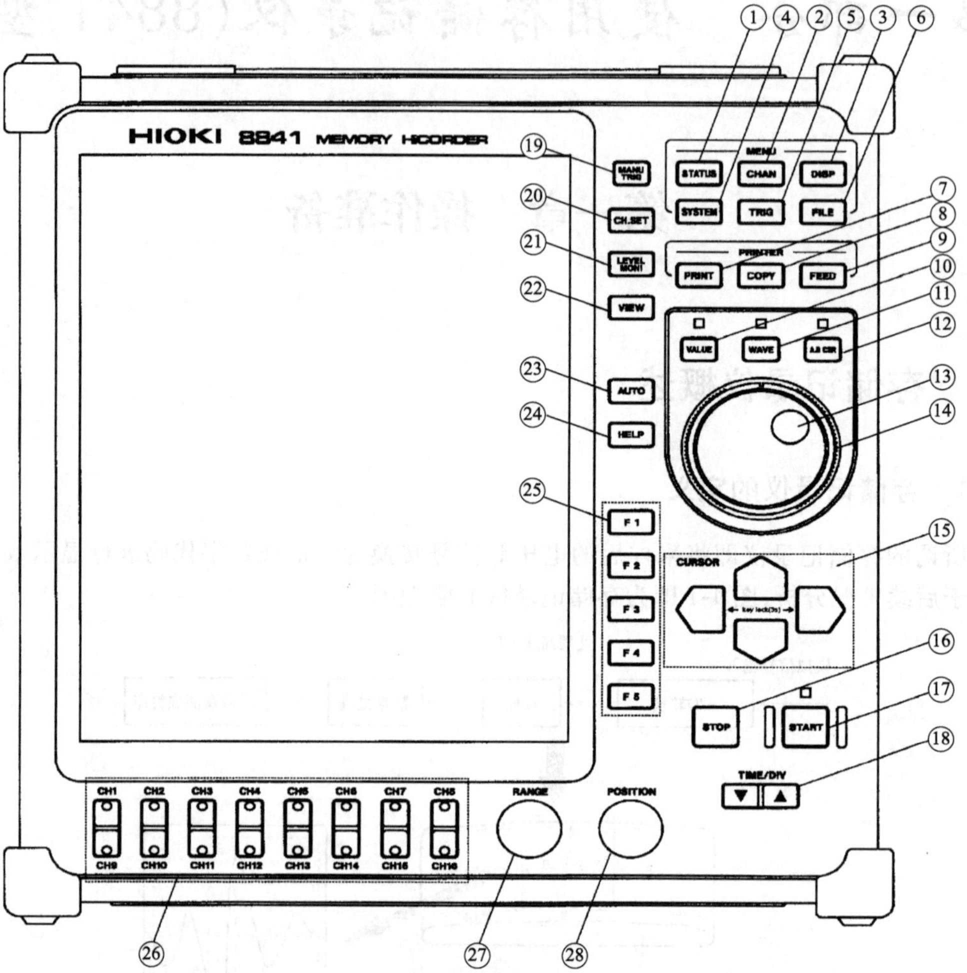

图 1-3　HIOKI 8841 前面板示意图

① STATUS 键　　进入状态屏，该屏用来设置大多数的测量参数。
② CHAN 键　　进入通道屏，该屏用来对输入通道进行设置。
③ DISP 键　　显示测量和分析结果。
④ SYSTEM 键　　进入系统屏，该屏用来进行很多系统设置。
⑤ TRIG 键　　进入触发屏，设定触发功能。
⑥ FILE 键　　进入文件屏，该屏用来读写波形数据等。
⑦ PRINT 键　　打印出存储的波形。
⑧ COPY 键　　打印前屏幕显示的硬拷贝。
⑨ FEED 键　　揿压该键使打印纸进纸。
⑩ VALUE 键　　用来设置数字。
⑪ WAVE 键　　用来卷动波形。
⑫ A.B CSR 键　　用来移动 A/B 光标。
⑬ 旋钮　　旋转旋钮，用来改变数值、移动 A/B 光标、卷动波形。
⑭ 飞梭　　同心圆环，用来改变数值、移动 A/B 光标、卷动波形。

⑮ CURSOR 键　　这些键用来在四个方向移动闪烁光标。
⑯ STOP 键　　停止测量和分析。揿压该键两次停止测量。
⑰ START 键　　开始测量和分析。在测量期间,键上的发光二极管点亮。
⑱ TIME/DIV 键　　用来设定输入信号的采入和存储速度。
⑲ MANU TRIG 键　　当仪器处于待触发状态时,揿压该键引起手动触发。
⑳ CH.SET 键　　在显示屏幕上设定输入通道。
㉑ LEVEL MONI 键　　检查输入信号的电平。
㉒ VIEW 键　　在屏幕底部显示当前波形相对于整个记录长度的位置信息。
㉓ AUTO 键　　揿压该键自动设定 X 轴和 Y 轴的范围,以易于读数。
㉔ HELP 键　　提供在线帮助。
㉕ F1 到 F5 键　　用来选定设置的项目。
㉖ Channel select/Input value 键　　选定输入通道或设定数值。
㉗ RANGE 旋钮　　设定输入通道的测量范围。
㉘ POSITION 旋钮　　设定输入通道的零位。

2. *右面板*

右面板为电源输入部分、测量信号输入接口部分以及存储卡插入部分等的接口界面,图 1-4 即为其示意图。

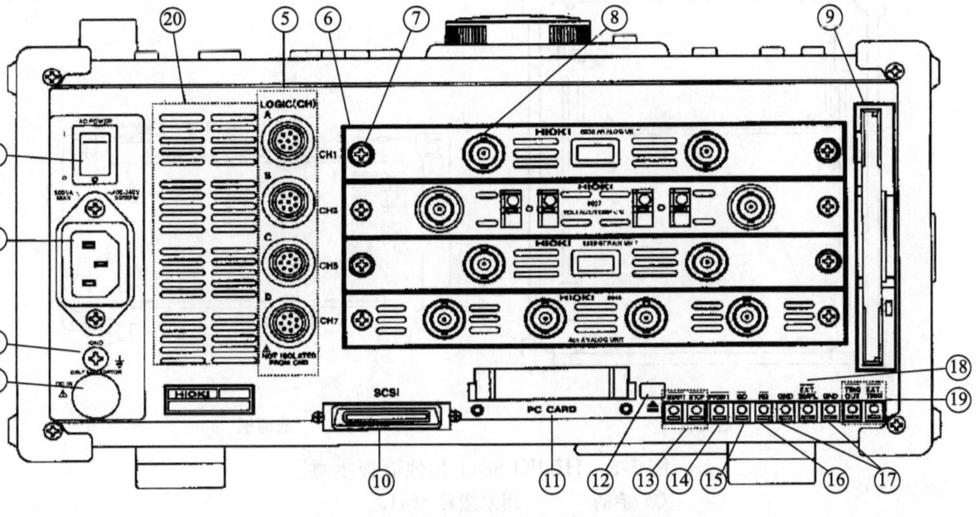

图 1-4　HIOKI 8841 右面板示意图

① 交流电源开关　　打开或关闭交流电源。
② 电源插座　　电源线插入此处。
③ 功能接地端子　　接地线接线端子,一般不连接。
④ 直流电源插座　　与附加的直流电源适配器 9433 连接。
⑤ 逻辑探头接口　　与逻辑探头输入模块连接,适用于通道 A 到 D。
⑥ 输入模块插槽　　这些插槽用来安装输入模块。
⑦ 固定螺钉　　用来固定插入式模块。
⑧ 模拟输入接口　　接测试信号。
⑨ 软盘插槽　　装入软盘。
⑩ SCSI 接口　　可以连接 MO 盘。
⑪ PC 卡插槽　　装入 PC 卡。
⑫ 弹出按钮　　取出 PC 卡。
⑬ 外部"启动/停止"　　用来控制开始/停止操作。
⑭ 外部打印端子　　可以控制打印操作。
⑮ 输出"通过"端子　　当输出波形的评价结果为"通过"时,这个端子输出一个信号。

⑯ 输出"不通过"端子　　当波形评价的结果为"不通过"时,这个端子输出一个信号。
⑰ 接地端子　　跟(13)到(16)和(18)、(19)端子共用。
⑱ 外部采样端子　　允许输入一个外部采样信号。
⑲ 触发端子　　用来与其他模块进行同步。输入时使用"EXT TRIG"端子,而输出时使用"TRIG OUT"端子。
⑳ 通风槽

3. 其他面板

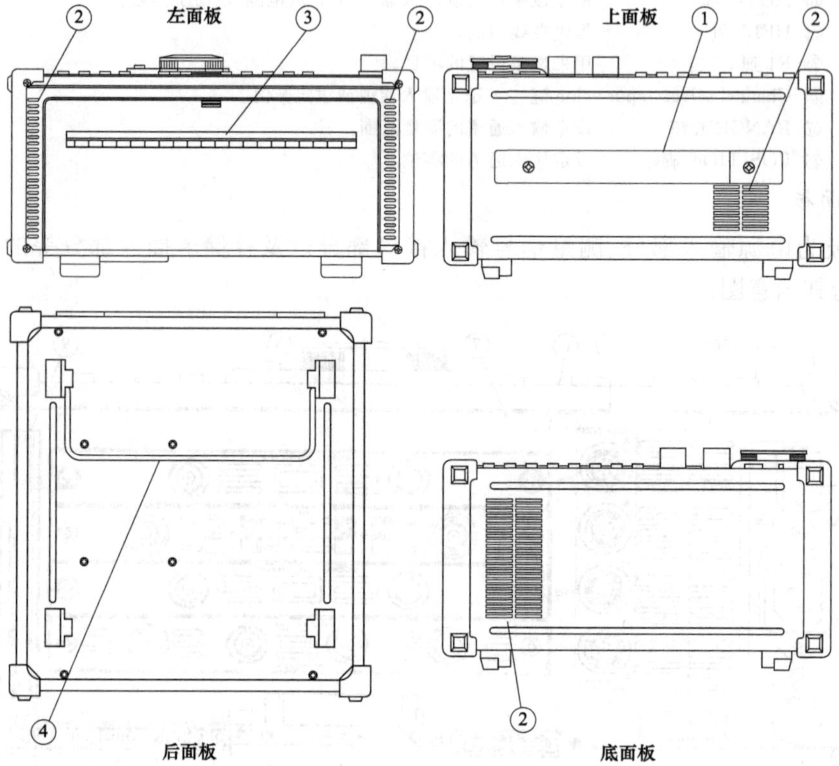

图 1-5 HIOKI 8841 其他面板示意图

① 手柄　　用来搬移 8841。
② 通风槽
③ 打印机
④ 支腿　　用来支撑仪器成某一角度。

1.1.2 HIOKI 8841 记录仪常用工作模式说明

HIOKI8841 有三种记录模式可供选择,即 MEMORY 记录模式、RECORDER 记录模式和 RMS 记录模式,其中 MEMORY 记录模式最为常用,其特点是采样和存储的速度快,可以达到记录仪的最高采样率,但由于内存大小的限值,该模式的记录时间受限。该记录模式的原理如图 1-6。

RECORDER 记录模式的特点是可以较长时间的连续记录,非常接近原来的走纸记录仪。该记录模式对于每个采样点都会记录一个最大值和一个最小值,从而做到不漏掉出现的突变信号,该模式的工作原理如图 1-7。

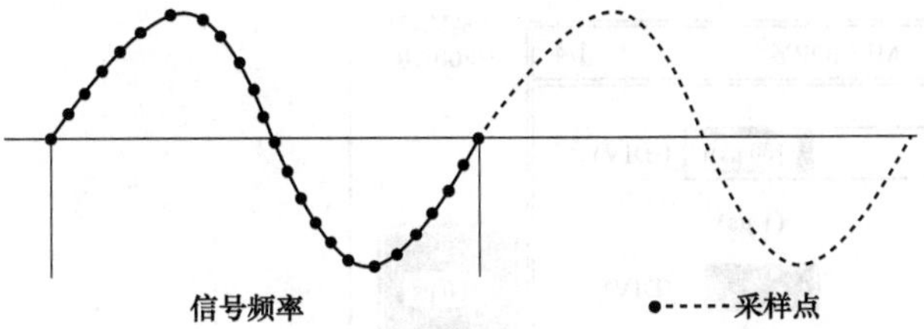

图 1-6　HIOKI 8841 Memory 记录模式原理图

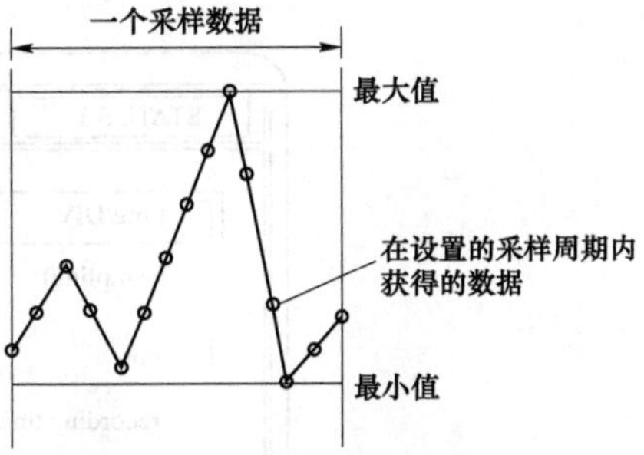

图 1-7　HIOKI 8841 记录仪 Recorder 记录模式原理图

RMS 记录模式类似 Memory 记录模式，但仅适用于测量交流信号的有效值。

根据上述不同记录模式的特点，针对不同的被测信号，选择合适的记录模式才能达到预期的工作目的。一般情况下，对于被测信号为交流信号时建议采用 MEMORY 记录模式或 RMS 记录模式，若被测信号需要长时间连续记录的直流信号时建议采用 RECORDER 记录模式。

1.1.3　各设置屏幕简介

1. STATUS 屏幕设置

在记录仪开机自检完成后，第一次按下"STATUS"键，即出现如图 1-8 的显示界面，此时移动光标至屏幕最上方中间部位，即可以选择记录模式为"MEMORY"，向下移动光标，则可以对屏幕中间各项进行设定。对于各项设置定义不明确的，可以通过按压"HELP"键来查看各设定项目的定义，从而进行恰当的选择。

2. CHAN 显示屏

按下"CHAN"按键则进入通道设定，首先需要根据实际情况来选择通道数目，颜色、在纵坐标的位置、横坐标的时间间隔即 DIV 等。

3. SYSTEM 显示屏

按下"SYSTEM"按键进入系统设置，进行系统时间设定等操作，还可进行比例功能、注释功能以及游标功能等高级功能设置。

4. FILE 显示屏

按下"FILE"按键进入文件编辑显示界面，可对文件进行拷贝、删除等操作。

1.2　文件准备

涉及现场工作的文件等。

1.3　工器具准备

1. 专用工器具：HIOKI 记录仪。
2. 常用工器具：个人工器具等根据实际情况。

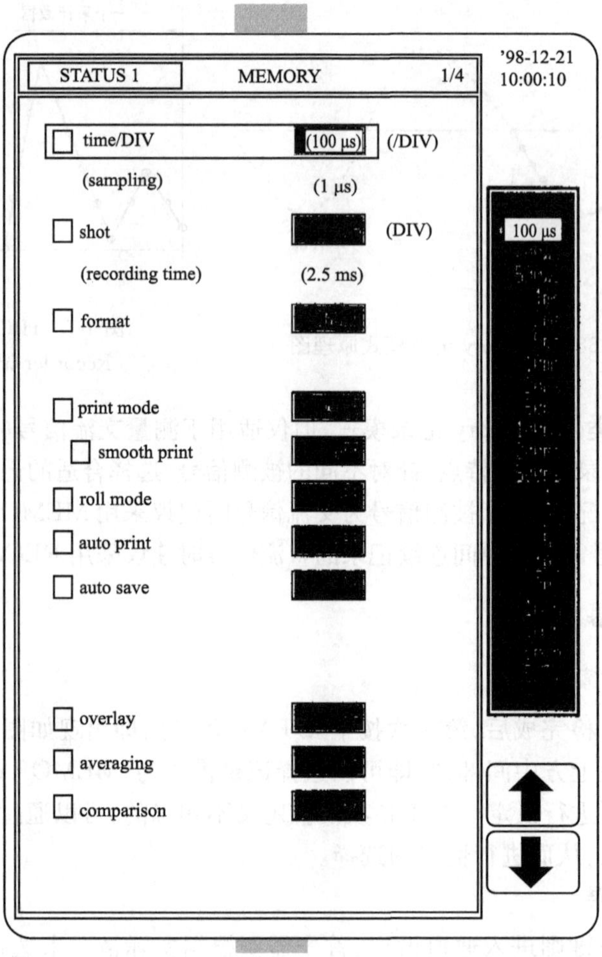

图 1-8 HIOKI 8841 记录仪 STATUS 1 设置屏幕

time/DIV	用于设定每个小格的时间长度，即时间轴精度。
shot	设定记录长度的格数。
format	设定显示格式。
print mode	选择以波形或数字作为打印输出形式。
roll mode	选择是否在采样同时显示波形。
auto print	选择是否在采样测量结束后自动打印输出。
auto save	选择是否在采样测量结束后自动保存测量结果。
overlay	选择在空间不足时是否对原来的测量结果进行覆盖。

1.4 模拟体准备

不适用。

1.5 辐射防护准备

不适用。

1.6 工业安全准备

穿戴防护用品。

1.7 配合人员准备

根据实际情况确定。

1.8 场地准备

不适用。

第二章　操作实施

2.1　操作实施 1　记录仪检查

记录仪检查见表 2-1。

表 2-1　记录仪检查

序号	操作步骤	操作要求	操作工器具	测评标准
1	现场检查	检查现场电源接头情况	万用表	220 V AC
2	连接记录仪	连接记录仪至 220 V AC 电源	插线板或电源拖线盘	按操作要求完成
3	记录仪自检	打开记录仪电源开关	无	按操作要求完成

2.2　操作实施 2　STATUS 1 界面设定

STATUS1 界面设定见表 2-2。

表 2-2　STATUS1 界面设定

序号	操作步骤	操作要求	操作工器具	测评标准
1	按下“STATUS”按键	轻按“STATUS”键	记录仪	按操作要求完成
2	选择记录模式为“MEMORY”	将光标移动到(STSTUS1)后面的记录模式处，按下 F1 键选择记录模式为“MEMORY”	记录仪	按操作要求完成
3	选择合适的 Time/Div Frequency	根据实际情况选择合适的横坐标轴参数	记录仪	按操作要求完成
4	选择合适的 Shot (Recording Time)	根据实际情况选择合适的采用精度	记录仪	按操作要求完成
5	选择显示窗口数目	选择“Single”单窗口显示	记录仪	按操作要求完成
6	选择打印模式	选择打印模式为“Wave”，即打印波形	记录仪	按操作要求完成
7	确定 Roll Mode 选项	确定 Roll Mode 选项为“Off”	记录仪	按操作要求完成
8	确定 Auto Print 选项	确定 Auto Print 选项为“Off”	记录仪	按操作要求完成
9	确定 Auto Save 选项	确定 Auto Save 选项为“Off”	记录仪	按操作要求完成
10	确定 Overlay 选项	确定 Overlay 选项为“Off”	记录仪	按操作要求完成

当移动光标到某个参数时,若该参数存在几个不同的选项,则在显示屏右侧会自动跳出相应的选项,每个选项都对应一个功能键即 F1～F5 等,要选择某个选项则按下对应其的功能键 Fn 即可。当选项过多时,可能会分屏显示,此时按下 F5,可在不同选项屏中进行跳转。

2.3　操作实施 3　STATUS 2 界面设置

STATUS 2 界面设置见表 2-3。

表 2-3　STATUS 2 界面设置

序号	操作步骤	操作要求	操作工器具	测评标准
1	按下"STATUS"按键	再次按下"STATUS"按键	记录仪	按操作要求完成
2	选择触发模式	根据实际需求选择合适的触发模式,通常选择"Auto"	记录仪	按操作要求完成
3	设置手动触发	根据实际情况选择是否需要手动触发	记录仪	按操作要求完成
4	设置 Pre-trigger	根据实际情况选择是否需要预触发	记录仪	按操作要求完成
5	设置触发源逻辑关系	选择"OR"即或逻辑关系	记录仪	按操作要求完成
6	设置触发类型	根据实际需要设置各通道的触发类型	记录仪	按操作要求完成
7	设置逻辑触发	根据实际需要设置各逻辑通道,通常逻辑通道均不使用	记录仪	按操作要求完成
8	设置外部触发	根据实际需要设置外部触发,通常情况不采用	记录仪	按操作要求完成

根据实际情况对各通道的触发类型进行设置,即选择第一章提到的六种模拟触发的类型之一。每个通道均可进行设置,并结合序 5 中选择的触发源逻辑关系来确定最终的触发类型,若选择触发源逻辑关系为"And",则设置的各通道触发条件均满足时才能触发,若如选择触发源逻辑关系为"Or",则设置的各通道触发条件满足任何一个均能触发记录仪开始工作。

2.4　操作实施 4　Channel 显示界面设置

Channel 显示界面设置见表 2-4。

表 2-4　Channel 显示界面设置

序号	操作步骤	操作要求	操作工器具	测评标准
1	按下"CHAN"按键	轻按"CHAN"按键	记录仪	按操作要求完成
2	选择通道数目	根据实际需要,选择合适的测量通道数目	记录仪	按操作要求完成
3	确定各通道颜色	为便于区分,对不同通道的颜色进行确定	记录仪	按操作要求完成

续表

序号	操作步骤	操作要求	操作工器具	测评标准
4	确定各通道显示图形	确定各通道的显示图形	记录仪	按操作要求完成
5	确定各通道电压轴的范围	根据实际情况，对每个通道的电压轴即纵坐标分度进行确定	记录仪	按操作要求完成
6	连接各输入通道	给各输入通道接线	记录仪	按操作要求完成
7	确定各通道零位	观察各通道的零位是否重合	记录仪	按操作要求完成
8	调整各通道零位	根据实际情况对各通道零位进行调整	记录仪	按操作要求完成
9	调整电压轴的放大与衰减	根据实际情况对各通道电压轴进行放大或衰减	记录仪	按操作要求完成
10	设置滤波	根据实际情况确定各通道是否需要设置低通滤波	记录仪	按操作要求完成

2.5 操作实施 5 SYSTEM 显示界面设置

SYSTEM 界面通常用来设置系统时间以及部分高级设置如注释功能、游标功能，一般而言不用进行设置。

2.6 操作步骤 6 开始测量

开始测量操作见表 2-5。

表 2-5 开始测量

序号	操作步骤	操作要求	操作工器具	测评标准
1	按下“DISPLAY”按键	按下“DISPLAY”按键	记录仪	按操作要求完成
2	按下“START”按键	按下“START”按键	记录仪	按操作要求完成

2.7 操作步骤 7 结束测量

结束测量操作见表 2-6。

表 2-6 结束测量

序号	操作步骤	操作要求	操作工器具	测评标准
1	按下“STOP”按键	按下“STOP”按键	记录仪	按操作要求完成
2	再次按下“STOP”按键	按下“STOP”按键	记录仪	按操作要求完成
3	检查测量结果	根据实际情况检查测量结果	记录仪	按操作要求完成

2.8　实施中需要特别注意的几个关键点

2.8.1　关键点1

设置各通道的电压轴必须考量现场实际信号的输入范围,还必须结合零位调整进行设置。

2.8.2　关键点2

在设置电压轴范围时,可手动触发进行观察实际输入波形作为参考。

2.8.3　关键点3

采样时间和记录时间必须和触发模式综合考虑,如触发模式为“Repeat”,则每次记录时间必须小于触发信号的周期,否则部分触发信号将无效并被忽略。

第三章　故障检查和处理

常见故障现象和判断方法检查和处理

出现故障后，记录仪显示屏幕下方会出现“ERROR”信息，此信息仅在错误消除后或按下“STOP”键后，方可消除。若蜂鸣器设置为开，则在显示错误信息的同时蜂鸣器鸣叫，具体见表 3-1。

表 3-1　常见故障现象和判断方法检查和处理

序号	故障现象	判断方法	故障原因分析	故障排除方法
1	打印失败，显示故障代码为 ERROR 1	检查记录仪出错信息	打印纸未安装好	重新安装打印纸
2	打印失败，显示故障代码为 ERROR 2	检查记录仪出错信息	打印机滑竿不到位	将打印机滑杆滑到位
3	打印失败，显示故障代码为 ERROR 11	检查记录仪出错信息	打印机设置不正确	系统设置为外部打印机，但外接打印机未设置
4	打印失败，显示故障代码为 ERROR 12	检查记录仪出错信息	设定打印机电源错误	检查外部打印机的连接和电源
5	打印失败，显示故障代码为 ERROR13	检查记录仪出错信息	打印纸用完	更换打印纸
6	打印失败，显示故障代码为 ERROR 14	检查记录仪出错信息	打印机故障	打印机故障，检查内部打印机

第四章　操作结束

4.1　总结回顾培训过程以及关键点

木次培训针对仪控维修新员工,较为详细的阐述了存储记录仪(8841 型)各个方面使用方法和知识以及对控检修人员行为规范的要求,对于现场工作具有指导意义。

4.2　针对学员技能培训进行点评

学员对使用记录仪过程进行阐述,并说明其中的关键点以及注意事项。教员对学员的陈述简要记录,根据阐述评判学员的掌握情况。教员指出学员阐述过程中的错误以及需要注意的事项,并且依据评判表,对学员的学习情况做出整体评判。

4.3　召开技能培训操作工作会

工后会是对整个工作过程的回顾以及必要的经验反馈。

维修工后会记录表（示例）

<table>
<tr><td colspan="4">工作内容:</td><td>工单号:</td></tr>
<tr><td colspan="3">电厂:</td><td colspan="2">机组:　　工作负责人/项目负责人:</td></tr>
<tr><td colspan="4">计划完工时间:</td><td>实际完工时间:</td></tr>
<tr><td colspan="2">序号</td><td>检查项目</td><td>检查结果</td><td>异常情况记录</td></tr>
<tr><td rowspan="5">一、工作回顾</td><td>1</td><td>工作许可证已归还</td><td>是□　否□</td><td></td></tr>
<tr><td>2</td><td>检修现场清理完成</td><td>是□　否□</td><td></td></tr>
<tr><td>3</td><td>设备标牌清晰无损伤</td><td>是□　否□</td><td></td></tr>
<tr><td>4</td><td>检修任务达到预期结果</td><td>是□　否□</td><td></td></tr>
<tr><td>5</td><td>试验设备和工器具已归还</td><td>是□　否□</td><td></td></tr>
<tr><td rowspan="4">二、经验反馈</td><td>6</td><td>工期安排合理</td><td>是□　否□</td><td></td></tr>
<tr><td>7</td><td>工作人员配置充足</td><td>是□　否□</td><td></td></tr>
<tr><td>8</td><td>工作文件准备充分</td><td>是□　否□</td><td></td></tr>
<tr><td>9</td><td>工作人员的检修技能满足要求</td><td>是□　否□</td><td></td></tr>
</table>

续表

序号		检查项目	检查结果	异常情况记录
二、经验反馈	10	规程、图纸需要升版	是□　否□	
	11	库存备件需要补充	是□　否□	
	12	更换下来的旧部件需要利旧翻新维修	是□　否□	
	13	检修过程中出现预期外的现象和报警	是□　否□	
	14	提出缺陷单、QDR、状态报告等	是□　否□	
	15	编写良好实践、经验反馈	是□　否□	
	16	工作中需要协调、改进建议等	是□　否□	
三、其他事项	17			

工作组成员签名/日期：

说明：

1. 工作负责人/项目负责人负责组织工后总结并记录。
2. 工后总结记录表中每一项都必须打"√"确认，不要遗漏。
3. 如有异常，请详细填写异常情况说明，以及后续处理方案。
4. 其他事项根据讨论情况记录，经讨论没有涉及的请填写"无"。
5. 工后总结结束后，全体工作人员签字确认。

4.4　征求学员对技能培训及教材的信息反馈

收集、总结学员对技能培训及教材的评价信息，并反馈到教学实践中。

第五章　经验反馈

5.1　内部经验反馈

HIOKI 记录仪作为维修工具,因此未见相关的内部反馈,但从过往的使用经验来看,各记录仪的逻辑触发输入端是很复杂的,不建议用于现场测试,因其设置必须考虑内部逻辑与现场各逻辑(TTL 逻辑、CMOS 逻辑和 ECL 逻辑)的对应关系,否则容易导致记录仪烧坏,甚至因其现场系统异动,造成不必要的损失。如确要进行逻辑测试,请转用逻辑测试仪进行相应的工作。

5.2　外部经验反馈

未见 HIOKI 记录仪相关的外部经验反馈。

第六章　习　题

6.1　选择题

1. 若选择一台仪器检查几个小时的模拟信号,可能的最佳选择是(A)。

A. 记录仪　　B. 万用表　　C. 示波器　　D. 逻辑分析仪

2. 若现场某信号电压值出现陡降的瞬变情况,最合适的触发类型是(C)。

A. 范围内触发　　B. 范围外触发　　C. 电压降触发　　D. 手动触发

3. 周期性信号采用(　　)触发模式最佳,但须注意记录时间应(A)信号周期。

A. Single,大于　　B. Repeat,小于　　C. Auto,无所谓　　D. Single,小于

注:以上试题在口试时每题 2 分。

6.2　填空题

1. 记录仪一般的采样精度为______级别,而示波器则为______级别,因此在监测工艺信号时应根据实际情况选择合适的仪器仪表。

答:μs;ns

2. 在任意界面按压______键,即可快速查看输入通道的分布情况。

答:VIEW

3. 不同型号模拟量输入模块的允许电压是不同的,具体数据可以从模块表面的______来确定,测量之前需要确认,以防过压后烧毁模块。

答:标注

注:以上试题在口试时每题 2 分。

6.3　简答题

1. 如何将记录仪记录的波形在电脑上查看、编辑?

答:将记录文件保存成*.bin 文件后放到电脑中即可查看编辑。

2. 在记录仪中如何精确查看离零点很远的信号的小幅波动?

答:通过设置偏置和放大倍数即可。

3. 怎样查看确认 HIOKI 8841 的最大采样率?

答:在 Status 1 界面即可查看。

4. 在记录仪中如何选择打印和拷贝的输出对象?

答:使用 PRINT 和 COPY 键。

注:以上试题在口试时每题 2 分。

6.4 实操题

鉴定点:使用 HIOKI 记录仪

试题:使用 HIOKI 记录仪

1. 准备要求

考场准备:

(1) 试题名称:使用 HIOKI 记录仪

(2) 本题分值:80

(3) 考核时间:40 min

(4) 考核形式:实操

(5) 设备设施准备

序号	名称	规格	单位	数量	备注
1	HIOKI 记录仪	8841	台	1	测试工具
2	电流电压源		台	1	源信号
3	万用表	FLUKE 179	块	1	测量工具
4	拖线盘	普通	个	1	
5	绝缘胶带	3M	卷	1	线头包扎

考生准备:

(1) 试题名称:使用 HIOKI 记录仪

(2) 本题分值:80

(3) 考核时间:40 min

(4) 考核形式:实操

(5) 工具及其他准备:无

2. 考核要求

(1) 本题分值:80

(2) 考核时间:40 min

(3) 考核形式:实操

(4) 具体考核要求:考核场地要求:现场整洁,工器具摆放有序,符合工业安全和辐射防护要求

(5) 否定项说明

考试过程中,非考生本人亲自参加考核;

技能培训中操作步骤不按顺序执行并已经导致操作部分无法成功完成;

遗漏技能培训科目操作步骤中的关键步骤,导致操作部分无法完成;

技能培训操作中严重违反安全生产相关规定的操作步骤;

技能培训口试中答案严重违反安全生产相关规定；

出现严重偏离技能培训目标标准的答案；

无法回答一定数量口试问题；

辅助人员帮助或提示考生酌情予以扣分。

3. 配分与评分标准

序号	考核内容	考核要点	配分	评分标准	扣分	得分
1	实操前工作准备	1. 工器具、材料、备件准备 2. 文件准备 3. 工业安全及辐射防护准备 4. 场地布置准备	20分	1. 要求工器具、材料备件齐全，有遗漏项目酌情扣分。 2. 相关文件准备(如需要)。 3. 个人防护用品穿戴齐全，辐射防护要求按实际情况执行，未按要求准备酌情扣分。 4. 工器具、材料等分类摆放整洁，视准备情况酌情扣分。		
2	维修工器具的正确使用	维修工具、专用工具、量具等	30分	1. 未正确使用工器具酌情扣分。 2. 使用前未使用万用表检查记录仪电源电压扣10分。 3. 未检查相关铭牌等扣10分。 4. 无纸记录仪设置不当酌情扣分。		
3	文明检修情况	零部件摆放、维修操作过程	20分	1. 工器具摆放有序，酌情扣分。 2. 野蛮操作，酌情扣分。 3. 未使用绝缘胶带包裹接线位置的直接扣3分。		
4	操作时间	时间控制	10分	每超过3分钟扣1分。		

评分人： 年 月 日 核分人： 年 月 日

第二部分　使用高阻仪

第一章　操作准备

1.1　电阻测量的基本原理

电阻测量的基本原理是欧姆定理。激励电流(I_R)流过未知电阻(R_S)，然后测量被测设备上的电压(V_M)。如果我们假定电压表的输入电阻为无限大，则可以由欧姆定律计算出被测电阻：

$$R_M = \frac{V_M}{I_R}$$

1.1.1　高阻仪简介

高阻仪是一种高度精密的直流多用测量仪表。不仅可以完成一般直流数字多用表的测量功能，凭借特殊的输入特性和高灵敏度，也可胜任常规多用表力所不及的电压、电流、电阻和电荷的测量。在检测时测量的范围已超过了常规仪器的允许极限，如电流小于 10 nA (10^{-8} A)，电阻大于 1 GΩ(10^9 Ω)等情况下必须使用高阻仪。高阻仪 6517B 测量的电流可以达到 10 aA(10^{-17} A)，高阻的测量可以到达 10 PΩ(10^{16} Ω)的电阻。现场主要是进行高阻的测量和弱电流的测量，在以下情况测量必须选用高阻仪。

1）检测时测量的范围已超过了常规仪器的允许极限：

电流小于 10 nA(10^{-8} A)

电阻大于 1 GΩ(10^9 Ω)

2）负载误差必须最小化：

被测电压源电阻高于 100 MΩ(含 100 MΩ)

测量电流时的输入端压降要求小于几百毫伏时(对只有几伏或更低电压的源测量电流时)

1.1.1.1　高阻仪前面板

1. ANNUNCIATORS

EDIT	设置电压输出值
ERR	不可靠的读数，可能是错误的读数

REM	已远程控制
TALK	通过 GPIB/RS-232 对话机器
LSTN	通过 GPIB/RS-232 受话机器
SRQ	编程命令请求
REL	显示相对值读数
FILT	正使用数字滤波
MATH	正使用数学运算
AUTO	正使用自动量程
ARM	触发报警

Model 6517B front panel

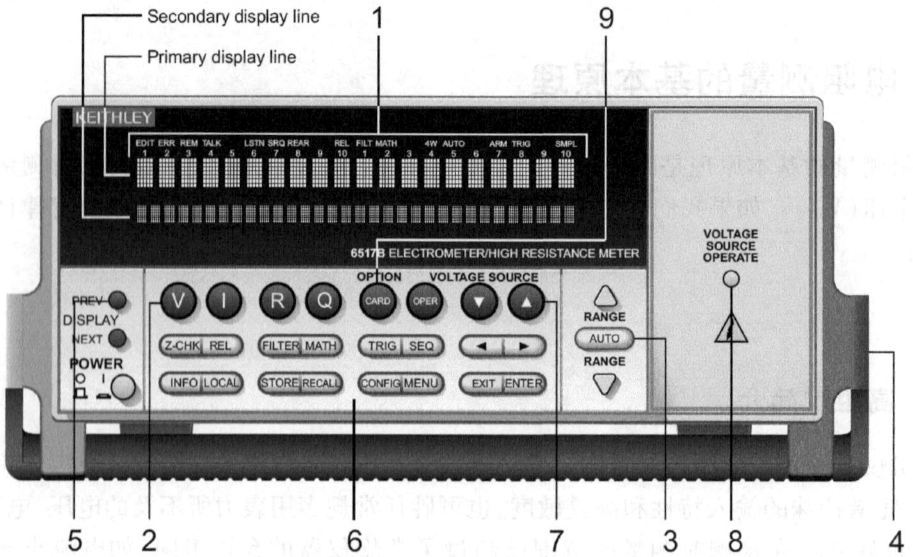

图 1-1 高阻仪前面板

2. FUNCTION KEYS

选择测量功能:电压 volts(V),电流 amps(I),电阻 resistivity(R),电量库伦 coulombs(Q),分别对应测量电压,电流,电阻,电荷。

3. RANGE KEYS

选择测量量程范围 AUTO 自动,利用上下箭头可以自动选择至合适的量程。

4. HANDLE

手柄,可以拉出并旋转将高阻仪放置于合适的测量位置。

5. DISPLAY KEYS PREV/NEXT

显示前一个/下一个值。

6. OPERATION KEYS

Z-CHK	调零操作
REL	相对操作,可以消除存在的固定偏差

FILTER	设置/查看滤波
MATH	设置/查看数学运算
TRIG	触发
SEQ	选择测试序列
INFO	查看信息
LOCAL	取消 GPIB 远程控制,返回面板操作
STORE	保存读数
RECALL	显示调出保存的读数,包括最大最小值,平均值,峰值,标准偏差
CONFIG	对各种测量进行设置
MENU	菜单键,仪器通信,校准,自检,上下限,数字输出和其他操作
EXIT	退出当前的菜单
ENTER	进入选中的菜单或对设置进行确认

7. VOLTAGE SOURCE KEYS

设置输出电压。

8. VOLTAGE SOURCE OPERATE

控制高阻仪电压的输出,灯亮有电压输出,暗则没有输出。

9. OPTION CARD KEY

控制和设置其他功能,还可以查看外部扫描通道。

1.1.1.2 高阻仪的后面接口

1. INPUT CONNECTOR	测试信号的输入接口,需要使用三同轴的测试线
2. PREAMP OUT	前置放大器输出,连接三同轴电缆将电压输入到接地电压测量
3. COMMON	内部电路的参考端正常与仪表的安全地相连,在进行对地系统施加电压的时候,需断开连接的跨接片
4. CHASSIS GROUND	机壳接地端
5. 2 V ANALOG OUTPUT	提供 0～2 V 电压输出,用于给别的图表记录仪供电
6. HUMIDITY	连接吉时利 6517-RH 型号湿度传感器进行湿度测量
7. TEMP TYPE K	连接吉时利 6517-TP 型号 K 型热电偶进行温度测量
8. POWER LINE INPUT MODULE	电源输入
9. IEEE-488	CONNECTOR IEEE-488(GPIB)接口
10. INTERLOCK	使用夹具比如 8009 电阻测试盒时,电压输出锁
11. RS-232	DB-9 母头 RS-232 接口,使用 DB-9 公头屏蔽线连接
12. DIGITAL I/O	DB-9 公头输出口,输出 TTL 兼容的数字信号
13. TRIGGER LINK	触发接口
14. V-SOURCE	在需要外加电源的时候,使用此接口可以提供电压的输出
15. OPTION SLOT	选配的插槽

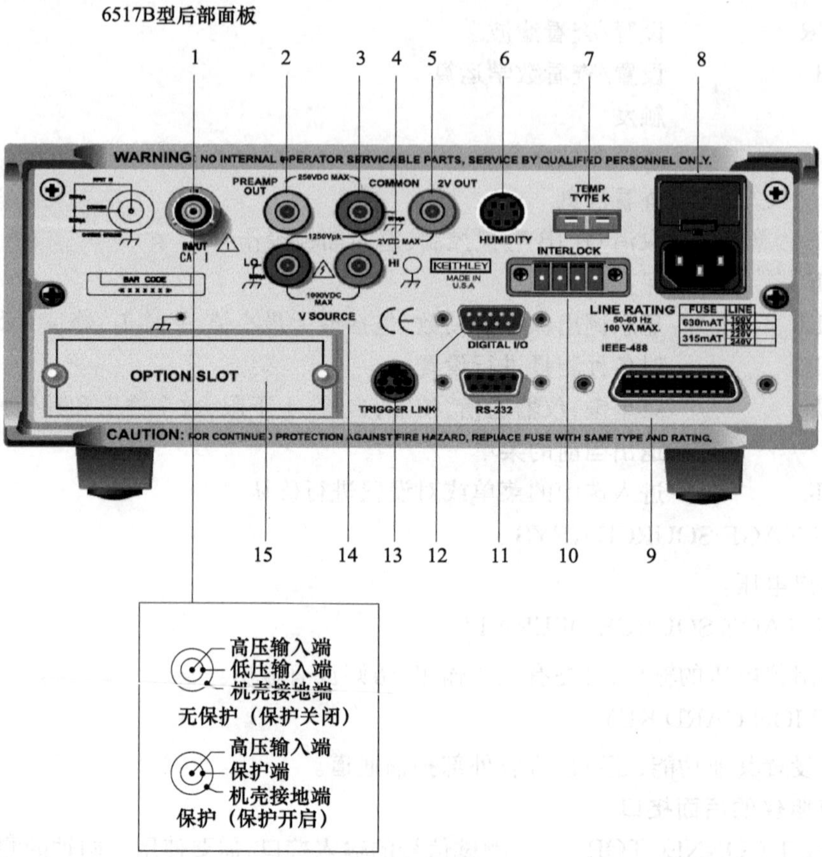

图 1-2 高阻仪后视图

1.1.1.3 高阻仪等效电路

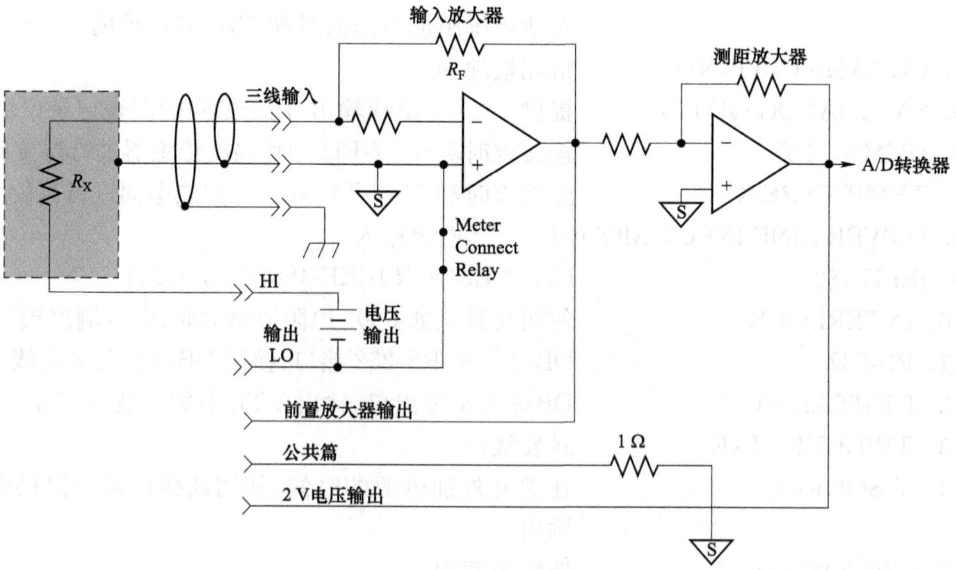

图 1-3 电阻测量等效原理图

1.1.1.4 高阻仪的性能参数

1）基本功能

- 直流电压测量:量程 1 μV 到 210 V
- 直流电流测量:量程 10 aA 为 21 mA
- 电容测量:量程 10 fC 至 2.1 μC
- 电阻测量:量程 10 Ω 至 210 PΩ
- 表面电阻率测量
- 体积电阻率测量
- 使用附带的型号外部温度测量从−25 ℃至 150 ℃6517-TP 热电偶
- 使用可选的 6517-RH 型探头,测量相对湿度测量值(0～100%)

2）附加功能:

- 内置电压源:100 V 档位内提供高达±100 V(10 mA),而 1 000 V 档位提供高达±1 000 V 电压(1 mA)
- 数据存储:50 000 点
- 单按钮调零
- 内置数学函数
- 数据筛选:平均和中位数
- 内置测试序列
- 使用 IEEE-488(GPIB)总线或 RS-232 接口进行远程操作
- 使用外部扫描仪扫描(测量)通道

表 1-1 为测量高阻时高阻仪的性能参数。

表 1-1 测量高阻时高阻仪的性能参数

量程	5½分辨率	准确度(10%～100%量程) 18～28 ℃(1 年) ±(%读数+计数)	温度系数(10%～100%量程) 0～18 ℃ & 28～50 ℃ ±(%读数+计数)	自动电压源	电流量程
2 MΩ	10 Ω	0.125+1	0.01+1	40 V	200 μA
20 MΩ	100 Ω	0.125+1	0.01+1	40 V	20 μA
200 MΩ	1 kΩ	0.15+1	0.015+1	40 V	2 μA
2 GΩ	10 kΩ	0.225+1	0.035+1	40 V	200 nA
20 GΩ	100 kΩ	0.225+1	0.035+1	40 V	20 nA
200 GΩ	1 MΩ	0.35+1	0.110+1	40 V	2 nA
2 TΩ	10 MΩ	0.35+1	0.110+1	400 V	2 nA
20 TΩ	100 MΩ	1.025+1	0.105+1	400 V	200 pA
200 TΩ	1 GΩ	1.15+1	0.125+1	400 V	20 pA

1.1.2 高阻仪的测量接线

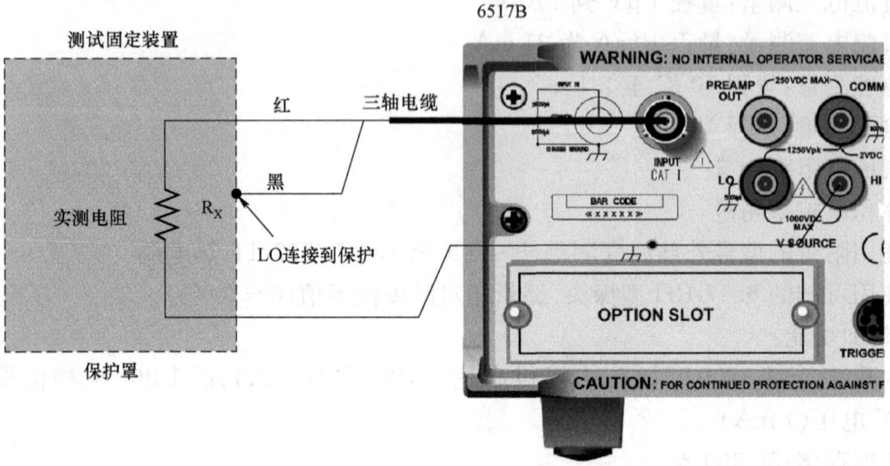

图 1-4 高阻仪测量高阻接线

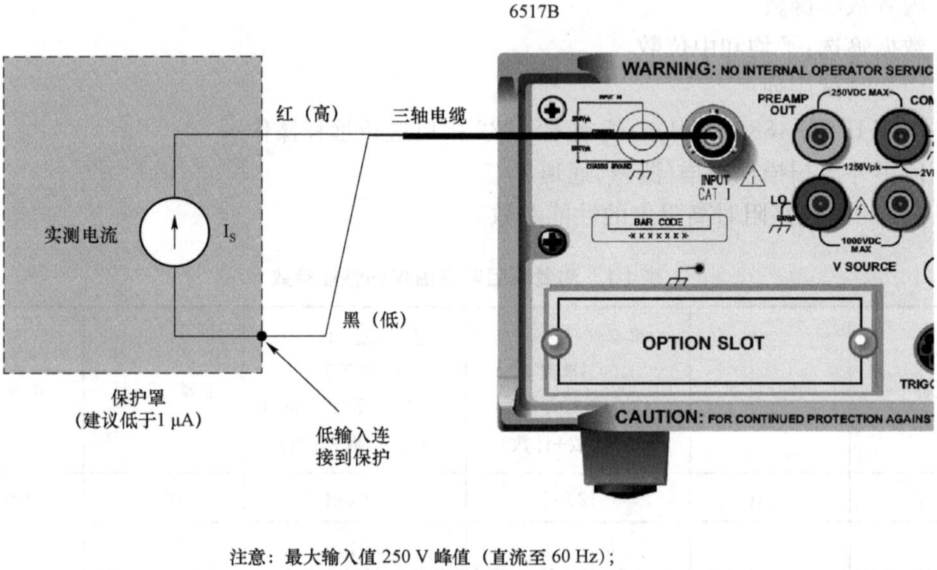

注意：最大输入值 250 V 峰值（直流至 60 Hz）；
在 mA 档每分钟最大持续 10 秒

图 1-5 高阻仪测量电流接线

1.1.3 高阻仪测量电阻过程

测量高阻是通过对测量对象施加一个已知的电压，测量电流。根据欧姆定律（$R=U/I$）计算出被测对象的电阻，进行显示。被测对象的一端连接到高阻仪的 V SOURCE OUT 的高压输出端，另一端连接到“INPUT”的芯线（需要设置 METER-CONNECT 为 ON）

1）首先确认前面板上的 OPER 灯没有亮，没有电压输出。

2）按下前面板上的 Z-CHK 按键进行清零操作。

3）依次按下“R”按键和“CONFIG”按键进行电阻测量的相关设定，可以根据需要设置SPEED、FILTER、RESOLUTION、AUTORNG、MEASUREMENT TYPE 必要的参数。

4）选择“V-SOURCE”设置电源模式，选择“auto”仪表将根据被测对象的测量范围选择设置 40 V 或 400 V 电源输出；如果选择“MANU”则需手动通过左右上下的箭头改变电压的值。

5）按“V”键，再按“CONFIG”键根据需要设置一个电压限值，设置“METER-CONNECT”到“ON”确保连通仪表内部电压源与电流表，高压正常输出。

6）根据被测对象的信号范围设置合适的量程，如果对被测对象的信号范围不清楚可以选择自动功能进行量程的选择，通过量程由大到小的变化，在显示“UNDERFLOW”时选择它的高一档量程就是最合适的量程。

7）检查确认测试连接的正确性。

8）按下前面板上的 Z-CHK 按键，取消清零检查。

9）按下 OPER，确认指示灯亮，电压输出，待仪表稳定后读取数值。

1.1.4 高阻仪测量电流过程

进行电流测量时的连接（电流测量的范围在 10 aA（10^{-17} A）），需要使用三同轴信号测试线，输入信号的正端（高电位）连接到高阻仪后部的“INPUT”的芯线，输入信号的负端（低电位）连接到“INPUT”的内屏蔽，“INPUT”的外屏蔽与地浮空。

1）按下前面板上的 I 按键选择电流测量功能，然后按下前面板上的 Z-CHK 按键进行清零操作。

2）根据被测对象的信号范围设置合适的量程，如果对被测对象的信号范围不清楚可以选择自动功能进行量程的选择，通过量程由大到小的变化，在显示“UNDERFLOW”时选择它的高一档量程就是最合适的量程。

3）检查确认测试连接的正确性。

4）按下前面板上的 Z-CHK 按键，取消清零检查，待稳定后读取数值。

1.1.5 高阻仪的使用注意事项

高阻仪的使用应注意以下事项：

1）高阻仪的电源是 105～125 VAC 或 210～250 VAC 之间可选择，一定要确认使用电源电压，做出合适选择，同时应确定使用的电源具有接地线，防止损毁仪表和对人员造成伤害。

2）高阻仪具有高压输出，应注意人身和设备的安全。

3）使用高阻仪注意量程的选择，量程应由大到小进行选择。

4）使用高阻仪进行不同参数的测量时应进行清零操作（ZERO CHECK）。

5）为提高测量的精度应该使用低噪声的三同轴测试电缆（厂家提供或自制）。

6）选择工作人员佩戴防静电手链并注意衣服产生的静电，防止对测量结果产生影响。

7）所有用于连接仪表进行测试的电缆，在使用前必须清洗干净并进行干燥处理。

8）仪表应该进行足够的预热，待仪表稳定后再进行测量。

1.2 文件准备

维修规程 98-60491-MP-1093A。

1.3 工器具准备

高阻仪(Keithley 6517B)、万用表、1 TΩ 电阻

1.4 模拟体准备

三厂 1 号机组 S1-224 模拟体,模拟体处于可用状态。检查模拟体是否有损坏,核实可否正常动作,以确保教学过程的顺利实施。

1.5 辐射防护准备

三厂 1 号机组 S1-224 模拟体无辐射风险。

1.6 工业安全准备

按照工业安全规定执行,所有人员穿戴劳动保护用品。具体的工业安全准备需根据现场环境而确定,但基本的工业安全需要准备。所有人员必须佩戴安全帽、防砸鞋、工作服、手套等。检修场地使用警示带进行围栏,确保工作过程中无非工作人员进入。

1.7 配合人员准备

需仪控人员配合教员。

1.8 场地准备

清理场地,确保检修场地无其他异物;合理分配场地,确保工具、设备的合理分布,方便检修;在场地外围布置警示带。

第二章　操作实施

2.1　使用高阻仪测量高阻

使用高阻仪测量电阻操作见表 2-1。

表 2-1　使用高阻仪测量电阻

序号	操作步骤	操作要求	工器具	测评标准	备注
1	确认工作对象	根据工单内容确认设备。		自检/互检确认	
2	检查标准仪器，预热高阻仪	1. 检查高阻仪的有效期； 2. 确认高阻仪附件完整； 3. 确认高阻仪电源电压选择	高阻仪、附件	1. 确认标准仪器的量程合适、在有效期内； 2. 确认标准仪器的供电电压正确； 3. 附件完整且无断线现象	
3	设置高阻仪，测试前准备	1. 设置高阻仪，按电阻测量的过程进行； 2. 测试高阻仪在开路状态时的空气电阻； 3. 测量电离室各电极之间连接情况	高阻仪、附件	1. 正确完成高阻仪设置； 2. 测试开路电阻(根据环境温湿度的变化，阻值在 TΩ～PΩ)； 3. 确认电离室各电极之间没有短路	
4	测量电离室阻抗	按维修规程 98-60491-MP-1093A 测量高压电极和内屏蔽、高压和信号线、信号线和内屏蔽、高压反馈和内屏蔽、测量内外屏蔽之间的绝缘电阻	仪用工具包、标准仪器	1. 按维修规程对电离室进行阻抗测量； 2. 测量操作正确，测量结果符合规程要求； 3. 高阻仪使用正确	
5	确认工作完成，清理工作现场	工完料净		模拟实施	

2.2　实施中需要特别注意的几个关键点

1）确认电源选择正确。
2）确认高阻仪测量回路连接正确。
3）确认高阻仪设置正确。
4）确认量程选择正确。
5）选择合适量程后，等待指示稳定后再读数。

第三章　故障检查和处理

常见故障现象和判断方法和处理见表 3-1。

表 3-1　常见故障现象和判断方法和处理

序号	故障现象	判断方法	故障原因分析	故障排除方法
1	开机屏幕闪一下，随即就断电	检查高阻仪熔丝，检查选择电源档位和实际电源是否一致	高阻仪电源选择到 105～125 V AC 档位，实际选择了电源 210～250 V AC	更换熔丝，确认使用合适电源电压
2	测量时高压无法加到 1 000 V	检查高阻仪设置	“RANGE”设置错误	按照维修规程设置高阻仪的“RANGE”，最高设置到 1 000 V
3	无法完成阻抗测量	检查高阻仪设置	“METER-CONNECT”设置错误	按照维修规程设置高阻仪，将设置“METER-CONNECT”到“ON”

第四章　操作结束

4.1　工后会

工后会是对整个工作的过程的回顾以及必要的经验反馈。

工后总结记录表

<table>
<tr><td>工作内容</td><td colspan="6"></td></tr>
<tr><td>工单流水号</td><td></td><td>设备编码</td><td></td><td>工作负责人</td><td colspan="2"></td></tr>
<tr><td>计划完工时间</td><td colspan="2"></td><td>实际完工时间</td><td colspan="3"></td></tr>
</table>

<table>
<tr><td>序号</td><td>检查项目</td><td colspan="4">检查结果</td><td>异常情况记录</td></tr>
<tr><td colspan="7">第 1 部分　工作回顾</td></tr>
<tr><td>1</td><td>工作许可证已归还</td><td>是</td><td>□</td><td>否</td><td>□</td><td></td></tr>
<tr><td>2</td><td>检修现场清理完成</td><td>是</td><td>□</td><td>否</td><td>□</td><td></td></tr>
<tr><td>3</td><td>设备标牌清晰无损伤</td><td>是</td><td>□</td><td>否</td><td>□</td><td></td></tr>
<tr><td>4</td><td>检修任务达到预期结果</td><td>是</td><td>□</td><td>否</td><td>□</td><td></td></tr>
<tr><td>5</td><td>试验设备和工器具归还完成</td><td>是</td><td>□</td><td>否</td><td>□</td><td></td></tr>
<tr><td colspan="7">第 2 部分　经验反馈</td></tr>
<tr><td>6</td><td>工期安排是否合理</td><td>是</td><td>□</td><td>否</td><td>□</td><td></td></tr>
<tr><td>7</td><td>工作人员配置充足</td><td>是</td><td>□</td><td>否</td><td>□</td><td></td></tr>
<tr><td>8</td><td>工作文件准备充分</td><td>是</td><td>□</td><td>否</td><td>□</td><td></td></tr>
<tr><td>9</td><td>工作人员的检修技能满足要求</td><td>是</td><td>□</td><td>否</td><td>□</td><td></td></tr>
<tr><td>10</td><td>规程、图纸是否有升版需求</td><td>是</td><td>□</td><td>否</td><td>□</td><td></td></tr>
<tr><td>11</td><td>库存备件是否需要补充</td><td>是</td><td>□</td><td>否</td><td>□</td><td></td></tr>
<tr><td>12</td><td>更换下来的旧部件是否需要利旧翻新维修</td><td>是</td><td>□</td><td>否</td><td>□</td><td></td></tr>
<tr><td>13</td><td>检修过程中出现预期外的现象和报警</td><td>无</td><td>□</td><td>有</td><td>□</td><td></td></tr>
<tr><td>14</td><td>提交缺陷单、QDR、状态报告等</td><td>无</td><td>□</td><td>有</td><td>□</td><td></td></tr>
<tr><td>15</td><td>编写良好实践、经验反馈</td><td>无</td><td>□</td><td>有</td><td>□</td><td></td></tr>
</table>

续表

<table>
<tr><th>序号</th><th>检查项目</th><th colspan="4">检查结果</th><th>异常情况记录</th></tr>
<tr><td>16</td><td>工作中需要协调、改进建议等</td><td>无</td><td>□</td><td>有</td><td>□</td><td></td></tr>
<tr><td>17</td><td colspan="6">其他事项：</td></tr>
<tr><td colspan="7">工作组成员及 QC 人员签名：</td></tr>
</table>

说明：

1）工后总结由工作负责人组织并做好记录，原件放在文件包中；

2）工后总结记录单中每一项都必须打“√”确认，不要遗漏；

3）如有异常，请详细填写异常情况说明，以及后续处理方案；

4）其他事项根据讨论情况记录，经讨论没有涉及的请填写“无”；

5）工后总结结束后，全体工作人员签字确认。

4.2 评判

学员对测量过程进行阐述，并说明其中的关键点以及注意事项。教员对学员的陈述简要记录，根据阐述评判学员的掌握情况。教员指出学员阐述过程中的错误以及需要注意的事项，并且依据评判表，对学员的学习情况作出整体评判。

第五章　经验反馈

三厂 OT104 大修执行 212942《电离室阻抗及容抗测量》时，因高阻仪设置问题导致工作开始时无法完成 200 V 以上电压的阻抗测量。

➢ 事件简述

2009 年 1 月 7 日 OT104 大修期间，仪控维修人员执行 WO-212942《电离室阻抗及容抗测量》时，在完成 100 V 电压下电离室的阻抗测量后，开始继续完成 200～600 V 高电压下的电离室阻抗测量，在按压 VOLTAGE SOURCE 向上键来调整输出高压时，结果发现高阻仪输出高压无法继续向上升压，只能向下调整。

➢ 原因分析及评价

在机组大修期间，通常会进行多个通道的电离室阻抗测量，测量工作是分通道间歇式进行的，所以高阻仪会多次开启，在执行 WO-212942 时，以为先前通道测量时已经设置过了，没有进行重新设置和检查，在"RANGE"的选项，没有选择 1 000 V，默认是 100 V，所以导致后续按压 VOLTAGE SOURCE 向上键来调整输出高压失败的现象，后来重新设置高阻仪后，问题就解决了。

第六章　习　题

6.1　填空题(每题 4 分)

1. 电阻测量的基本原理是____________。

答:欧姆定理

2. 高阻仪凭借特殊的输入特性和高灵敏度,高阻仪也可胜任常规多用表力所不及的____________和____________的测量。

答:电压、电流、电阻、电荷

3. 高阻仪的测试信号的输入接口,需要使用____________。

答:三同轴测试电缆

4. 现场中高阻仪主要是进行____________和____________。

答:高阻的测量;弱电流的测量

5. 高阻仪最合适的量程是________________________。

答:显示"UNDERFLOW"的高一档量程

6. 高阻仪具有____________,应注意人身和设备的安全。

答:高压输出

7. 使用高阻仪注意量程的选择,量程应____________进行选择

答:由大到小

8. 使用高阻仪进行不同参数的测量时应进行____________。

答:清零操作

6.2　简答题(每题 6 分)

1. 画出高阻仪测量电阻的测量回路连接图。

答:

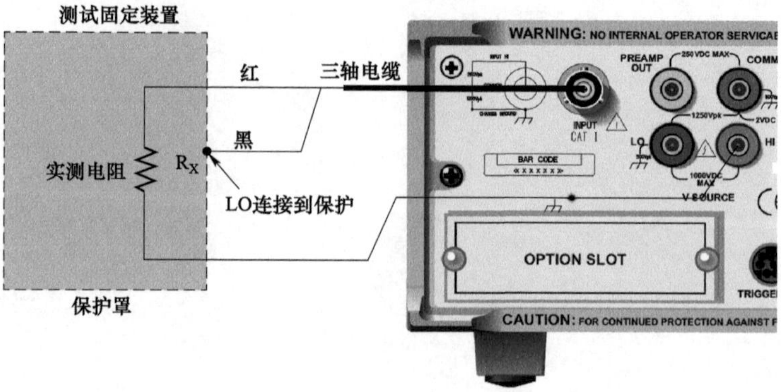

2. 高阻仪测量电阻步骤。

答:1)首先确认前面板上的 OPER 灯没有亮,没有电压输出。

2) 按下前面板上的 Z-CHK 按键进行清零操作。

3) 依次按下"R"按键和"CONFIG"按键进行电阻测量的相关设定,可以根据需要设置 SPEED、FILTER、RESOLUTION、AUTORNG、MEASUREMENT TYPE 必要的参数。

4) 选择"V-SOURCE"设置电源模式,选择"auto"仪表将根据被测对象的测量范围选择设置 40 V 或 400 V 电源输出;如果选择"MANU"则需手动通过左右上下的箭头改变电压的值。

5) 按"V"键,再按"CONFIG"键根据需要设置一个电压限值,设置"METER-CONNECT"到"ON"确保连通仪表内部电压源与电流表,高压正常输出。

6) 根据被测对象的信号范围设置合适的量程,如果对被测对象的信号范围不清楚可以选择自动功能进行量程的选择,通过量程由大到小的变化,在显示"UNDERFLOW"时选择它的高一档量程就是最合适的量程。

7) 检查确认测试连接的正确性。

8) 按下前面板上的 Z-CHK 按键,取消清零检查。

9) 按下 OPER,确认指示灯亮,电压输出,待仪表稳定后读取数值。

3. 进行高阻仪测量过程中注意事项。

答:1)高阻仪的电源是 105～125 V AC 或 210～250 V AC 选择,一定要确认使用电源电压,做出合适选择,同时应确定使用的电源具有接地线,防止损毁仪表和对人员造成伤害。

2) 高阻仪具有高压输出,应注意人身和设备的安全。

3) 使用高阻仪注意量程的选择,量程应由大到小进行选择。

4) 使用高阻仪进行不同参数的测量时应进行清零操作(ZERO CHECK)。

5) 为提高测量的精度应该使用低噪声的三同轴测试电缆(厂家提供或自制)。

6) 选择工作人员佩戴防静电手链并注意衣服产生的静电,防止对测量结果产生影响。

7) 所有用于连接仪表进行测试的电缆,在使用前必须清洗干净并进行干燥处理。

8) 仪表应该进行足够的预热,待仪表稳定后再进行测量。

6.3　操作题(50 分)

试题:高阻仪(工作间)使用

鉴定点:高阻仪(工作间)使用

1. 准备要求

考场准备:

(1) 试题名称:高阻仪(工作间)使用

(2) 本题分值:50

(3) 考核时间:60 min

(4) 考核形式:实操

(5) 设备设施准备

序号	名称	规格	单位	数量	备注
1	高阻仪及附件		套	1	
2	仪用工具包		套	1	
3	电离室		个	1	

考生准备：

无。

2. 考核要求

(1) 本题分值:50

(2) 考核时间:60 min

(3) 考核形式:实操

(4) 具体考核要求:掌握使用高阻仪测量电离室阻抗

(5) 否定项说明:无

3. 配分与评分标准

序号	考核内容	考核要点	配分	评分标准	扣分	得分
1	确认工作对象	根据工单内容确认设备	5	自检/互检确认,未自检,扣3分;未互检,扣2分		
2	检查标准仪器,预热高阻仪	1. 检查高阻仪的有效期; 2. 确认高阻仪附件完整; 3. 确认高阻仪电源电压选择	9	1. 未确认标准仪器的量程合适、在有效期内,扣3分; 2. 未确认标准仪器的供电电压正确,扣3分; 3. 未检查附件完整且无断线现象,扣3分		
3	设置高阻仪,测试前准备	1. 设置高阻仪,按电阻测量的过程进行; 2. 测试高阻仪在开路状态时的空气电阻 3. 测量电离室各电极之间连接情况	11	1. 未正确完成高阻仪设置,扣5分; 2. 未测试开路电阻,扣3分; 3. 未确认电离室各电极之间没有短路,扣3分		
4	测量电离室阻抗	按维修规程 98-60491-MP-1093A 测量高压电极和内屏蔽、高压和信号线、信号线和内屏蔽、高压反馈和内屏蔽、测量内外屏蔽之间的绝缘电阻	20	1. 按维修规程对电离室进行阻抗测量,根据测量的情况酌情扣1~10,最多扣10分; 2. 测量操作正确,测量结果符合规程要求,酌情扣1~10,最多扣10分		
5	确认工作完成,清理工作现场	工完料净	5	未工完料净,扣5分		

否定项:无

总分:

评分人: 年 月 日 核分人: 年 月 日

第三部分 保护系统识图

第一章 绪 论

1.1 识图基础知识准备

核电是一个系统性和逻辑性很强的行业，从事这个特殊行业的工作，不光要求有严密的知识储备，还需要严谨细致的工作态度和思维模式，特别是仪控方面的人员，因为工作对象复杂多变、重要程度又涉及整个核电的中枢，所以除了熟知本职工作涉及的各系统性的知识、掌握工具使用技能外，还需要对各种"图"做到胸有成竹、信手拈来。

很多刚刚参加工作的新员工在进行基础学习的阶段一般都会先从各系统的运行教材开始学习，比如一回路冷却系统(RCP)，了解了压力容器的重要意义、热量的传递过程，知道了初步的稳压器压力和温度的控制原理，但是却仍然对自己所从事的工作无从下手。诚然，扎实的基础系统知识对今后的本职工作颇有益处，但是要找到仪控自己的切入点，在本教材中，编者将与大家一起探讨一下怎样快速初步掌握这部分内容。

1.1.1 系统代码

系统代码，俗称"三字经"，是为了方便快速记忆而衍生出来的三个字母的缩写，因 M310 技术来自法国，所以系统代码均为法语单词缩写。系统代码有一定规律，如下所列。

- A**:给水回路，如 ADG(除氧器)，APA(电动给水泵)，APG(SG 排污)，ARE(主给水)，ASG(辅助给水)
- C**:冷凝器，CEX(凝结水抽取)，CFI(循环水过滤)，CRF(循环水)，CVI(真空抽取)
- D**:通风，装卸，通讯系统，DV*，DW*(通风)
- E**:安全壳相关，EAS(安全壳喷淋)，EPP(安全壳泄露)，ETY(安全壳大气监测)，EVC(堆坑通风)
- G**:汽轮发电机及输电系统，如 GCT(汽机旁排系统)
- J**:消防相关的系统，如 JDT(火警探测)
- K**:仪表和控制，如 KIS(地震仪表)
- L**:电气系统，如 LHA(应急电源 6。0 kVA 系列)
- P**:堆水池，如 PMC(核燃料装贮存)
- R**:一回路系统，如 RCP(反应堆冷却)

- S**:二回路系统,SA*(压缩空气),SE*(水)等
- T**:三废系统,如 TEG(废气系统)
- V**:蒸汽系统,如 VVP(主蒸汽系统)

1.1.2 功能代码

同系统代码,设备和功能代码也是缩写,但是只有两个字母,其一般规律如下所列。

- L*:就地测量设备,如 LD(就地流量测量);
- M*:模拟传感测量设备,如 MQ(无功测量)
- Q*:计数器,如 QC(转速计)
- S*:逻辑(通断)传感器设备,如 SP(压力测量通断信号)
- Y*:试验测量设备,如 YN(液位测试)

以上设备二字代码的第二个字母有以下规律:

A—核测量,D—流量,J—火警,N—液位,P—压力

Q—无功,W—有功,C—速度,H—时间,T—温度

阀门作为一个类别较多的设备集,按照一般规律,以 V*格式表示,第二个字母代表阀门的流通介质,例如:

VA(空气阀门)	VB(含硼水阀门)	VC(循环水)
VF(燃料油)	VL(凝结水)	VN(常规岛闭路冷却水)
VV(蒸汽)	VY(氢气)	VZ(氮气阀门)
VP(一回路冷却剂)	VD(除盐水)	VX(SF6 阀门)

其他重要二字设备功能代码:

AA(报警灯)	KA(报警灯)	BA(贮存罐)
BC(接线盒)	CO(压缩机)	CC(选择开关)
CR(配电箱)	CS(冷凝器)	EC(计算机输入)
EU(计算机模拟输入)	EN(记录仪)	GD(函数发生器)
JA(断路器)	PO(泵)	RC(控制站)
RF(冷却器、交换器)	TA(辅变)	TC(汽轮机)
TP(主变)	TS(厂变)	ZV(风机)等

1.1.3 厂房与房间的标识

D—柴油机厂房

K—核燃料厂房

L—电气厂房

M—汽轮机厂房

N—核辅助厂房

R—核反应堆厂房

W—连接厂房

1.1.4 逻辑图的功能

系统逻辑图是一种用符号和框图形式表示某一系统的控制逻辑的示意图,描绘了存在

于传感器、控制器、执行机构之间的逻辑功能和对有关系统数据的逻辑处理以及其他系统和本系统其他部分交换的逻辑信号，主要包括以下部分内容：

—提供通/断信号的传感器(通用)；

—操作员使用的控制器(方家山使用)；

—传感器、执行机构、控制器等发出的通/断信号及其组合关系构成的控制逻辑，如许可功能、保护功能、控制开关功能、记忆功能、顺序控制功能等(通用)；

—受控制逻辑驱动的执行机构(通用)；

—操纵员使用的通/断信号信息(警报器、指示器、通/断显示等)(方家山使用)；

—来自外部系统但涉及本系统的所有其他逻辑数据(通用)。

1.1.5 秦二厂部分图纸介绍

1. 秦二厂保护系统逻辑图主要涵盖以下功能

1）停堆保护逻辑功能

2）专设安全设施缓解事故后果功能

3）连锁保护功能

4）在役检查功能

由于秦二厂保护系统设计采用模拟量设备对整个系统进行控制，一般以采用“通断”或“电压高低”等表达设备是否故障，运行参数是否达到安全报警整定值等。而通断火电压高低，在数学上可以用“0,1”数字表示。一般情况下，0 表示断开或低电压，1 表示接通或高电压，这种表示方法称为：“正逻辑”，但也有相反的情况，即“0”表示接通或高电压“1”，1 表示断开或低电压，这种表示方法称为负逻辑。

2. 秦二厂保护系统基本逻辑控制器件

“0”和“1”是逻辑信号的两个状态的代表，核电厂控制保护系统就是通过检测系统监测的运行参数是否超过报警值或故障而给出逻辑信号，并通过逻辑控制线路的运算来判断故障原因和应采用的控制方案来触发相应的保护动作。触发信号也是以逻辑信号输出给执行机构的驱动机构去执行控制指令，一般逻辑“1”代表触发安全保护动作信号。而根据故障安全原则，一般情况下，控制逻辑的输入逻辑信号和输出逻辑信号都采用负逻辑信号，即控制器采用断开或低电压表示“1”逻辑，需启动安全保护动作，以防止线路断线或失电而无法完成系统控制保护触发安全保护动作的功能。

但是，控制逻辑基本器件，一般情况下还是采用正逻辑比较方便逻辑运算和设计。所以，通常输入、输出接口都有非门作为接口，这也是为电子线路便于实施隔离。

总之，要实现控制保护的逻辑判断功能，必须有相应的逻辑算法设计，并由相应的控制逻辑基本器件来实现。而控制逻辑基本器件的元器件，则随着技术的发展，曾经分别采用继电器、二极管、集成电路，目前核电厂已采用数字化监控技术，直接采用计算机软件计算来实现。但不管技术如何发展，核电厂控制保护常用以下控制逻辑基本器件，在控制保护实际应用中起着重要作用。

(1) 传输门

传输门主要起信号变送、分送、隔离等传送目的，它不改变逻辑信号，即输出逻辑信号 y

等于输入逻辑信号 x。

(2) 反相器

反相器是对输入信号逻辑取反，有时也称为非门，如果输入信号利用光电管输入，则还可起信号隔离作用。反相器符号和数学表达式如图 1-1 所示。

(3) 与门

与门是对输入信号逻辑与运算，当输入信号 x_1、x_2 全部为 1 时，输出信号 y 为 1，否则输出 y 为 0。与门符号和数学表达式如图 1-2 所示。

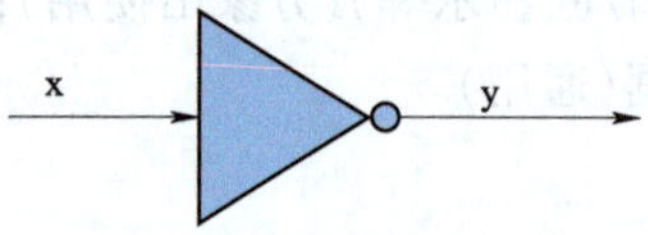

图 1-1 反相器

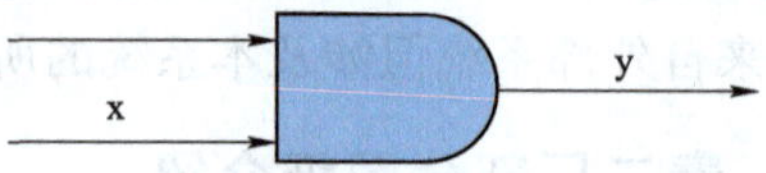

图 1-2 与门

对于与门，只要有一个输入为 0，则输出一定为 0；只有当输入全部为 1 时，输出才为 1。

(4) 或门

或门是对输入信号逻辑或运算，当输入信号 x_1、x_2 全部为 0 时，输出信号 y 为 0，否则输出 y 为 1。或门符号和数学式如图 1-3 所示。

对于或门，只要有一个输入为 1，则输出一定为 1；只有当输入全部为 0 时，输出才为 0。

(5) 与非门

与非门是输入信号进行与逻辑运算给出的信号再取反的结果。它可以认为是与门与非门按与门输出信号作为非门输入号的组合，与非门的符号和数学表达式如图 1-4 所示。

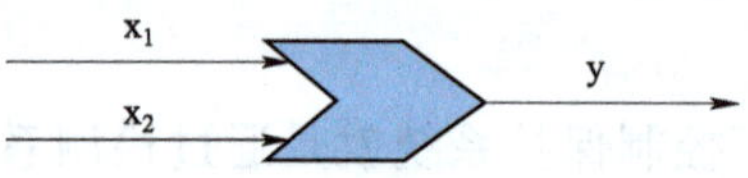

图 1-3 或门

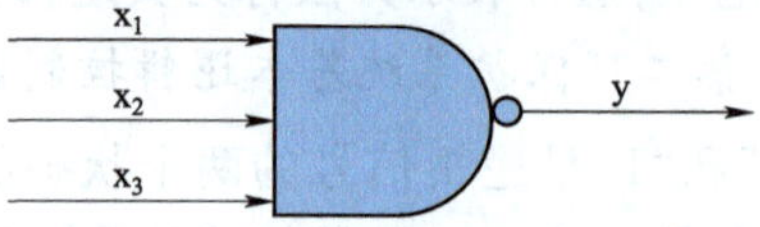

图 1-4 与非门

对于与非门，只要有一个输入为0，则输出一定为1；只有当输入全部为1时，输出才为0。

(6) 或非门

或非门是输入信号进行或逻辑运算给出的信号再取反的结果。它可以认为是或门与非门按或门输出信号作为非门输入信号的组合，或非门的符号和数学表达式如图 1-5 所示。

对于或门，只要有一个输入为 1，则输出一定为 0；只有当输入全部为 0 时，输出才为 1。

逻辑关系

(1) “二取一”逻辑

“二取一”逻辑是一种组合逻辑，其逻辑运算是只要两个输入信号中有一个有效信号(一般情况，逻辑设计采用正逻辑，用 1 表示有效，下同)输入，则输出有效信号。其逻辑符号和数学表达式如图 1-6 所示。由此可见，此组合逻辑比较简单，对于正逻辑可由一个二输入或门实现。

(2) “三取二”逻辑

“三取二”逻辑是一种组合逻辑，其逻辑运算是只要三个输入信号中有两个有效信号输

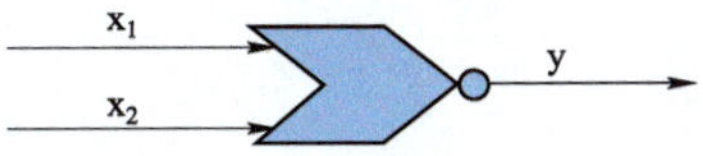

图 1-5 或非门

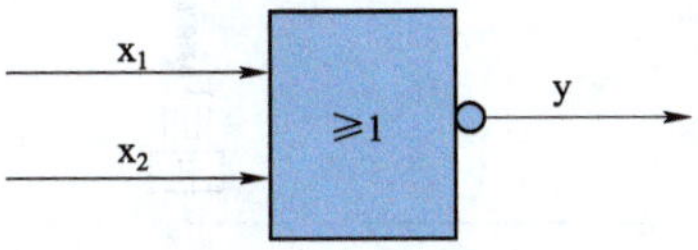

图 1-6 “二取一”逻辑

入,则输出有效信号。由此可见,此组合逻辑可由三个二输入与门再加一个三输入或门来实现。而对于继电器三取二控制,一般有三个输入控制线圈 A、B 和 C,每个线圈控制两对触点,如 A_1 和 A_2,并如图 1-7 连接方式来实现“三取二”逻辑控制。在核电厂三通道的反应堆保护系统,常用此方式断掉控制棒驱动电源,使控制棒落入堆芯实现保护动作。

(3) “四取二”逻辑

“四取二”逻辑是一种组合逻辑,其逻辑运算是只要四个输入信号中有二个有效信号输入,则输出有效信号。其逻辑符号和数学表达式如图 1-8 所示。由此可见,此组合逻辑可由四个二输入与门再加一个三输入或门来实现。

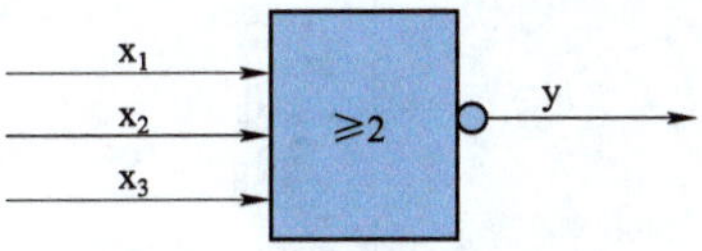

图 1-7 三取二”逻辑

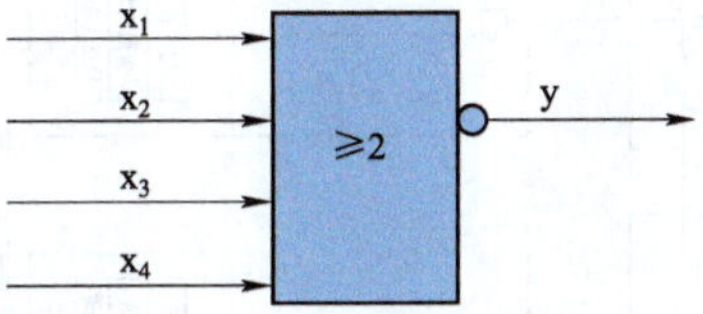

图 1-8 “四取二”逻辑

(4) 定值器触发逻辑

核电厂常用电压型定值器触发来控制需要联锁信号,电压型定值器触发形式有电平触发,还有上升沿或下降沿触发,其触发控制符号及说明见表 1-1。从表中可以看出,X 轴方向为参数值,Y 轴方向为电平高低,无箭头竖线为定值点,带箭头竖线表示参数变化方向,而且指向触发保护信号后输出电平。

表 1-1 定值器触发控制符号及说明

名称	符号	说明
高报(低电平)	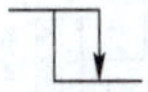	测量参数正常时低于保护定值,不产生保护信号,输出为高电平,当测量参数超过保护定值时,产生保护信号,其输出为低电平
高报(高电平)	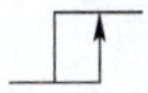	测量参数正常时低于保护定值,不产生保护信号,输出为低电平,当测量参数超过保护定值时,产生保护信号,其输出为高电平。与上一个逻辑输出电平相反
低报(低电平)	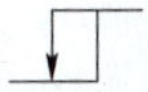	测量参数正常时高于保护定值,不产生保护信号,输出为高电平,当测量参数降低到保护定值以下时,产生保护信号,其输出为低电平
低报(高电平)	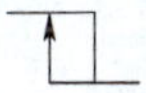	测量参数正常时高于保护定值,不产生保护信号,输出为低电平,当测量参数降低到保护定值以下时,产生保护信号,其输出为高电平。与上一个逻辑输出电平相反

3. 秦二厂保护系统逻辑图识图图例

秦二厂保护系统逻辑图图例见图 1-9。

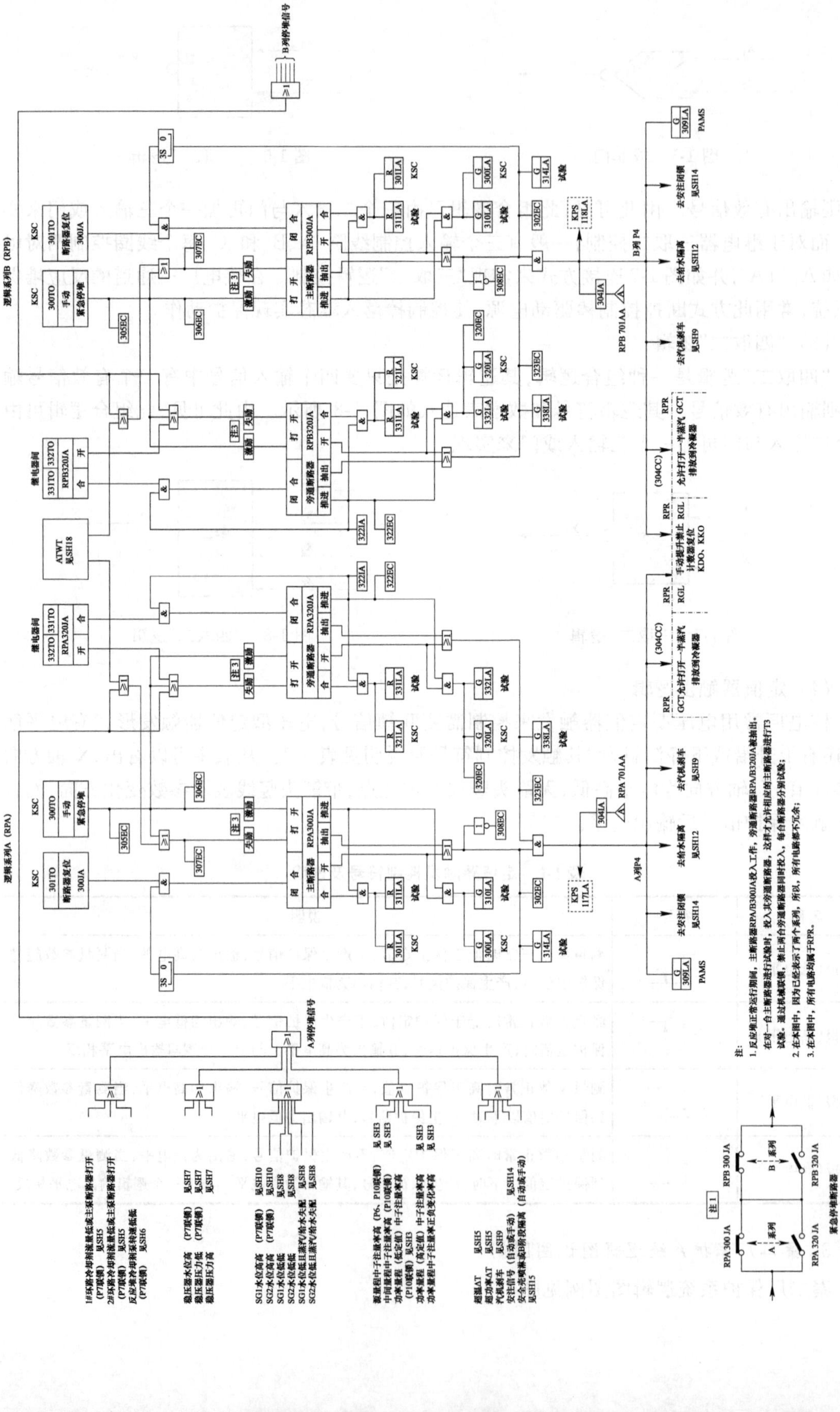

图 1-9 秦二厂保护系统逻辑图

1.1.6　方家山部分图纸介绍

方家山保护系统的逻辑图可划分为输入、命令、逻辑处理、输出执行机构、信息、图签等六个部分。

—输入区域主要指由传感器、控制器、阈值和其他处理过程来的逻辑处理信号。

—命令区域主要指操纵员的指令信号，主要包括来自 KIC、BUP、ECP、KPR、LOC 等的命令。

—逻辑处理区域表示信号处理的各种逻辑关系以及去其他逻辑图或逻辑系统的信号。

—执行机构区域主要包括手动阀、气动阀、电动阀、风机、加热器、搅拌器、电动泵等设备的控制及状态信息，以及这些设备状态反馈信息去其他逻辑图的信号区域(如 KIC、BUP、ECP、KPR、LOC 等)。

—信息区域指逻辑处理产生的各类信息去向，包括送往 KIC、BUP、KPR、LOC 等信息的显示要求。

—图签中给出基本信息，包括设计单位、图纸图名、图号、系统号、安全列、安全级、版次、页码等。

信号线型	————————	实线表示数字信号
	- - - - - - - - - - - -	虚线表示硬接线模拟信号
输入	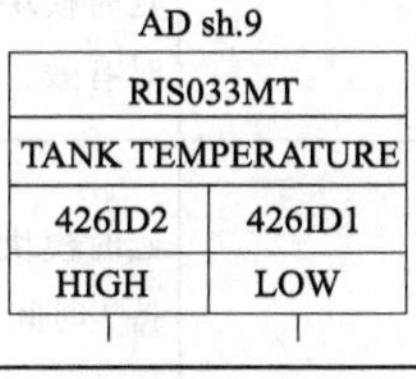	实线方框表示来自本系统的信号输入
	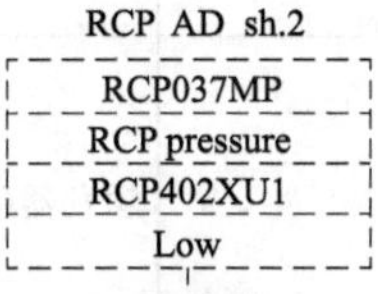	虚线方框表示来自其他系统的信号输入
	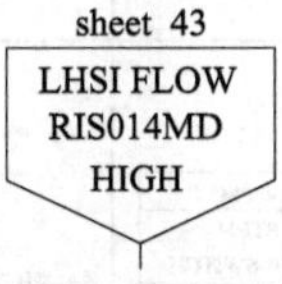	实线五边线框表示来自本系统的中间过程信号输入
		虚线五边框表示来自其他系统的中间过程信号输入
命令	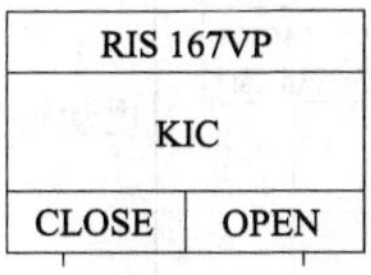	KIC 命令

图 1-10　方家山部分图纸介绍(一)

命令	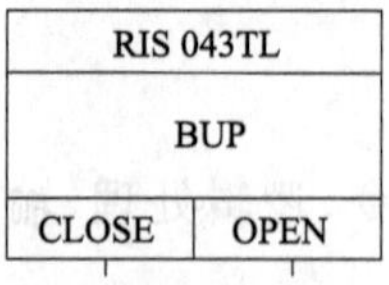	BUP 命令
	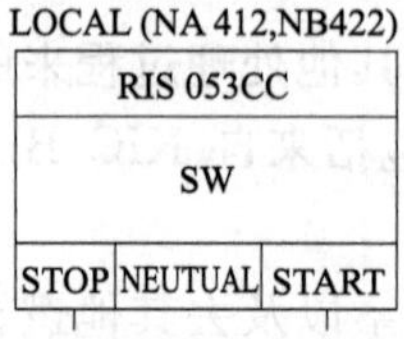	就地命令
逻辑处理		与门
	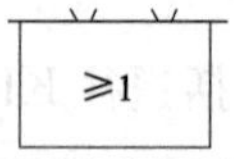	或门
		非门
	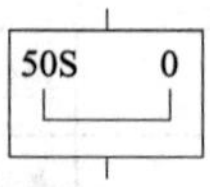	延时模块(只对输入信号由 0 变为 1 时延时有效)
	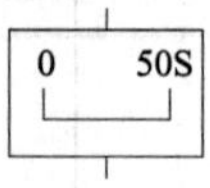	延时模块(只对输入信号由 1 变为 0 时延时有效)
	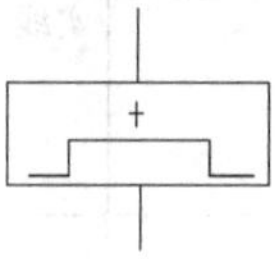	延时模块(输入信号由 0 变为 1 时,输出保持 t 时间的 1 输出,t 时间后输出为 0)
	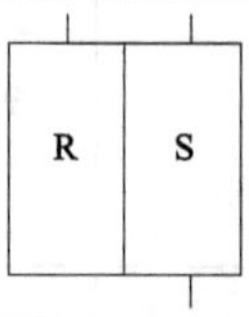	触发器(详见下文)
执行机构	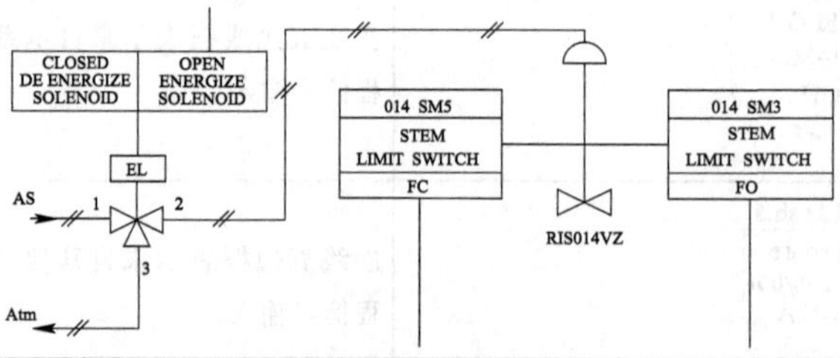	气动开关阀及其电磁阀、限位开关
	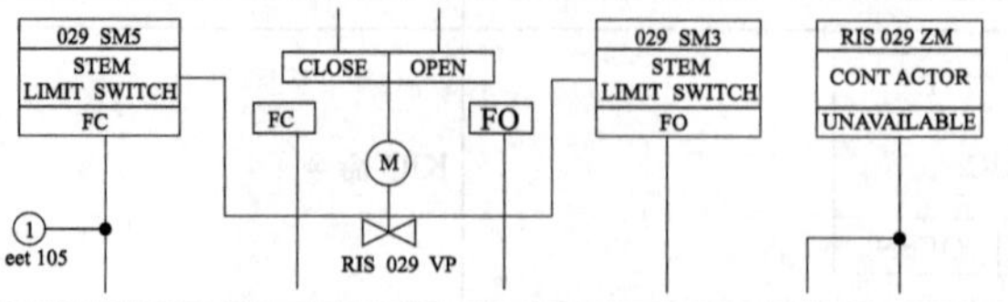	电动阀及其限位开关、伺服电机可用信号

图 1-10　方家山部分图纸介绍(二)

执行机构	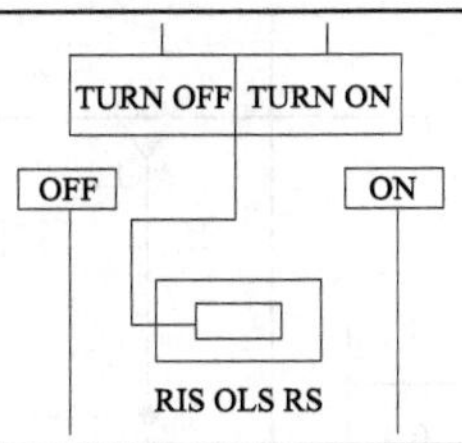 TURN OFF　TURN ON OFF　ON RIS OLS RS	通断式电加热器
	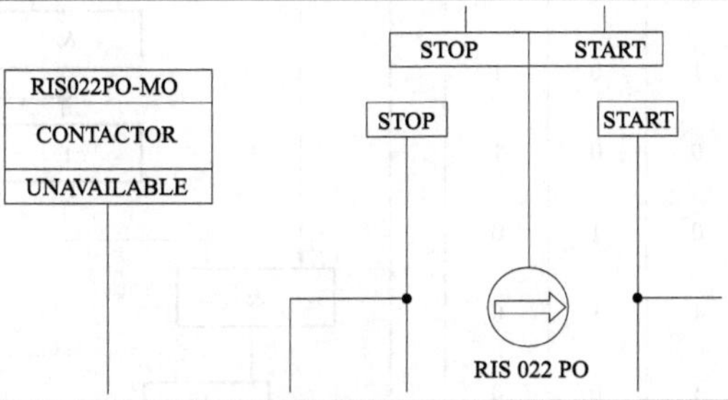 RIS022PO-MO CONTACTOR UNAVAILABLE STOP　START STOP　START RIS 022 PO	泵及其启、停反馈信号和电机可用信号
信号	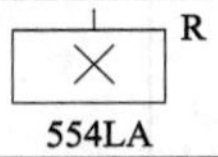 R 554LA	指示灯及其颜色标识
	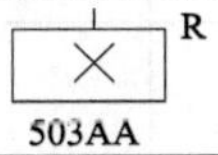 R 503AA	BUP 报警灯及其颜色标识
	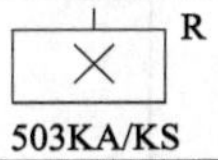 R 503KA/KS	KIC 报警及其颜色标识
	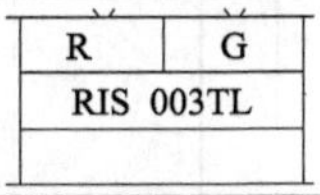 R　G RIS 003TL	设备状态不一致灯(BUP)
	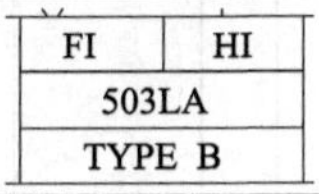 FI　HI 503LA TYPE B	全亮半亮灯(BUP)

图 1-10　方家山部分图纸介绍(三)

序号	触发器图例	真值表	等效逻辑
1	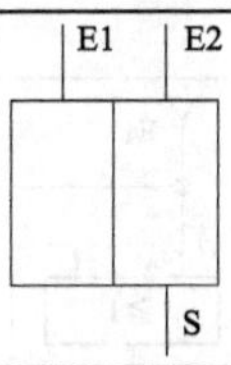 E1　E2 S		
2	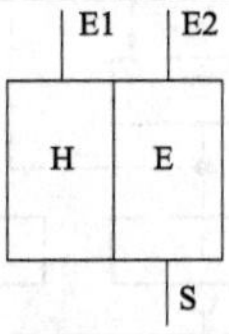 E1　E2 H　E S		
3	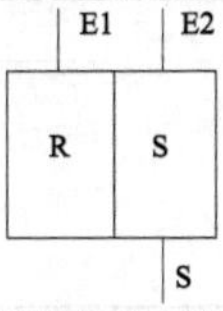 E1　E2 R　S S		

真值表（States table，t ↓）：

E1	E2	S
0	0	1-0
1	0	0
1	1	0
0	1	1

图 1-11　几种特殊的触发器介绍(一)

<table>
<tr><th>序号</th><th>触发器图例</th><th>真值表</th><th>等效逻辑</th></tr>
<tr><td>4</td><td>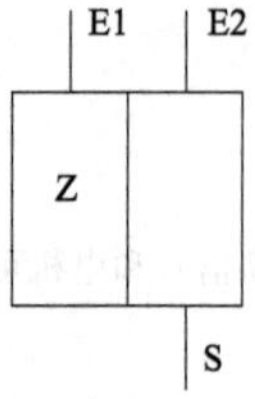</td><td>States table
t
<table><tr><th>E2</th><th>E1</th><th>S</th></tr><tr><td>0</td><td>0</td><td>0</td></tr><tr><td>1</td><td>0</td><td>1</td></tr><tr><td>0</td><td>0</td><td>1</td></tr><tr><td>0</td><td>1</td><td>0</td></tr><tr><td>1</td><td>1</td><td>0</td></tr><tr><td>1</td><td>0</td><td>0</td></tr></table></td><td>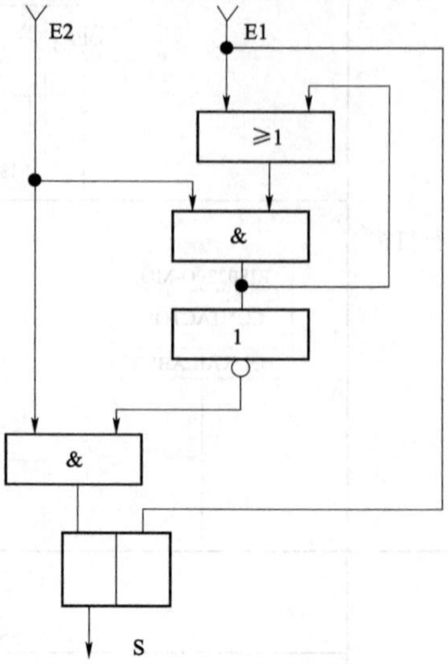</td></tr>
<tr><td>5</td><td>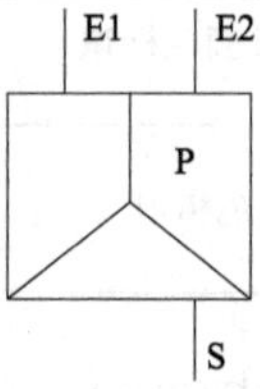</td><td rowspan="2">States table
t
<table><tr><th>E2</th><th>E1</th><th>S</th></tr><tr><td>0</td><td>0</td><td>0-1</td></tr><tr><td>1</td><td>1</td><td>1</td></tr><tr><td>0</td><td>1</td><td>0</td></tr><tr><td>0</td><td>0</td><td>0</td></tr><tr><td>1</td><td>0</td><td>1</td></tr><tr><td>0</td><td>0</td><td>1</td></tr></table></td><td rowspan="2">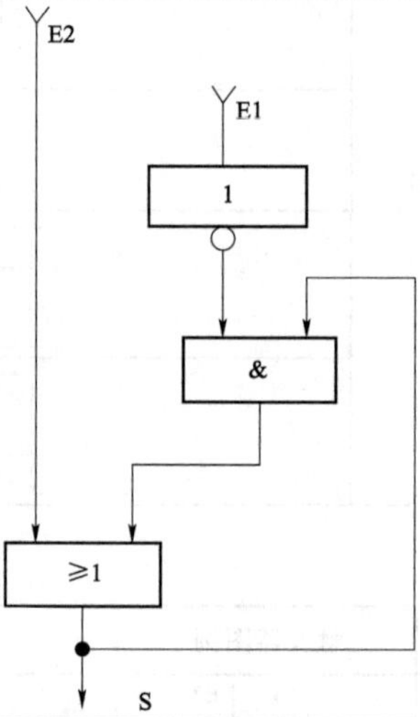</td></tr>
<tr><td>6</td><td>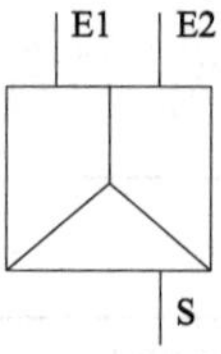</td></tr>
<tr><td>7</td><td>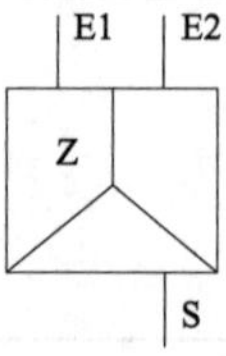</td><td>States table
t
<table><tr><th>E2</th><th>E1</th><th>S</th></tr><tr><td>0</td><td>0</td><td>0</td></tr><tr><td>1</td><td>0</td><td>1</td></tr><tr><td>0</td><td>0</td><td>1</td></tr><tr><td>0</td><td>1</td><td>0</td></tr><tr><td>1</td><td>1</td><td>0</td></tr><tr><td>1</td><td>0</td><td>0</td></tr></table></td><td>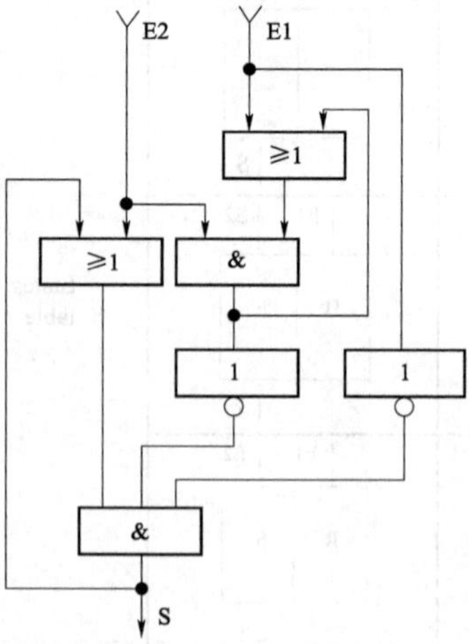</td></tr>
</table>

图 1-11 几种特殊的触发器介绍(二)

<table>
<tr><th>序号</th><th>触发器图例</th><th>真值表</th><th>等效逻辑</th></tr>
<tr>
<td>8</td>
<td>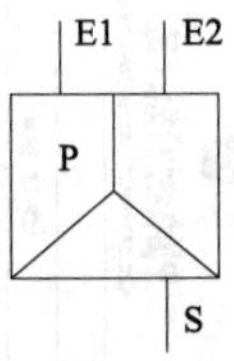
</td>
<td>States table t
<table>
<tr><th>E2</th><th>E1</th><th>S</th></tr>
<tr><td>0</td><td>0</td><td>0</td></tr>
<tr><td>1</td><td>0</td><td>1</td></tr>
<tr><td>1</td><td>1</td><td>0</td></tr>
<tr><td>1</td><td>0</td><td>1</td></tr>
<tr><td>0</td><td>0</td><td>1</td></tr>
<tr><td>0</td><td>1</td><td>0</td></tr>
</table></td>
<td>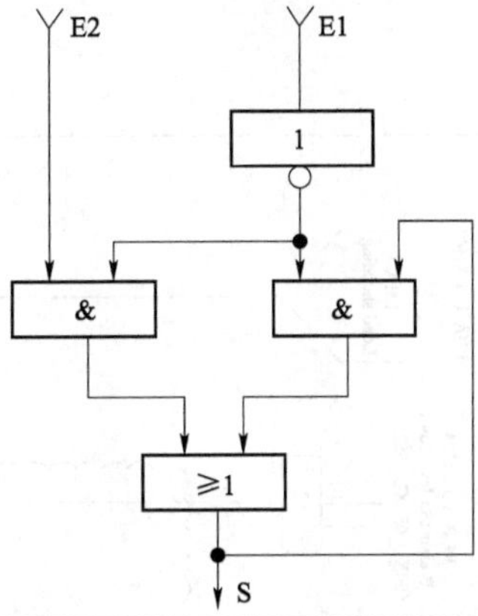
</td>
</tr>
</table>

图 1-11　几种特殊的触发器介绍(三)

1.1.7　逻辑图的读图

如上页示例的逻辑图是 RCP005RS 的控制逻辑,通过这个例子我们可以分析出以下逻辑图仪控元素:

1）安全等级。由图 1-12 右上角的“1E”标识可看出该图的主体逻辑属于 1E 安全级,逻辑主体位于 Tricon 机柜中,只有来自 RCP AD 图第 23 页和 25 页的两个阈值逻辑是 NC 级。

2）逻辑图的分页和标题一般是按照执行器或报警来划分的,查看图纸标题就可知道该图的逻辑对象。

3）输入信号和控制命令是逻辑图的重要部分,如本图中共包括RCP系统和其他系统共 10 个输入信号和命令。在示例逻辑中,BUP 系统中 RCP061TL/061TO 和 KIC 系统中 RCP005RS/061KG 是两组 DCS 控制命令,由 BUP ENABLE 命令在 DCS 后台进行切换,正常情况下学习逻辑图时仅察看 KIC 控制逻辑仅可,减少看图压力。

4）对于出现触发器的逻辑图,触发器往往在整个逻辑中占有至关重要的作用,如本示例中,RCP061KG 处理自动状态,当出现 Pressureizer level deviation High 和 Pressurizer pressure deviation low 这两个信号其中之一时,RCP005RS 将 Turn ON 并保持,此时 650XU、651XU、652XU 三取二信号为“1”时,加热器将 Turn OFF 直到该三取二信号消失后加热器将自动启动,触发器在这一逻辑中起到了信号锁存和确定信号优先级的作用。

5）信号和命令的互锁关系,理清这种互锁关系对于理解逻辑图具有重要意义,在本例中,Pressureizer level deviation High 和 Pressurizer pressure deviation low 这两个信号其中之一时,会对 RCP061KG 的 AUTO 命令进行闭锁,理由如第 4 条所描述,如果不进行此闭锁的话,AUTO 命令可能会操作 RCP005RS Turn OFF。

另外一个信号闭锁的简单例子如右图 1-13 所示,当 RPR 发出“SI signal Training B”命令时,会同时将 RIS014TL 的 Close 命令闭锁,即此时 014TL 发出 Close 命令为无效。

6）逻辑图的信号输出对象一般包括 KIC、BUP、ECP、KPR 及 LOC 等,逻辑图中会详细表述各信号输出的结果及表现方式,在目前版本的各逻辑图中会出现大量的用括号表示的

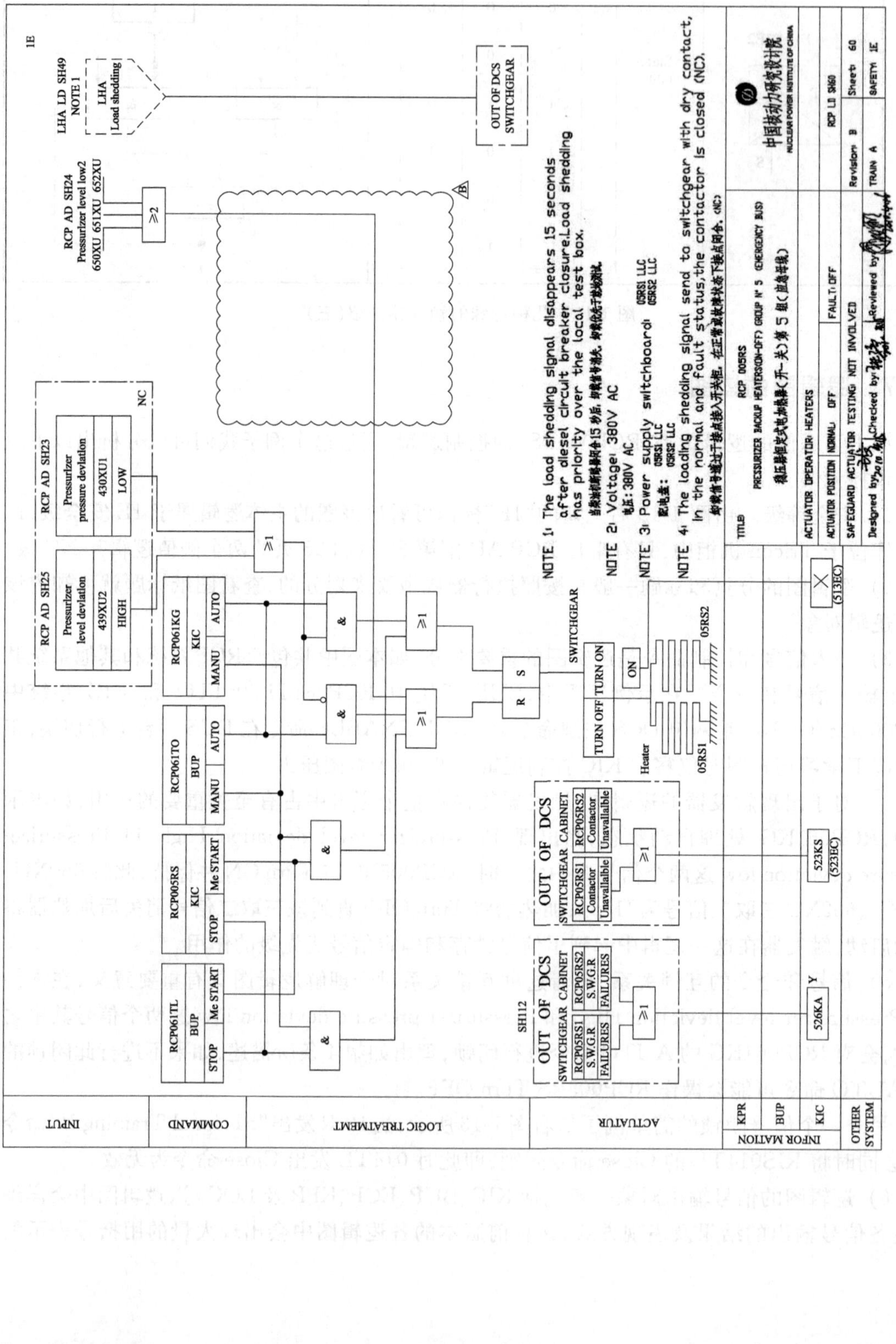

图 1-12 稳压器恒定式电加热器第 5 组应急母线

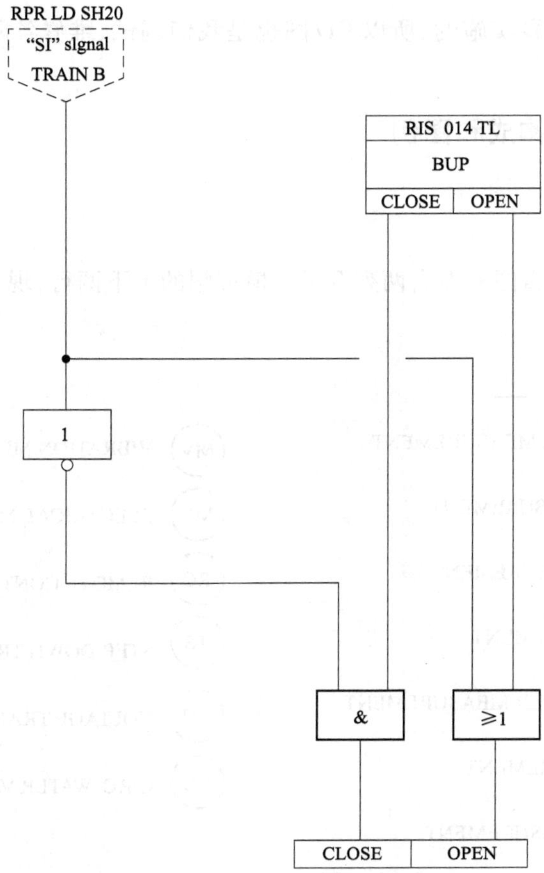

图 1-13 信号闭锁示例

EC 信号,这是沿袭岭澳一期的设计(岭澳一期是福清核电一期工程的设计参考电站),表示的是主控中显示的一种逻辑通/断信息,在福清核电 DCS 中对此会做出较大改变,如例子中的 513EC,在 DCS 系统中会出现 RCP005RS 的启动反馈信息,但是已经无法找到 513EC 这种标识,AD 图中出现的 EU 也与此雷同,在识图过程中需要稍加注意。

1.1.8 DCS 功能图(IA 部分)

1.1.9 IA FD 图概述

全厂 DCS 系统由美国 IPS 公司旗下 IOM 总包,厂家在做控制组态前,生成了中间文件——功能图(Functional Drawing,FD)。FD 图的一些图符(Legend)与 SAMA 图类似,但大多数与 SAMA 存在区别,并且 FD 图的画法与 SAMA 存在较多区别。

在设计院出具的图纸中,一个工艺系统的控制功能往往都由 NC、NC+甚至 1E 部分的 DCS 设备共同来完成,要掌握一个工艺系统完整的控制要求,需要对三部分的图纸都进行掌握,其中 NC、NC+采用 IA 设备实现,出具了标准的 FD 图。

FD 图依据设计院出具的设计输入文件逻辑图、模拟图、定值手册、I/O 清单四项编制,FD 图用于设计时产生控制组态,并贯穿于整个 DCS 设计、V&V 审查、出厂测试阶段。并且由于控制组态是依据 FD 实施的，所以 FD 图也是我们调试、维修各阶段所需要参考的重要资料。

1.1.10 IA FD 图的构成和图例

1.1.11 FD 图图例

现场信号在 FD 逻辑图的左右两列和 FD 模拟图的上下两行，现场信号的标志和流程图代码类似。

FIELD DEVICES

MW	ACTIVE POWER MEASUREMENT	MV	VIBRATION MEASUREMENT
MA	NUCLEAR MEASUREMENT	MY	ELECTRICAL MEASUREMENT
MI	CURRENT MEASUREMENT	RC	REMOTE CONTROL
MD	FLOW MEASUREMENT	TS	STEP-DOWN TRANSFORMER
MQ	REACTIVE POWER MEASUREMENT	TU	VOLTAGE TRANSFORMER
MN	LEVEL MEASUREMENT	VC	CIRC. WATER VALVE
MP	PRESSURE MEASUREMENT		
MC	SPEED MEASUREMENT	⊣⊢	NORMALLY OPEN FIELD SWITCH SHOWN IN DEENERGIZED STATE
MT	TEMPERATURE MEASUREMENT	⊣/⊢	NORMALLY CLOSED FIELD SWITCH SHOWN IN DEENERGIZED STATE
MM	POSITION MEASUREMENT	I/P	CURRENT TO PNEUMATIC CONV.
MU	VOLTAGE MEASUREMENT	P/I	PNEUMATIC TO CURRENT CONV.
KT	PRIMARY TEMPERATURE ELEMENT	f(x)	FINAL CONTROL ELEMENT

1. 信号转换模块图例

SIGNAL CONVERSION (I/O)

C/D	CONTACT TO DIGITAL CONV.	MV/V	THERMOCOUPLE OR MILLIVOLT TO VOLTAGE CONV.
D/D	DIGITAL TO DIGITAL CONV.	R/V	RESISTANCE TO VOLTAGE CONV.
I/D	CURRENT TO DIGITAL CONV.	V/V	VOLTAGE TO VOLTAGE CONV.
L/D	LOGIC TO DIGITAL CONV.	D/C	DIGITAL TO CONTACT CONV.
MV/D	THERMCOUPLE OR MILLIVOLT TO DIGITAL CONV.	D/I	DIGITAL TO CURRENT CONV.

P/D	PULSE TO DIGITAL	D/L	DIGITAL TO LOGIC CONV.
R/D	RESISTANCE TO DIGITAL CONV.	D/V	DIGITAL TO VOLTAGE CONV.
V/D	VOLTAGE TO DIGITAL CONV.	D/Ω	DIGITAL TO PULSE CONV.
I/V	CURRENT TO VOLTAGE CONV.	V/I	VOLTAGE TO CURRENT CONV.

2. 信号显示图例

信号显示指示该信号送哪些地方显示以及是否带有报警。

DISPLAY

(KIC)	KIC INDICATION
(KIC) - - ▶ A	KIC INDICATION AND ALARM
◇A	ANALOG SIGNAL GENERATOR
(KDO)	HIGH SPEED HISTORIAN
(KME)	PERFORMANCE TEST INSTRUMENT SYSTEM
(DAS)	DATA ACQUISITION SYSTEM
(DAS) - - ▶ A	DATA ACQUISITION SYSTEM AND ALARM
A	ALARM

3. 信号跳转图例

信号跳转表示两点连接,发出点和引用点有相同的数字标志,并且在上方标注另一端所在页。

LINE ORIGIN/DESTINATION REFERENCES

← (A)	DESTINATION, ORIGIN ON SAME DRAWING
→ (A)	ORIGIN, DESTINATION ON SAME DRAWING
SHEET 2 ← (1)	DESTINATION, ORIGIN ON SAME DRAWING NUMBER SERIES

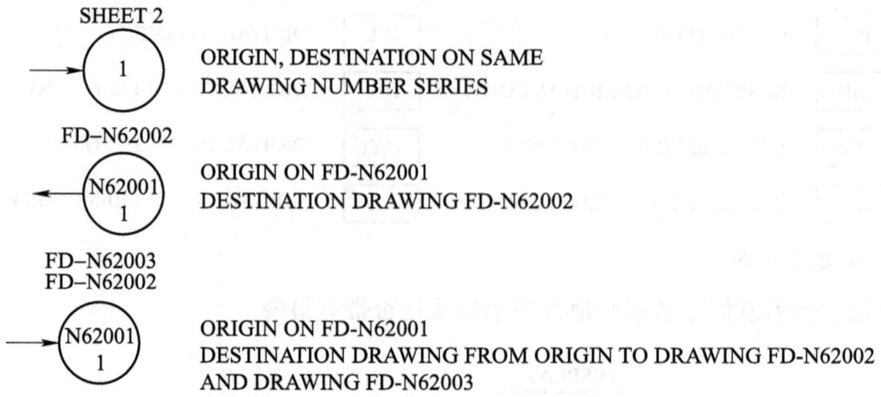

4. 信号处理

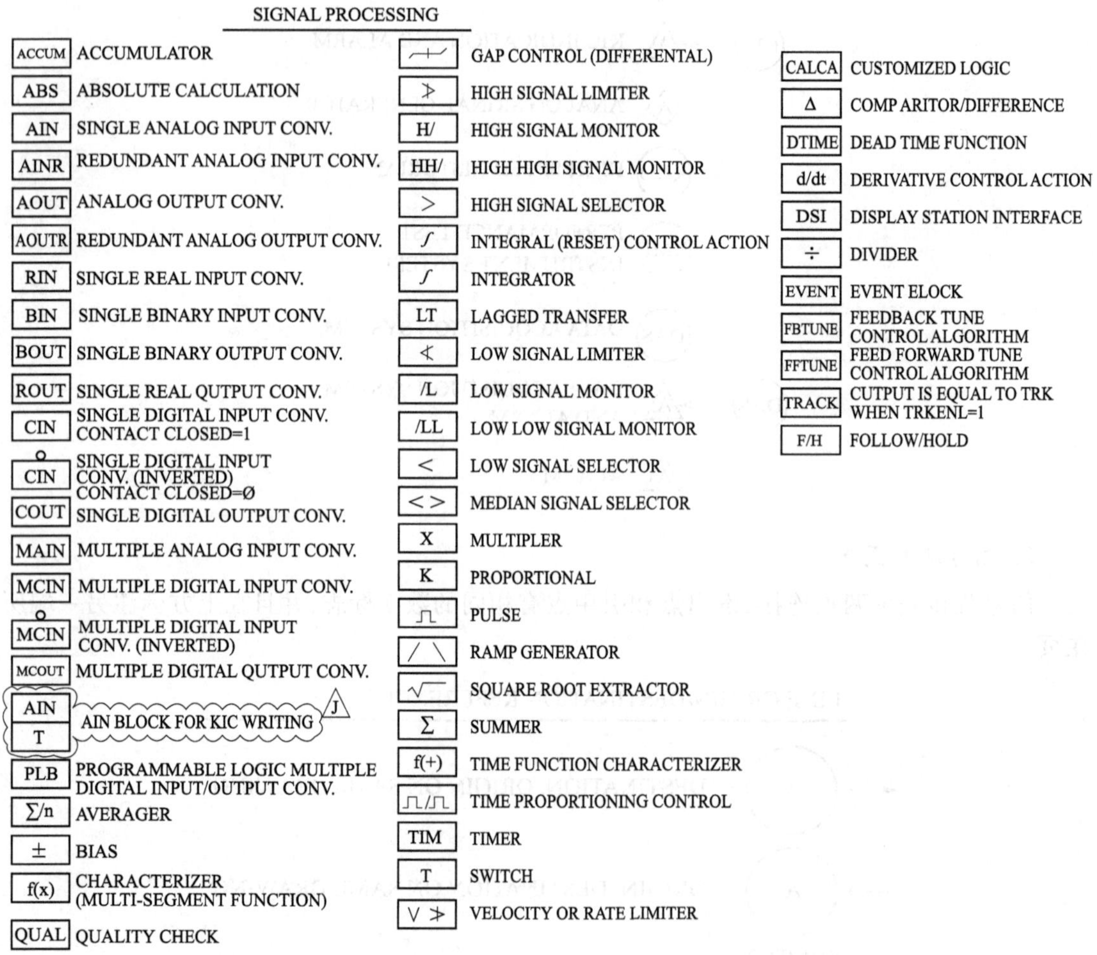

5. 逻辑功能

整个 IA 的逻辑模块只有有限几种，主要为与或非门，延时开关模块，电平有效复位优先的 RS 触发器，单脉冲模块。

注意:IA 只有两种触发器,我们项目中只用到了这一种触发器,LD 图中的各种触发器在进行图纸转化时 IOM 根据绘图规则和自己理解有多种实现方式。

标注-1 的单脉冲模块表示该脉冲仅存在一个执行周期,标注 X SEC 表示脉冲存在 X 秒。

描述矩形框仅仅相当于附注,无任何逻辑功能。

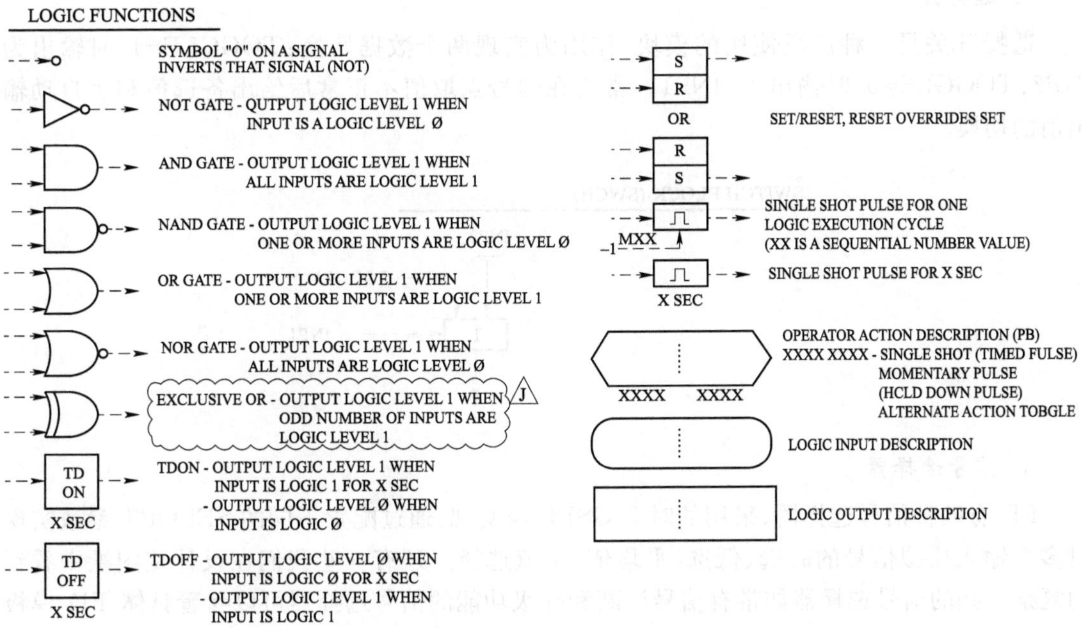

6. PIDA 功能块

图 1-14 是 PIDA 标准块图,左边是输出限幅对手自动均有效,右边输出限幅仅仅对自动有效。

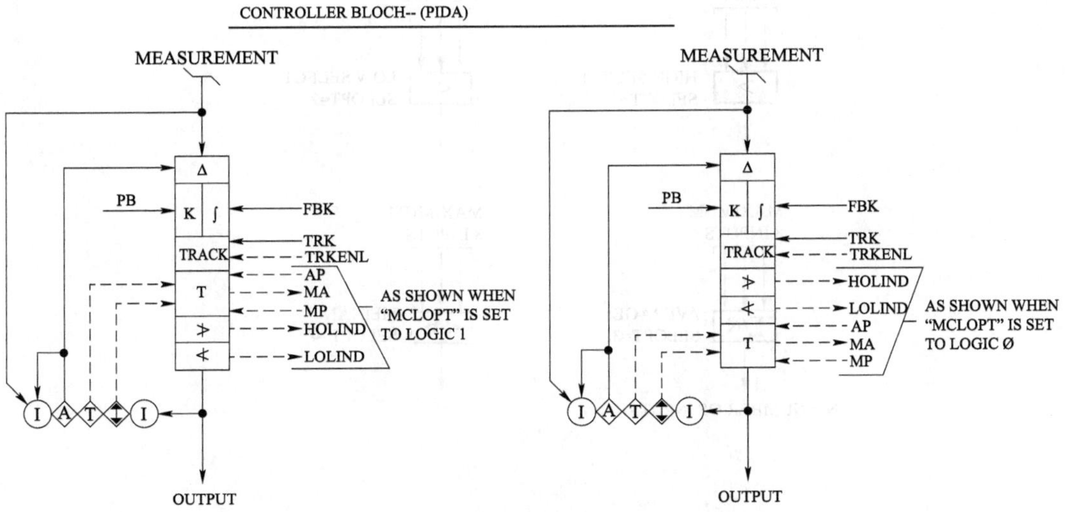

图 1-14　PIDA 标准块图

图中 PB 表示比例带(不同于比例系数),FBK 是反演算输入,未配置时即为 PID 输出。

TRK:跟踪状态时 PID 输出为 TRK 输入。

TRKENL:跟踪状态切换开关,为 1 时进入跟踪。

MP AP:手自动位置开关,MP=1 时为手动,MP=0,AP=1 时为自动。

图中的 T 表示手自动切换。

7. 选择开关

选择开关是一种广泛使用的模块,作用为实现两个数据切换:TOGGLE=1 时输出为 INP2,TOGGLE=0 时输出为 INP1。常用在信号点取值不正常后给出备选值和手自动输出值的切换。

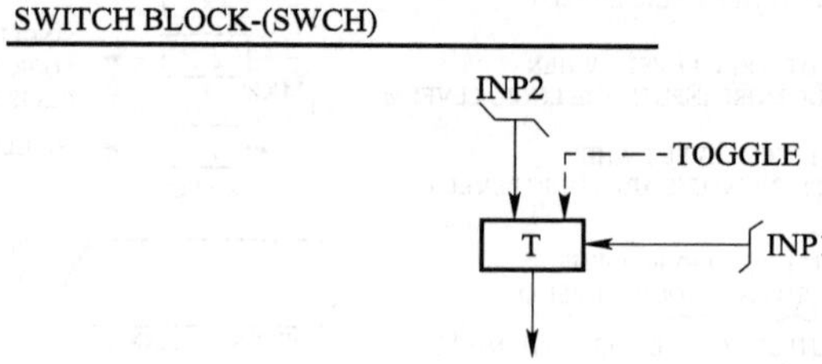

8. 信号选择器

FD 有四种信号选择器,采用的时 SIGSEL 块实现,通过配置不同的 SELOPT 参数实现对多个输入模拟信号的高选、低选、平均值、中值选择。还有一些我们在设计院图纸中看到的复杂一些的信号选择器如带有信号诊断和降级功能的信号选择器可以参看具体 FD 模板(58、59、60 号模板)

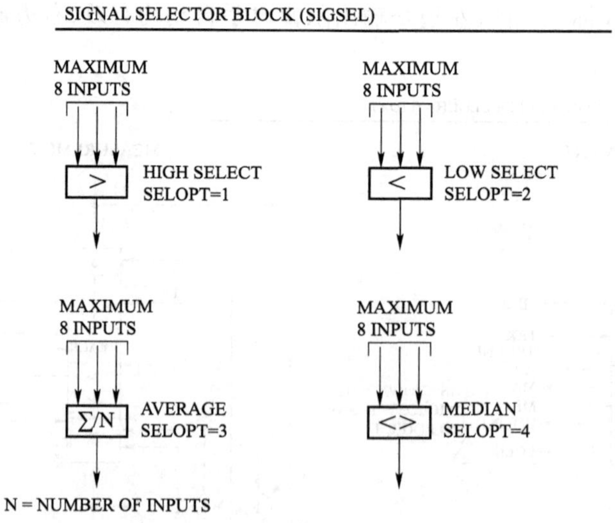

1.1.12 FD 图构成

1. FD 划分

DCS 划为三个批次 LOT1/2/3,其中 LOT1 主要为电气系统,LOT2 主要为核岛及泵房工艺系统,LOT3 主要为常规岛和 BOP 系统,LOT1 和 LOT3 全部为 NC 系统,LOT2 包括 NC、NC+和 1E。IOM 出的 FD 文件在 LOT 基础上再分为各个 GROUP,例如 LOT2 NC 包括 15 个子包,NC+划分为 8 个子包,命名为 864506-1360-2NP01 的形式 864506-1360 为福清一号机 FD 图文件统一编码,2 表示 LOT2,NC/NP 表示 NC/NC+。每一个文件包包括数个工艺系统的 FD 图。

2. FD 角标

拿到 FD 图后,首先需要看图纸的角标,这一区域包含了图纸的图号、图名、版次、隶属系统、设计方、用户方等重要信息。所有 NC/NC+的 FD 包括 FDSI 的 FD 都有统一的 FD 角标,FD 的角标如下所示。

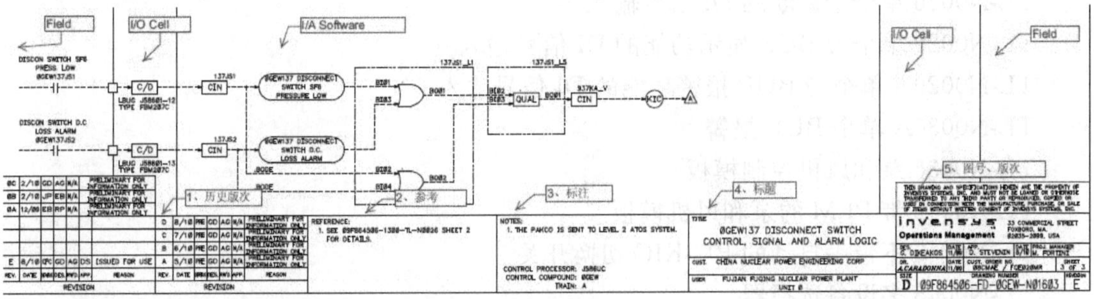

第 1 栏历史版次,表示到目前为止所有的历史版次。

第 2 栏参考信息,一般提示本 FD 图参考的 FD Template,本截图中表示需要参考 09F864506-1300-TL-N0026 Sheet 2,在对 LD 往 FD 转换过程进行 V&V 时,以及使用该 FD 生成控制组态时,都需要参考 26 号模板进行。

第 3 栏注释,一般提示本图纸一些补充信息,本图中信息:Control Processor J586UC, Control Compound 0GEW, Train A 表示本图纸的逻辑在 J586UC 这一 CP 中实现、实现控制部分的 Block 属于 Compound 0GEW,控制逻辑属于 A 列。

第 4 栏 Title 栏,表示该图为 0GEW137 Disconnect Switch Control, Signal And Alarm Logic。

第 5 栏图号(Drawing NO.):09F864506-FD-0GEW-N01603,其中 09F864506 为福清核电工程代码,FD 表示该图为 FD 图,0GEW 表示该图隶属于 0 号机组 GEW 系统,N01603 为 FD 图纸编码,N 表示属于 NC 级,16 表示来自于 ECEPDI 的逻辑图。版次 Rev 为 E 版。图纸号 SHEET 3/3 表示由对应 LD 图转化出的 FD 图共有 3 张,本张 FD 图为其中第 3 张。

1.1.13 IA FD 图的读图

1.1.14 FD 模板简述

方家山 DCS 项目组态工作有一大特点是大量使用了模板来进行设计和开发。在 FD 设计阶段需要耗费大量的精力对设计输入文件进行分析、理解，并抽象出共同的控制特性，建立 FD 模板，在设计 FD 时，具有共同或类似控制逻辑的控制部分都使用模板来实现。在生成控制组态时，FD 模板转换为 CST(Control Strategy Diagram Template，CSD 的模板)，CSD 的生成将通过 Taglist 中相关属性项调用 CST 模板来实现，这一步简化了组态生成工作和后期的验证和分析工作。

模板在简化和标准化设计过程的同时，也造成一部分设计过于死板不够灵活，因此，模板的抽象层次得掌握好。在理解 FD 时需要对模板的逻辑功能和使用方法等进行掌握，在理解模板功能和使用条件的基础上，才能真正对我们项目的 FD 图纸进行理解。

目前 IOM 共设计了 40 类模板(Template RevC CFC)，部分如下。

TL-N0021 单个模拟量监视

TL-N0022 断路器状态监视

TL-N0023 单个 DI 信号输入

TL-N0024 不带中停的电动执行器

TL-N0026 单个带诊断的 DI 信号输入

TL-N0029 单个带 BUP 显示功能的 DI 信号输入

TL-N0029A 单个带 BUP 报警功能的 DI 信号输入

TL-N0030A 单个 BUP 报警

TL-N0036 泵和风机控制模板

TL-N0042 带 PLM 的泵和风机模板

TL-N0043 不带手自动的 BU-KIC 切换开关

TL-N0045 多设备选择器

以 TL-N0036 为例。该模板用于实现泵、风机、压缩机或者断路器等设备相关控制逻辑，并能从二层 KIC 中进行控制。

主要组件包括：KIC 发出的启动/停止命令；KIC 中发出的手自动选择命令；0 层到 1 层的位置反馈状态反馈；0 层到 1 层的远程命令；0 层到 1 层的故障状态；自动启动/闭合逻辑输入；自动停止/断开逻辑输入；允许逻辑输入；保护逻辑输入等。

实际使用中没有使用到的输入引脚需要引入常量进行闭锁。举例如下。

比如 GEW 系统中，隔离开关 0GEW137 的控制逻辑 137JS_L1、137JS_L2 这两个 CALCA 计算功能块使用了模板 N0036，对于 N0036 模板所具有的手自动切换、自动开、自动关等功能，0GEW137 的控制方式不需要这些功能，则在使用模板时对相应输入通道引入了常量，锁定了相关功能。

与 TL-N0036 类似的有 TL-N0042 模板，该模板适用于泵\风机\压缩机\断路器(带 PLM)，当有 1E 级控制命令参与控制设备时，需用到 PLM(Priority logic module)，此时需要用 42 模板，模板中使用了 PLM 软逻辑。

PLM 软逻辑的输入主要有

—Auto Override Start/Auto Override Stop

—DS 3A Input/DS 3B Input

—ESFAS 1A Input/ESFAS 1B Input

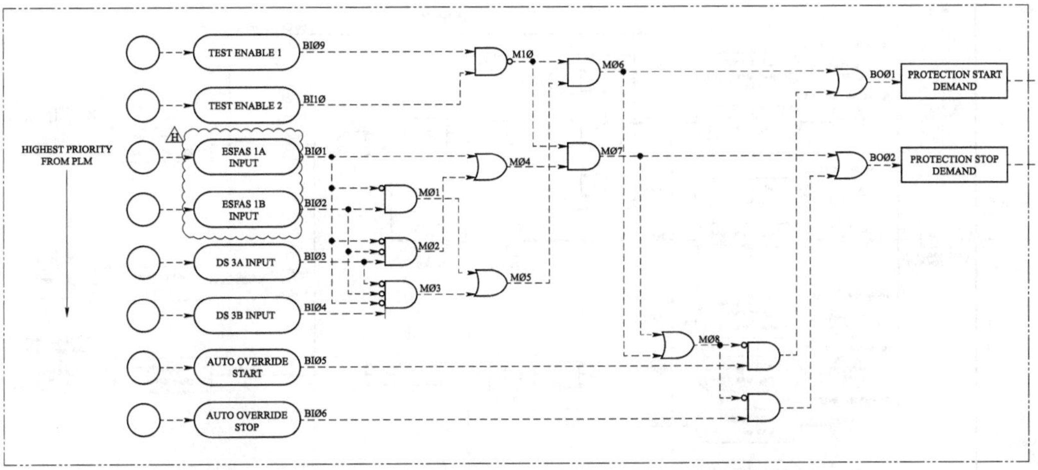

常用的接线方式

—同时有手动开关(来自 KIC),自动开关逻辑,但是无手自动切换开关时,将自动逻辑接到 Auto Override Start/Auto Override Stop。

—当 1E 参与控制设备时,需要从 1E/NC GATEWAY 过来信号接到 ESFAS 1A Input/ESFAS 1B Input。

—DAS 参与设备控制时输出接 DS 3A Input/DS 3B Input。

实际的硬件 PLM 还设有接 ECP 输入的 2A 和 2B,因为 ECP 同时送到了 1E 通道逻辑处理,所以 ESFAS 1A/1B Input 已经包含这些 ECP 信息,IOM 没有在 PLM 软逻辑中设置 ECP 过来的输入。

PLM 软逻辑的作用:

1) 强制 NC/NC+跟随 1E 控制命令。例如当 1E 的开命令下发时,即使 NC/NC+当前输出为关,也将 NC/NC+复位为开,并且在 1E 的开命令存在期间不让 NC/NC+命令下发。这样做的好处是强制 NC/NC+跟随 1E 后,当 1E 命令消失时现场设备仍保持 1E 命令存在时的状态,只有操作员手动干预或者 NC/NC+的自动逻辑起作用后设备状态才发生变化,另外强制 NC/NC+跟随 1E 后还可以屏蔽 NC/NC+的命令,防止 NC/NC+命令下发后被硬 PLM 闭锁导致 IA 中出现大量的执行器错误。

2) 确保 1E 对现场设备的控制情况显示到 KIC,并闭锁 KIC 上的操作按钮,让操作员获知设备的动作情况。因为 KIC 与 1E 没有直接的接口,如果没有软 PLM,当由于 1E 指令导致现场设备动作后 KIC 上该设备仍然显示为虚假的可操作状态,操作员无法判断设备状态变化的原因。

1.1.15 IA FD 识图举例

1.1.16 逻辑图识图

如上图是 1CFI-N62002 的 FD 图,首先我们可以通过图纸编号找到对应的设计输入文件为 CFI LD 的第 2 页,FD 中左边第一列为现场设备,第二列为输入卡件,第三列为逻辑功能块,对比 LD 和 FD 我们会发现两者内容是一致的,部分模块画法有区别,两者很容易对应。

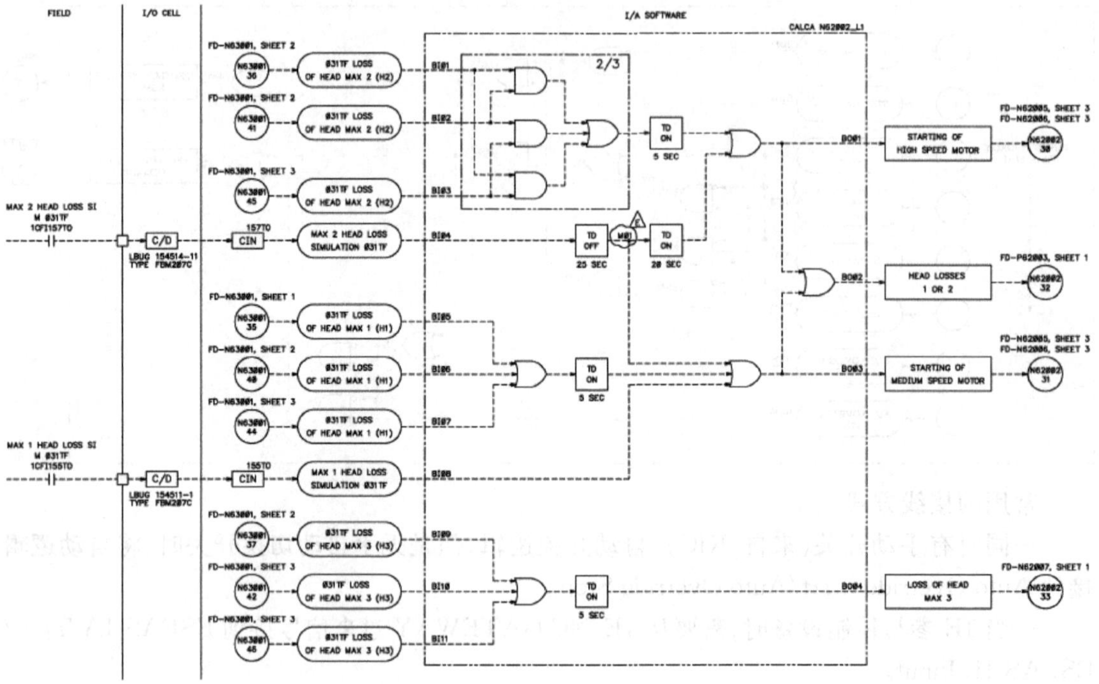

图 1-15　ICFI-N62002 的 FD 图

总的来讲基本的逻辑处理图纸，LD 和 FD 有很好的对应关系，很容易识图，但对于执行器的图纸、有复杂运算与调节功能的图纸，设计输入文件 AD/LD 与 FD 差别非常大，一页逻辑图或者模拟图，转化为 FD 后可能会有五六页乃至上十页，并且一些模板内容并没有在 FD 图中体现，识图时还需要我们对模板非常熟悉。

1.1.17　DCS 功能图(Tricon 部分)

1.1.18　Tricon FD 图的功能

功能图(Function Drawing，FD)是一种根据 DCS 设计输入(AD、LD、IO List 等)文件生成的控制逻辑图形表示，是 DCS 设计中的一种过程文件，设计人员根据功能图完成最终的软件组态。

功能图整合了模拟图中的模拟量信号采集及处理、信号显示和逻辑图中的开关量信号采集、逻辑功能处理、命令输出等信息，采用图形方式表达控制系统的逻辑关系。功能图一般采用 CAD 制图方式，独立创建图形。

福清项目 1E DCS 在设计过程中并未单独创建功能图，而是直接依据 DCS 设计输入文件在组态软件 TriStation 1131 上实施控制组态，完成组态后将其以 PDF 格式导出形成 1E 功能图。也就是说，1E FD 与其控制组态图实际上是完全一样的。

下面将介绍 1E 功能图的构成、图例及识图方法。

1.1.19　Tricon FD 图的构成和图例

一份完整的功能图文件应该包括图例、FD 文件、Where Used 文件。图例是构成 FD 图的基本元素,FD 图由这些基本的元素根据一定的规则和控制需求组织在一起,并加上必要的信息和标识符。Where Used文件给出了一个工程项目中所有全局变量及其所在的程序文件和位置关系。

1.1.20　1E 功能图图例

1E 功能图图例包含三部分:第一部分是 TRISTATION 1131 SYMBOLS,这部分给出了功能图中所使用的各种线型及其功能,以及用于表示各种类型变量及常量符号;第二部分是 STANDARD FUNCTIONS & FUNCTION BLOCKS,这部分给出了本功能图中所使用的标准功能和功能块,这些标准功能和功能块是来源于 Tristation1131 标准库;第三部分是 CUSTOM LIBRARY(CNPE100) FUNCTIONS & FUNCTION BLOCKS,这部分给出了本功能图中所使用的定制功能和功能块。

Tristation1131 标准库中元素的详细说明可查阅随软件附带的《TriStation1131 Libraries Reference》文档,或 Tristation1131 软件中的帮助文档。CNPE 100 库中元素的详细说明可查阅库文档《CNPE100 Library Reference》或《CNPE Custom Library Software Requirements Specification》。表 1-2 列出了部分 1E 功能图图例。

表 1-2　1E 功能图图例

元素名称	图形表示	功能描述
信号线型		实线表示信号逻辑连接
		短虚线表示反馈信号
逻辑区域分割线		长虚线,用于分割一页逻辑中没有信号联系的两个逻辑区域
变量	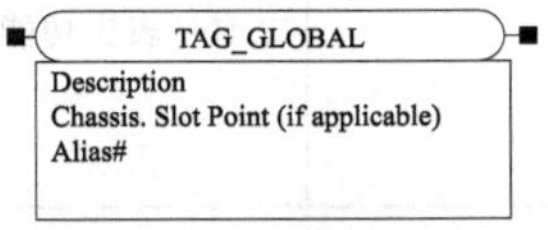	全局变量,可以在整个工程中被调用
	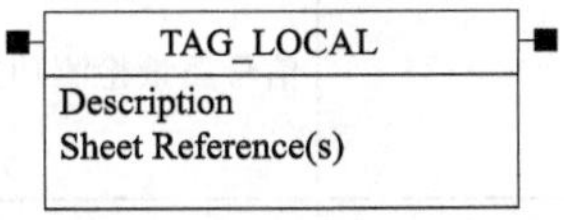	局部变量,只能在本程序内被调用
		时间常数, d=day h=hour m=minute s=second ms=milisecond
	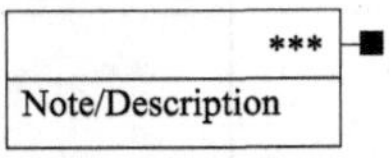	数据类型常数, 数据类型如,REAL、BOOL 等
标准功能和功能块	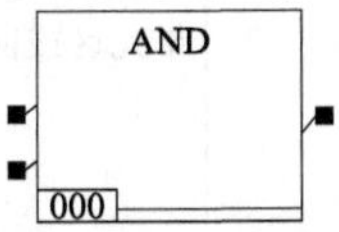	与门功能

续表

元素名称	图形表示	功能描述
标准功能和功能块	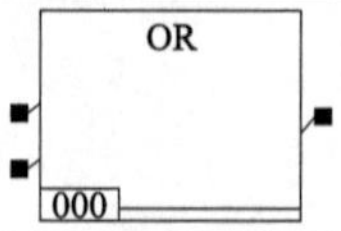	或门功能
	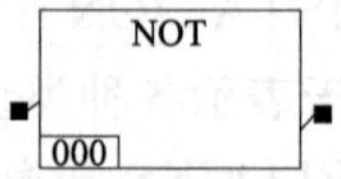	非门功能
	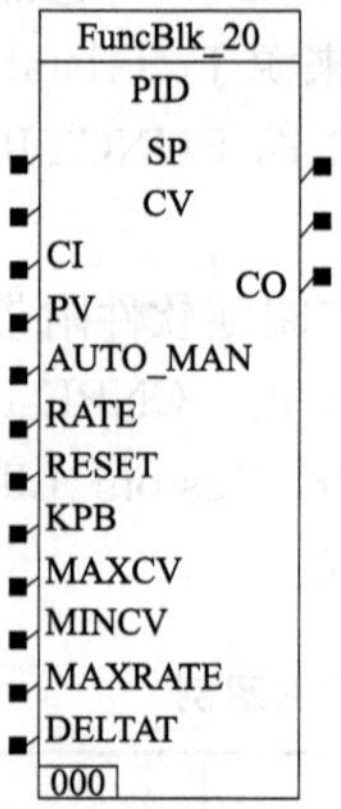	PID 调节功能块
	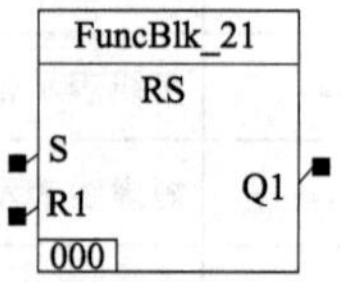	RS 触发器功能块(复位优先)
CNPE 100 库功能和功能块	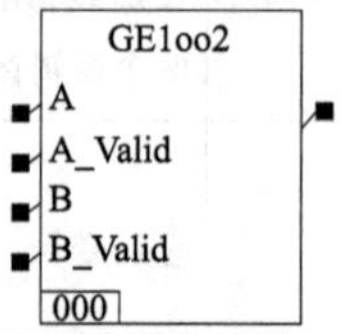	二取一表决功能
	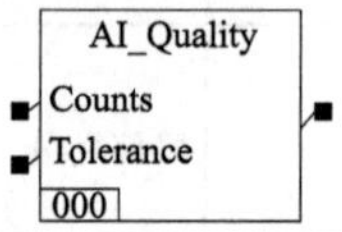	信号质量检测功能
	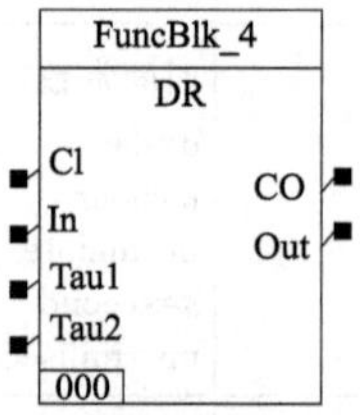	信号超前补偿功能块
	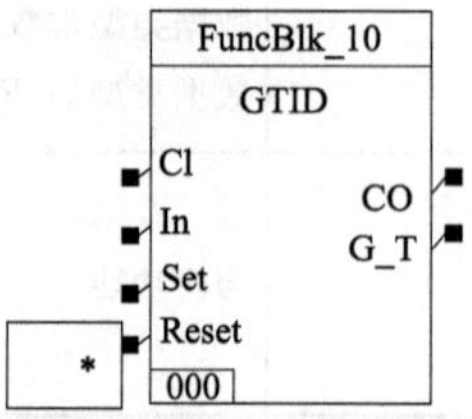	带死区或回滞的高定值比较功能块

续表

元素名称	图形表示	功能描述
	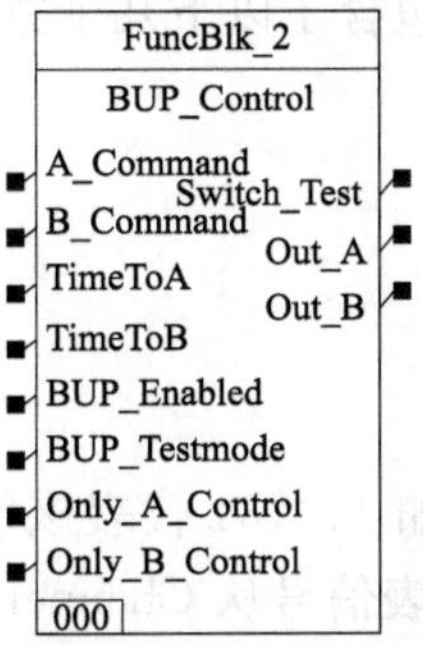	BUP 控制功能块

1.1.21 1E 功能图结构

一张 1E 功能图包含了以下几个区域。

图签区：图中 1 区域，该区域又分左、中、右三部分。其中左侧部分给出了该功能图的版本修改信息；中间部分给出了该功能图设计所参考的输入文件信息；右侧给出了图纸的一些基本信息：图纸标题、图纸尺寸、图号、图纸版本号、图纸页标题、图纸页码以及程序名及版本等。

输入区域：图中 2 区域，输入区域又分为三个子区域——输入信号范围（针对模拟量输入）、现场输入点、内存寄存器输入点。

逻辑功能区：图中 3 区域，用于表达各信号的逻辑关系。

输出区域：图中 4 区域，与输入区域类似，分为三个子区域——输出信号范围（针对模拟量输出）、输出到现场点、输出到寄存器点。

输入输出变量及命令

1E 功能图以输入输出变量作为与现场或其他程序的接口，有两类变量：一是全局变量，称为 Tagname；一是本地变量。根据类型和功能的不同，Tagname 又分为输入/输出（I/O）型 Tagname 和寄存器（Memory）型 Tagname。I/O 型 Tagname 用于与现场输入/输出信号接口，而 Memory 型 Tagname 用于同一个工程文件内的不同程序间的数据传递。本地变量主要用于本程序内的数据传递。输入输出变量示例如图 1-16 所示。

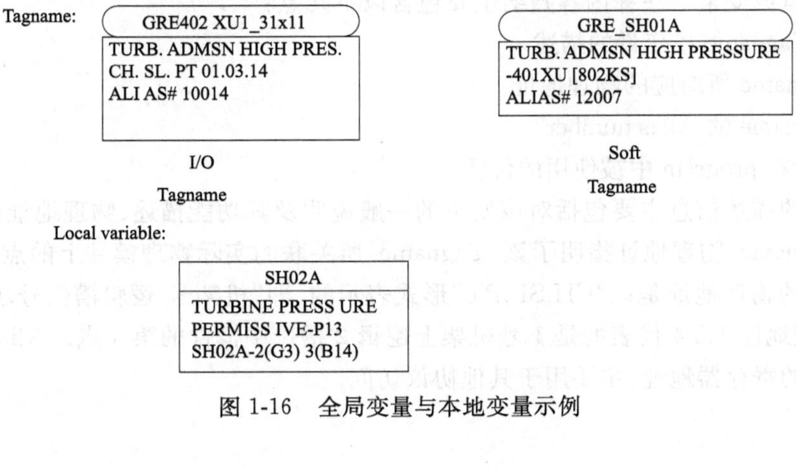

图 1-16 全局变量与本地变量示例

为了保证 FD 图良好的可读性,其输入/输出型变量的命名以 ENGQ 202E(设备功能标识)文件规定的命名原则为基础,并添加了信号扩展码、Tricon 机架扩展码等信息。以 I/O 型变量 ARE058MN_QQ_11×31 为例,命名中包含了以下几个方面的信息:

1) 系统标识码:ARE
2) 系列顺序编码:058
3) 设备类型码:MN
4) 信号扩展码:QQ
5) 机架扩展码:11×13

机架扩展码给出了 I/O 信号的传递方向,如 11×31 代表该信号从 Channel IP Sub1 输出,输入到 Channel IIIP Sub1 中;12×2 242 代表信号从 Channel IP Sub 2 输出,分别输入到 Channel IIP Sub 2 和 Channel IV Sub2 中;×11 代表信号从现场输入到 Channel IP Sub1 中;11×代表信号从 Channel IP Sub1 输出到现场。

由于 TriStation 1131 中 Tagname 名字不允许以数字开头,且因为不同机组是彼此分开的 Tricon 系统,不同机组之间的程序不会有交叉。因此,在将 I/O list 导入到 TriStation 之前,输入/输出信号名的首数字被删除掉。例如,现场输入信号 1ARE058MNx11 在 TriStation 中 Tagname 为 ARE058MN×11。因此直接从控制组态生成的 FD 图也没有机组号标识,所以在识图时一定要注意查看图纸标题栏里的机组号信息。

Memory 型 Tagname 被创建用于一个 Tricon 工程文件内的不同程序间的数据传递。其命名规则是:SYS_SHyyz——SYS 给出了该 Tagname 源自的系统,如 ARE。SH 是 sheet 单词的缩写,yy 代表该 Tagname 被创建时所在的图纸号,z 代表 Tagname 的顺序编号。

本地变量(Local variable)被创建用于一个 Tricon 程序内的数据传递。即该变量只能被本程序调用,其他程序无法调用。因此,不同程序中可能含有相同名字的 Local variable。本地变量命名规则是:SHyyz,SH 是 sheet 单词的缩写,yy 代表 FD 图的图纸号,01 表示第一张图纸;z 代表 A,B,C,D 等,标识本地变量的顺序。

1.1.22 注释

TriStation 1131 中,可以为一个常量、Tagname、本地变量添加注释,该注释可以是描述性的文本,也可以是宏命令。通过注释可以很清晰地获取该常量或变量的一些信息。

一个常量或变量的注释内容归纳主要包含以下几点:

1) 对 Tagname 或变量的描述
2) Tagname 所对应的物理地址
3) Tagname 的 Alias number
4) 变量在 program 中被使用的位置

注释中的描述信息主要包括对该变量的一般说明及其功能描述,物理地址仅限于输入/输出型 Tagname,物理地址指明了该 Tagname 所关联的实际物理模件上的点。TriStation 1131 中,点的物理地址是以“CH.SL.PT”形式表示的,即“机架号.逻辑槽位号.点位号”。例如,一个物理地址 1.2.4 代表的是 1 号机架上逻辑 2 槽位中模件的第 4 点。Alias number 是指变量所在的寄存器地址,主要用于其他协议访问。

1.1.23 功能和功能块

1E FD中使用的Function和Function Block有两种，一种是TriStation 1131自带库中的，一种是为本工程特别定义的功能库CNPE100中的。

功能和功能块的主要区别如表1-3。

表1-3 功能和功能块的主要区别

功能(Function)	功能块(Function Block)
可以有多个输入	可以有多个输入，且输入参数中至少有一个是bool型的
单输出	可以有多个输出，且输出参数中至少有一个是bool型的
无名称	模块有标识名称

对于功能块的命名，如果在AD/LD中的功能有名字，那么Tricon会以AD/LD中的名字为基础命名。例如，ARE AD sheet1中的高高限值比较功能ARE402XU2，在Tricon中对应的功能块GTID的命名为XU2_402；如果功能本身没有功能名，那么功能块命名为FByyy，yyy编号为001，002，003等。

1.1.24 Tricon FD识图举例

在这一节中将以一张实际的FD图，来说明1E FD图的识图过程，如图1-17 SG1 LOW LOW LEVEL的FD图。识图过程如下。

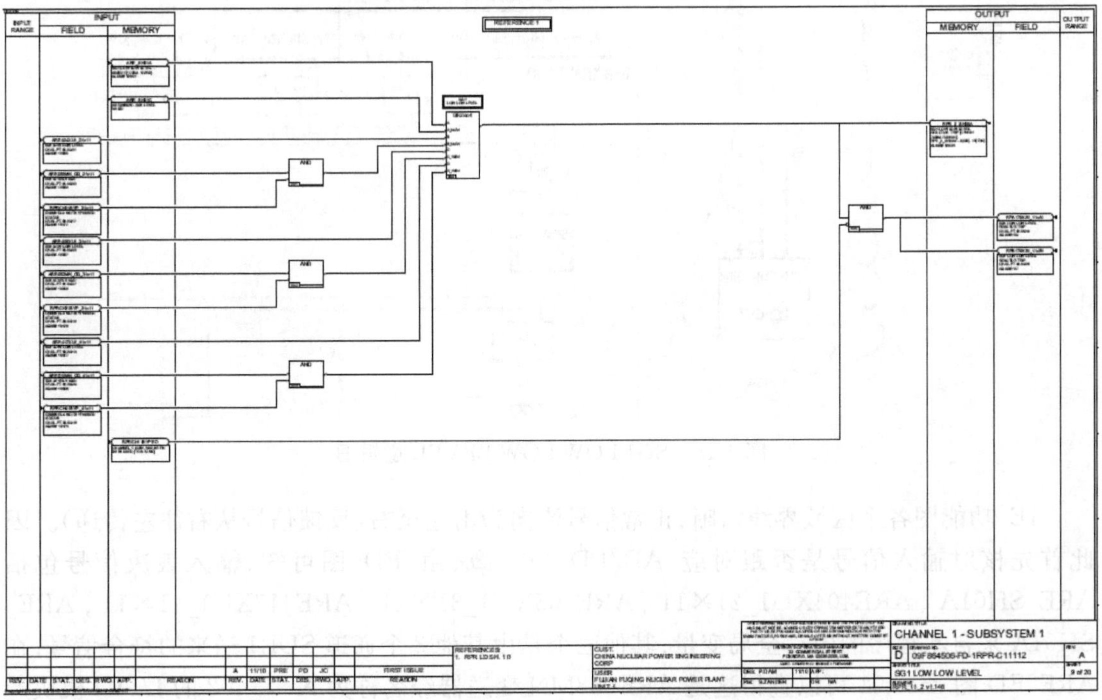

图1-17 SG1 LOW LOW LEVEL功能图

由图签区可得知此页功能图是实现 SG1 LOW LOW LEVEL 功能的，属于 Channel1 Sub1，核对版本信息。

由 Reference 栏查得此页 FD 图对应 RPR LD SH10 逻辑，因此查得 RPR 中对应逻辑如图 1-18 所示，这是一个四取二逻辑表决，表决信号分别来自 4 个通道。

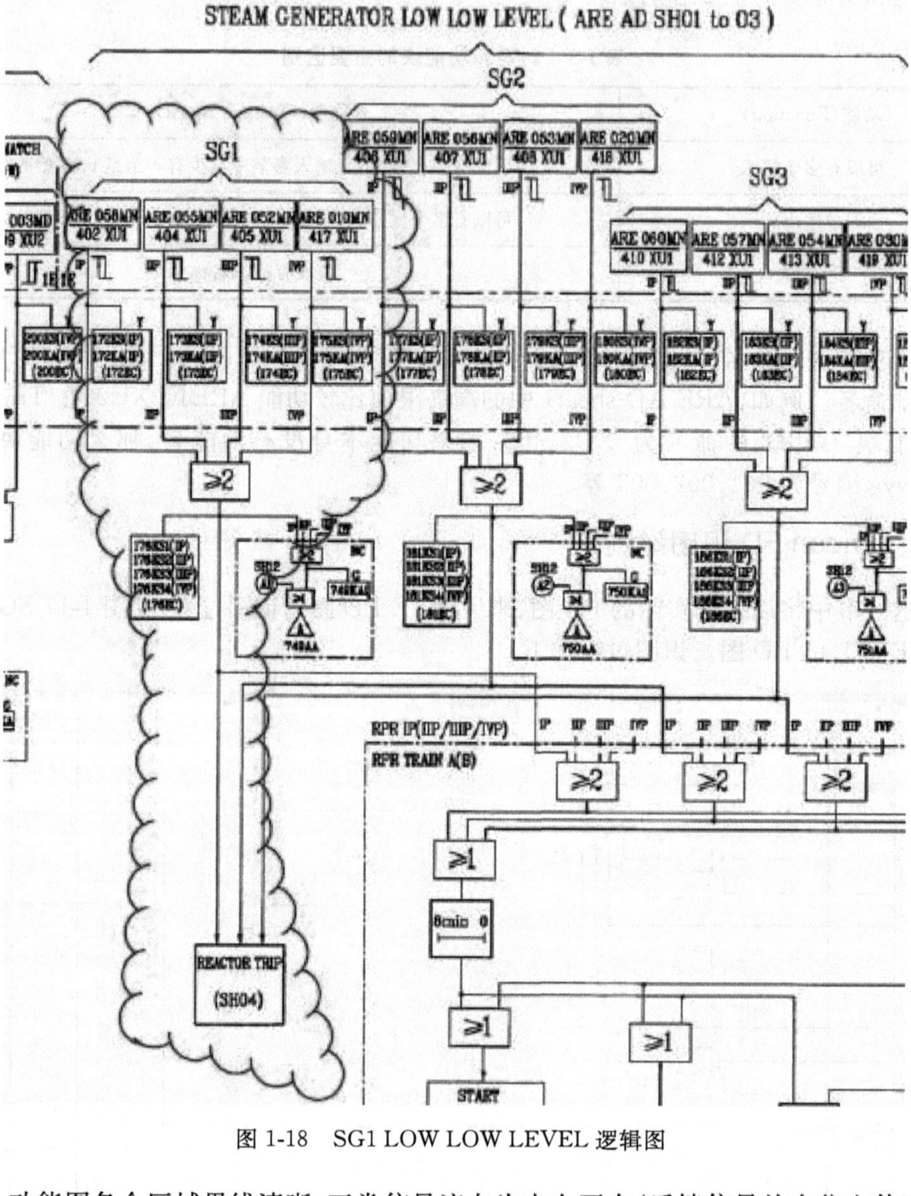

图 1-18 SG1 LOW LOW LEVEL 逻辑图

1E 功能图各个区域界线清晰，正常信号流向为由左至右(反馈信号从右往左传递)。因此首先核对输入信号是否跟对应 AD/LD 中一致，由 FD 图可知，输入表决信号包括 ARE_SH01A、ARE404XU1_21×11、ARE405XU1_31×11、ARE417XU1_41×11，ARE_SH01A 来自本程序的内存全局变量，其他三个是由其他 3 个通道 SUB1 送来的符合信号，在 ARE FD 图 sheet01 可以查得这是 ARE058MN 变送器经名称为 XU1_402 的 LTID 模块产生的 BOOL 型符合信号，这些与 LD 图中的信息是一致的。

对本通道采集到的 ARE058MN 信号进行 LTID 运算产生符合信号，与来自其他 3 个通道符合信号进行四取二后，产生了反应堆停堆信号 RPR_2_SH09A 和相应的报警信息。报警信息可以通过 Alias 被 IA 读取，进而送入 KIC。

需要注意，与 LD 图相比，在 FD 图中将 LD 中隐含的质量位信息和通道可用信息等呈现了出来；而将报警和显示信息点融合在了变量中，需要从变量的描述中获取这些信息。

1.2 模拟体准备

无。

1.3 辐射防护准备

无。

1.4 工业安全准备

无。

1.5 配合人员准备

无。

1.6 场地准备

现场铺设白布用于摆放工器具；铺设橡胶板，合理分配场地，确保工具、设备的合理分布，方便检修；在场地外围布置警示带。

第二章　故障检查和处理

保护系统图纸问题多见于安装调试阶段，安装调试期间，需对系统功能进行整体测试，往往会发现图纸与现场要求不一致的情况。一经发现，需与设计院及时取得联系进行图纸变更。确认过功能与图纸一致的设备，需对图纸进行固化，以达到安全适用于生产现场的要求。

第三章 操作结束

3.1 总结培训过程

核电行业是一个系统性和逻辑性很强的行业，从事这个特殊行业的工作，不光要求有严密的知识储备，还需要严谨细致的工作态度和思维模式，特别是仪控方面的人员，因为工作对象复杂多变、重要程度又涉及整个核电的中枢，所以除了熟知本职工作涉及的各系统性的知识、掌握工具使用技能外，还需要对各种“图”做到熟练掌握，通过对具体图纸的学习分析，使学员尽可能地掌握全面的识图知识与技能。

评判

学员对解体过程进行阐述，并说明其中的关键点以及注意事项。教员对学员的陈述简要记录，根据阐述评判学员的掌握情况。教员指出学员阐述过程中的错误以及需要注意的事项，并且依据评判表，对学员的学习情况做出整体评判。

3.2 清理现场

工作结束后，做到工完料尽场地清。工具整理并与工具清单进行对比，确保工具无缺失，并检查工具的可用性，记录损坏情况并汇报。对更换的领料物资与领料单进行核实，确保所有可更换的物资已更换。清理工作过程中的耗材，进行分类处理，放置到对应的塑料袋中。清理现场的遗留图纸，必要时用白布清理现场。

3.3 工后会

工后会是对整个工作的过程的回顾以及必要的经验反馈。

回顾工作过程：工作许可证已归还，场地已清理，设备标牌完好，对检修任务进行评价，是否达到预期的目的，试验设备与工器具已经归还。

第四章　经验反馈

主题:4LKH 系统电缆接线未按设计图纸进行接线。

状态报告描述:现场 4LKH 系统出线开关 4LKH0233JA(此负荷电源应接在 B 相,而现场实际接在 A 相)、4LKH0713JA(此负荷电源应接在 A 相,而现场实际接在 C 相)、4LKH0723JA(电源应接在B相,而现场实际接在C相)三个单相负荷的出线未按照设计要求进行连接。

后果:可能导致三相负荷不平衡。

分析:由于端接人员接线失误,已通知安装公司加强端接质量检查,现三张工单 K28230\K28231\K28241 已有维修处完成并关闭工单。

直接原因或根本原因:未仔细审图。工作不认真。

第五章　习　题

5.1　选择题(每题5分)

1. 系统逻辑图是一种用符号和框图形式表示某一系统的(控制逻辑)的示意图

2. 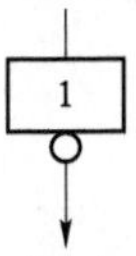

的含义:(只要输入呈现“1”状态,输出就呈现“0”状态)

3. 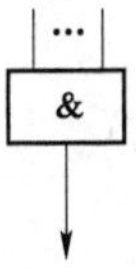

的含义(只有所有输入呈现“1”状态,输出就呈现“1”状态)

4. 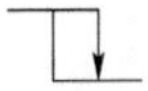 的含义(通常低于定值点的过程参数在增加时定值继电器失励)

5. 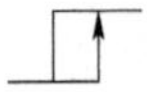 的含义(通常低于定值点的过程参数在增加时定值继电器激励)

6. 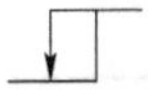 的含义(通常高于定值点的过程参数在减小时定值继电器失励)

7. 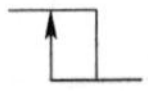 的含义(通常高于定值点的过程参数在减小时定值继电器激励)

5.2　判断题(每题5分)

1. 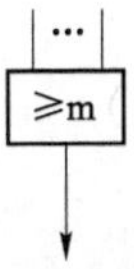

只要呈现“1”状态的输入数目等于或大于 m 的数值,输出就呈现“1”状态(m 小于输入端的数目)。(√)

2. 一般情况下,0 表示断开或低电压,1 表示接通或高电压,这种表示方法称为:“正逻辑”,但也有相反的情况,即“0”表示接通或高电压“1”,“1”表示断开或低电压,这种表示方法称为负逻辑。(√)

3. 1E 功能图图例包含三部分:第一部分是 TRISTATION 1131 SYMBOLS,这部分给出了功能图中所使用的各种线型及其功能,以及用于表示各种类型变量及常量符号;第二部分是 STANDARD FUNCTIONS & FUNCTION BLOCKS,这部分给出了本功能图中所使用的标准功能和功能块,这些标准功能和功能块是来源于 Tristation1131 标准库;第三部分是 CUSTOM LIBRARY(CNPE100)FUNCTIONS & FUNCTION BLOCKS,这部分给出了本功能图中所使用的定制功能和功能块。(√)

4. 方家山保护系统的逻辑图可划分为输入、命令、逻辑处理、输出执行机构、信息、图签等六个部分。(√)

5.3 简答题(5分)

系统逻辑图主要用于?

答:描述系统内执行机构的控制、监测、保护有关的逻辑动作,以及所产生的信息(这些信息构成系统控制的逻辑部分);详细描述不同系统之间的信息交换(用于确定接口)。

5.4 实操题

鉴定点:A-A-001 识读核反应堆保护系统功能图

试题1:核反应堆保护系统逻辑图准备及功能符号设别(M310机组)

1. 准备要求

考场准备:

(1) 试题名称:核反应堆保护系统逻辑图准备及功能符号设别(M310机组)

(2) 本题分值:25

(3) 考核时间:40 min

(4) 考核形式:实操或模拟

(5) 设备设施准备

序号	名称	规格	单位	数量	备注
1	反应堆保护系统逻辑图 (3RPR LG 005)	A4	张	4	信息文档可以查阅,提前打印或复印好考生和评委各1份

考生准备:

(1) 试题名称:核反应堆保护系统逻辑图准备及功能符号设别(M310机组)

(2) 本题分值:25

(3) 考核时间:40 min

(4) 考核形式:实操或模拟

(5) 工具及其他准备:签字笔(黑芯)

2. 考核要求

(1) 本题分值:25

(2) 考核时间:40 min

(3) 考核形式:实操或模拟

(4) 具体考核要求:按图纸考评员提问考核。

(5) 否定项说明:发生安全、质量、设备事故。

3. 配分与评分标准

序号	考核内容	考核要点	配分	评分标准	扣分	得分
1	核反应堆保护系统逻辑图准备及功能符号设别(反应堆保护系统逻辑图图纸号：3RPRLG005)	1. 该标识在保护系统逻辑图上表示什么？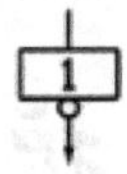  2. 该标识在保护系统逻辑图上表示什么？ 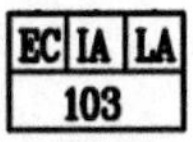 3. 该标识在保护系统逻辑图上表示什么？ 4. 该标识在保护系统逻辑图上表示什么？ 5. 该标识中各字母、数字在保护系统逻辑图上表示什么？	25	1. 非门，只要输入呈现“1”状态，输出就呈现“0”状态，最多扣5分。 2. 与门，只有所有输入呈现“1”状态，输出才呈现“1”状态，最多扣5分。 3. 或门，只要有一个或一个以上的输入呈现“1”状态，输出就呈现“1”状态，最多扣5分。 4. 只要呈现“1”状态的输入数目大于或等于 2 的数值，输出就呈现“1”状态，最多扣5分。 5. IA表示送往KSA报警处理系统的报警信号，EC表示送往KIT计算机的开关量信号，LA表示送往主控的指示灯信号，103 表示报警编号，答错一项扣2分，最多扣5分		
合计			25			

否定项：发生安全、质量、设备事故

评分人：　　年　　月　　日　　　　　　　　　　　　核分人：　　年　　月　　日

第四部分　反应堆保护系统功能试验

第一章　操作准备

1.1　概述

1.1.1　秦二厂保护系统试验说明

秦二厂反应堆保护系统和设备应能在所有的时间内预防和缩小潜在事故后果的能力，必须严格监视包含为了安全运行而进行定期检查和参数测量的标准。整个保护系统的试验分三段重叠进行。三段试验分别称为 T1 试验，T2 试验和 T3 试验。

(1) 测试频率

仪表和保护系统的测试频率或测试周期取决于对同类设备所具有的实践经验和过去核电厂的工作经验。为确保保护系统保持所要求的可靠性，需要对它进行定期的试验或监测。这些试验包括系统可操作性的定期校验。

假如试验的频率太高，过多的操作和调整会降低系统的可靠性，继电器多次反复动作会使其故障率增加。对于核电站来说，一个高的测试频率在一天至几个月之间，要求在整个反应堆运行工况下，完成对保护系统的测试且不减少系统的安全性和有效性，要满足这些特性，必须做到：

1) 满足安全设备的冗余性，即重复通道的有效性，并且要以最少的通道完成保护功能，有故障的通道数通常允许为一个通道。

2) 可附加一个专门的测试设备，例如 T2、T3 测试设备。当测试频率低的时候，例如，约一年，则定期测试在计划停堆内完成，如换料大修期间。

(2) 定期试验设备

保护设备功能定期试验应用如下：

1) 有关的过程仪表系统和核仪表系统仪表通道

2) 反应堆紧急停堆系统和专设安全系统的保护逻辑设备

3) 保护逻辑输出信号和相关设备(执行器，泵，阀等)

受定期试验影响的其他系统和设备有：

1) 安全注入系统

2）反应堆冷却剂系统和反应堆冷却剂安全阀

3）蒸汽管道隔离阀和蒸汽发生器安全

4）停堆和控制盘以及相关的监测系统

5）由 RPR 系统控制的执行机构系统如 EAS,REN,RRI 等 21 个系统

1.1.2　仪表系统试验(T1 试验)

模拟保护通道的定期试验是通过 T1 试验专用仪器来实现的。通过选择开关使测量继电器和试验继电器动作。测量继电器的动作使得试验信号取代由变送器来的实际测量信号,并给出试验正在进行的报警信号。试验继电器的动作使阈值继电器的输出转到试验板上的指示灯,并切断去耦组件输入的供电回路,后者有一短时延迟。指示灯表示阈值继电器的状态。

通过在量程范围内改变仿真信号(斜坡信号)的幅值(由定值的 95%上升至 105%),自动检查阈值继电器动作的正确性。通道试验时,对于保护参数而言,相当于产生一个通道的动作信号(压力高 4 有闭锁),可以通过主控室报警灯及计算机信号检查通道的畅通性。T1 试验周期是两个月。

在进行核仪表通道的试验时,使用试验台作为主要测试工具,利用程序自动对源量程、中间量程和功率量程分别进行测试。

1.1.3　保护逻辑试验(T2 试验)

(1) T2 试验装置简介

反应堆保护系统逻辑定期试验是通过专用的试验装置(T2 试验装置)来完成的。该装置是一台可移动的自动测试柜。在进行 T2 试验时,通过试验电缆连接到被试验设备上。试验完成后,断开连接电缆,试验装置即与保护系统脱离,不再有任何联系。

T2 试验装置的主体是一个机柜(编号为 RPR900AR),底部装有轮子,便于移动设备进行试验,该柜的核心是一台工业控制计算机和输入输出接口板。

1）监视器用于操作人员获取信息和实施人机对话

2）键盘用于设置试验参数和启动试验

3）磁盘用于存放试验数据

4）打印机用于输出试验结果

5）试验电缆用于注入和采集试验信号

(2) T2 试验原理

反应堆保护系统由两个冗余的保护系列(A 列和 B 列)组成,每个系列又分为两个“半逻辑”(X 和 Y),每个半逻辑的输出信号相“与”形成本系列的输出信号,两个系列的输出信号经过输出放大器后,又按“或”的关系作用于驱动器。

T2 试验装置分别对每个“半逻辑”进行试验,且一次只试验一个系列,即 A 列或 B 列。对于每个“半逻辑”而言,如果它具有“N”个输入的逻辑矩阵,至少有“M”个输入时,才产生相应的输出。

例如:双输入与门　N=2　M=2

双输入或门　N=2　M=1

三取二矩阵 N=3 M=2

四取三矩阵 N=4 M=3

为检测“非安全”故障(拒动),需要执行的逻辑组合数 CNM;为检测“安全”故障(误动),需要执行的逻辑组合数目为 CNM-1,所以每个矩阵总的测试步数为 CNM+CNM−1。

T2 试验装置按照一定的顺序产生试验注入信号,输入被试验的保护机柜的输入端,同时在保护机柜的输出端及一些中间点采集系统对注入的试验信号的响应,将采集结果与预期的状态进行比较,如果两者不符合,则说明保护机柜内部存在故障,试验设备则自动对采集到的数据进行分析,判断出故障的插件位置,便于操作员做进一步的检修。

保护逻辑试验是按功能进行的,整个试验过程分为多个试验序列(对应系统的保护功能)。每个序列又分为多个测试步(对应保护功能的一种输入组合)。

(3) T2 试验的工作方式

T2 试验装置有两种工作方式。

—保护逻辑试验(自动)

—信号传输试验(自动/手动)

保护逻辑试验的目的在于检测被试验逻辑单元的内部是否出现故障,保证逻辑单元可以产生正确的保护信号。安全信号监测保护逻辑的响应时间,检测安全信号能否在规定的时间内产生。信号传输试验的目的是检验信号插件面板上的就地灯光指示及控制室内响应的信号和报警装置(如报警光字牌,指示灯和计算机输入)。

信号传输试验可以自动和手动方式进行。自动方式检查仅限于验证信号机柜的输出是否正常。是一种快速但不全面的检测。而手动方式则包括对控制室内信号装置的全面测试,但执行时间较长。

(4) T2 试验的安全性

由于保护逻辑采用响应速度较快的集成电路,而输出电路采用的是电磁继电器,两者响应时间相差两个数量级。T2 试验采用持续时间极短的脉冲信号,这样的窄脉冲(1 ms)不会引起输出继电器动作。

试验信号的注入并不是连续的,在两个测试步之间大约有 300 ms 的空闲时间。此时可以接收真实的隔离组件输出信号。另外保护系统是冗余的,定期试验对每个通道单独试验,这样保证了试验期间系统对真实信号的响应能力。另外 T2 试验装置本身还采用了如下的防御措施:

—试验前装置的自诊断,确保试验设备完好。

—计算机软件监控电路避免了在试验期间,由于计算机“死机”对试验的影响;硬件的超时控制电路从根本上限制了试验信号的持续时间。

—“电源断路器”在故障发生时自动切断注入信号电源。

1.1.4 安全驱动信号及执行机构试验(T3 试验)

1. T3 试验柜介绍

专设和停堆系统的 T3 试验柜都是相对独立的设备,虽然它们与逻辑柜、输出柜有连接线,但在正常运行状态下是不会影响系统功能的,试验柜上最多的就是旋转多层开关,这些开关主要用于选择输出信号以及输出试验信号。按钮是用于停堆断路器试验的。还有一些指示灯及电流表、电压表用于测试结果指示。

2. T3 试验原理

试验上电动作的输出继电器时,采用串电阻检查电压的方法(分压法),即在输出继电器上串联一个电阻,利用 T3 试验柜的旋转开关给出继电器动作信号,但是继电器达不到它的动作电压而不动作,但从电压表上可以看出动作信号是否送到继电器以及继电器的好坏。对于失电动作的继电器,采用并电阻检查电流的方法(分流法),试验原理与分压法相似,动作信号是否送到可以从电流表上反映出来。有的信号在试验时必须闭锁驱动器,有的则不必闭锁,前一种情况的试验在专设设施驱动系统的 T3 试验柜上进行,后一种情况一般在主控室中进行。

3. T3 试验内容

(1) 闭锁试验

1) 停堆系统通电闭锁试验

① 源量程高压切除信号输出 T3 试验(392CC)

② P7 信号输出 T3 试验(398CC)

③ P10 信号输出 T3 试验(397CC)

④ 厂用负荷信号 T3 试验(393CC)

⑤ 冷却剂泵刹车 T3 试验(394CC)

⑥ ASG 电动泵启动 T3 试验(395CC)

⑦ ASG 汽动泵启动 T3 试验(395CC)

⑧ ASG 电动泵与汽动泵延时启动信号输出 T3 试验(399CC)

⑨ C8 信号输出 T3 试验(390CC)

2) 专设系统闭锁试验

Ⅰ. 通电闭锁试验

① 汽机刹车信号输出 T3 试验(678CC)

② 主给水泵刹车信号输出 T3 试验(677CC)

③ 安注 5 号组 T3 试验(605CC)

④ 安全壳 B 阶段隔离 2 号组 T3 试验(631CC)

Ⅱ. 断电闭锁试验

① 主给水隔离信号输出 T3 试验(699CC)

② P4 信号输出 T3 试验(304CC)

③ 安全壳 A 阶段隔离 7 号组 T3 试验(617CC)

(2) 不闭锁试验

1) 停堆系统不闭锁试验

① C1C 信号输出 T3 试验(391CC)*

② 功率量程中子注量高(低定值)信号输出 T3 试验(661CC)*

③ 反应堆冷却剂流量低信号输出 T3 试验(662CC)*

2) 专设系统不闭锁试验

① 蒸汽管道隔离信号输出 T3 试验(071CC)*

② P12 信号输出 T3 试验(039CC)*

③ 主给水旁通隔离信号输出 T3 试验(080CC)*

④ 记录仪加速信号输出 T3 试验(025CC)*

⑤ 换气系统隔离信号输出(072CC)*

⑥ 安注 1 号组 T3 试验(601CC)

⑦ 安注 2 号组 T3 试验(602CC)

⑧ 安注 3 号组 T3 试验(603CC)

⑨ 安注 4 号组 T3 试验(604CC)

⑩ 安注 6 号组 T3 试验(606CC)

⑪ 直接安注信号(1)T3 试验(370CC)

⑫ 直接安注信号(2)T3 试验(371CC)

⑬ 换料水箱隔离信号 T3 试验(372CC)

⑭ 再循环安注信号 T3 试验(373CC)

⑮ 直接喷淋信号 T3 试验(377CC)

⑯ 再循环喷淋信号 T3 试验(378CC)

⑰ A 阶段隔离 1 号组 T3 试验(611CC)

⑱ A 阶段隔离 2 号组 T3 试验(612CC)

⑲ A 阶段隔离 6 号(1)组 T3 试验(A 列 616CC、B 列 613CC)

⑳ A 阶段隔离 6 号(2)组 T3 试验(A 列 616CC、B 列 614CC)

㉑ A 阶段隔离 6 号(3)组 T3 试验(A 列 616CC、B 列 615CC)

㉒ A 阶段隔离 6 号(4)组 T3 试验(616CC)

㉓ B 阶段隔离 B11 号组 T3 试验(630CC)

㉔ B 阶段隔离 B21 号组 T3 试验(629CC)

㉕ 安全壳喷淋 1 号组 T3 试验(621CC)

㉖ 安全壳喷淋 2 号组 T3 试验(622CC)

㉗ 安全壳喷淋 3 号组 T3 试验(623CC)

㉘ 安全壳喷淋 4 号组 T3 试验(624CC)

注:*表示这些不闭锁试验在 T3 试验柜上进行,其余的试验在主控室中进行。

(3) 停堆断路器试验

在停堆系统的试验柜上可以试验停堆断路器。两个主断路器都有一个与之并联的旁通断路器,正常运行时,主断路器闭合而旁通断路器断开。试验主断路器时首先要试验旁通断路器的工作特性。首先将旁通断路器摇到试验位置,利用断路器柜上的通电释放和失电释放按钮操作旁通断路器检查其具有良好的工作特性。然后将旁通断路器摇到连接位置,最后利用 RPR500AR 的按钮将其闭合,试验主断路器的工作特性。连锁电路保证只有在旁通断路器闭合时,才能断开主断路器,试验能够验证断路器在失压线圈失电或分励线圈带电两种方式下均能正常断开。重点验证在主控室利用 RPR300TO 能将主断路器打开。

1.1.5 方家山保护系统试验介绍

1）试验目的

反应堆保护系统和设备应具有在所有的时间内预防和缩小潜在事故的能力。

为保证反应堆保护系统及设备在需要时能够完成其功能，需对其进行定期试验和监测。基于 Tricon V10 平台的 RPS 系统提供总体的在线诊断，能够及时的探测到运行中的故障，并作出指示和报警，同时具有自适应处理能力。但对于 Tricon 自诊断无法检测的系统或设备故障，则需要通过定期试验来完成故障的完全覆盖。

2）RPS 定期试验原则

必须对 RPS 系统 A 系列和 B 系列进行在役试验。

RPS 系统所有与安全相关的部分必须进行验证。

对 RPS 系统的定期试验既不应该影响电厂的安全，也不应该影响电厂的可用性。

定期试验必须采用以下一种或多种方式进行：a. 闭锁试验——不真正驱动但是能够验证实际信号以及与之相关的软硬件的正确运行；b. 真正的驱动试验——模拟由 RPS 产生控制命令，通过真正驱动的方式验证被实验对象的正确运行。

RPS 系统的自检能够保证它的正确运行。

3）RPS 定期试验要求

➢ 重叠：必须保证连续试验部分的重叠和每部分被试验部件的可运行性。

➢ 透明：定期试验在设计上必须保证试验期间真实动作不受影响。

➢ 恢复至初始状态：试验必须保证最后被试验的部件已经恢复至它的正常状态（确认其恢复的初始状态）。

➢ 可用性：由于 RPS 在电厂安全中扮演着非常重要的角色，它被设计为在某个功能进行试验时只有有限的部分不可用，而对于本系列的其他功能没有影响，这就保证了本系列内必需部分的可用性从而完成它们的保护功能。在对一个系列进行定期试验时，另外的系列不会同时进行试验，所以仍然完全可用。

➢ 联锁和误动作：在定期试验期间，为防止误动作，需设计有关联锁信号。

➢ 手动控制试验：手动控制直接连接到相关安全设施的设计是保证系统可靠性的先决条件。由于手动控制会直接触发驱动器动作，该试验只能在停堆换料期间而不能在电厂正常运行期间进行。

➢ 驱动器试验：在电厂功率运行期间，仅要求对那些运行时对电厂运行没有负面影响的驱动器进行试验，那些电厂运行时不能试验的驱动器只在电厂停堆换料期间进行试验。

4）RPS 定期试验条件

实际地进行定期试验的条件在具体的特定试验程序中有规定，包含以下几方面。

➢ 试验模式；

➢ 验收准则；

➢ 试验措施能保证最合适的电厂可用性而不危害电厂安全的特殊要求。

5）RPS 定期试验的执行

所有与反应堆安全和保护功能相关的 RPR 通道的定期试验必须遵循相同的原则，并满足专门的试验条件。

RPS 定期试验内容:安全系统定期试验包括(通道检查、功能试验、通道校准的验证、逻辑功能的试验、响应时间验证。

6) RPS 定期试验范围划分

➢ SIP 系统试验(T1 仪表通道试验):本试验的范围是从现场传感器到 Tricon 的输入卡件以及信号传输过程中的相关设备(如隔离器),主要验证整个输入通道的电气连续性以及通道精度。

➢ T2 试验(逻辑处理通道试验):本试验的范围是反应堆保护逻辑的计算机处理部分,主要验证反应堆保护系统停堆和安全专设功能以及 Tricon 内部硬接线连接的完整性。

➢ T3 试验(执行机构控制通道和输出信号试验):T3 试验的范围是反应堆保护系统输出信号通道部分,主要包括三个部分:停堆断路器 T3 试验、RPR 系统驱动器连接 T3 试验、RPR 系统外部信号输出连接 T3 试验。

1.2 工器具准备

工器具准备见表 1-1。

表 1-1 工器具准备

工器具名称	规格型号	数量	用途
万用表	FLUKE289	2	测量端子的通断
一字/十字螺丝刀		2	端子接线的拆卸与恢复
系统安装图纸			
系统安装手册			

1.3 模拟体准备

技能培训中心模拟体。

1.4 辐射防护准备

无。

1.5 工业安全准备

环境要求:系统的工作环境必须满足一定的要求,这些要求大致包括对电源的、温度的、湿度的、接地的和空气微粒的。

电源:统要求供电电源具备连续性和稳定性,并具备一定时间的电池供应能力以响应市电线路上的意外事件。

接地:必须系统提供一个独立的接地地桩,接地电阻小于 5 Ω(电厂为 1 Ω)。

温度:控制室的温度必须控制在 15～30 ℃。

湿度:控制室的湿度必须控制在 20%～80%。

按照工业安全规定执行,所有人员穿戴劳动保护用品。具体的工业安全准备需根据现场环境而确定,但基本的工业安全需要准备。所有人员必须佩戴安全帽、防砸鞋、工作服、手套等。检修场地使用警示带进行围栏,确保工作过程中无非工作人员进入。

1.6 配合人员准备

无。

1.7 场地准备

现场铺设白布用于摆放工器具;铺设橡胶板,合理分配场地,确保工具、设备的合理分布,方便检修;在场地外围布置警示带。

第二章 操作实施

2.1 操作实施 1 T2 试验操作过程

T2 试验操作过程见表 2-1。

表 2-1 T2 试验操作过程

序号	操作步骤	操作要求	操作工器具	测评标准
1	T2 试验开始模拟	选择机组号	模拟试验台	信号设置正常,显示正常
2	T2 试验信号输入模拟	选择电缆号	模拟试验台	信号设置正常,显示正常
3	T2 试验信号输入模拟	检查电缆连接	模拟试验台	信号设置正常,显示正常
4	T2 试验信号输入模拟	检查设备启动正常	模拟试验台	信号设置正常,显示正常
5	T2 试验信号输入模拟	当(a=0,b=0)时,T2 注入信号为浮空状态	模拟试验台	信号设置正常,显示正常
6	T2 试验信号输入模拟	当(a=1,b=0)时,T2 注入信号为高电平	模拟试验台	信号设置正常,显示正常
7	T2 试验信号输入模拟	当(a=0,b=1)时,T2 注入新号为低电平	模拟试验台	信号设置正常,显示正常
8	T2 试验过程模拟	按照真值表逐一进行通道测试	模拟试验台	信号设置正常,显示正常

2.2 操作实施 2 T3 试验操作过程

T3 试验操作过程见表 2-2。

表 2-2 T3 试验操作过程

序号	操作步骤	操作要求	操作工器具	测评标准
1	停堆断路器试验动作流程模拟	点击模拟画面停堆断路器的"TEST"按钮	模拟试验台	绿色"旁通断路器打开"灯 351LA 亮
2	停堆断路器试验动作流程模拟号	点击模拟画面上的 350TO	模拟试验台	红色"旁通断路器闭合"灯 350LA 亮。绿色"旁通断路器打开"灯 351LA 灭

续表

序号	操作步骤	操作要求	操作工器具	测评标准
3	停堆断路器试验动作流程模拟号	点击模拟画面上的 351TO(模拟旁通断路器 320JA 被带电线圈触发跳闸)	模拟试验台	绿色“旁通断路器打开”灯 351LA 亮。红色“旁通断路器闭合”灯 350LA 灭
4	停堆断路器试验动作流程模拟号	再次按下 350TO,模拟断路器恢复闭合位置	模拟试验台	红色“旁通断路器闭合”灯 350LA 亮。绿色“旁通断路器打开”灯 351LA 灭
5	停堆断路器试验动作流程模拟号	按下旁通断路器上的 352TO(模拟旁通断路器 320JA 被失电线圈触发跳闸)	模拟试验台	绿色“旁通断路器打开”灯 351LA 亮。红色“旁通断路器闭合”灯 350LA 灭
6	停堆断路器试验动作流程模拟号	点击模拟画面停堆断路器的“connected”按钮,把旁通断路器 RPA320JA 置于“connected”位置	模拟试验台	绿色“旁通断路器打开”灯 332LA 亮。白色“手动失电释放允许(X)”灯 336LA 亮。白色“手动失电释放允许(Y)”灯 337LA 亮
7	旁通断路器 320JA 试验(用失电线圈触发跳闸)	按下旁通断路器闭合按钮 331TO	模拟试验台	旁通断路器复位正常
8	旁通断路器 320JA 试验(用失电线圈触发跳闸)	保持按下按钮 332TO	模拟试验台	绿色“旁通断路器打开”灯 332LA 亮。绿色“旁通断路器打开或抽出”灯 338LA 亮。红色“旁通断路器闭合”灯 331LA 灭。白色“手动失电释放允许(X)”灯 336LA 灭。白色“手动失电释放允许(Y)”灯 337LA 灭
9	模拟在 T3 试验柜进行主断路器 300JA 的试验(用失电线圈触发跳闸)	按下主断路器失电释放按钮 313TO	模拟试验台	红色“主断路器闭合”灯 311LA 灭。绿色“主断路器打开”灯 310LA 亮
10	模拟在 T3 试验柜进行主断路器 300JA 的试验(用失电线圈触发跳闸)	按下主断路器闭合按钮 311TO	模拟试验台	红色“主断路器闭合”灯 311LA 亮。绿色“主断路器打开”灯 310LA 灭
11	模拟在 T3 试验柜进行旁通断路器 320JA 的试验(禁止跳闸试验)	将“断路器释放禁止”开关 318CC 转到“禁止”位置	模拟试验台	闭锁完成指示灯亮
12	模拟在 T3 试验柜进行旁通断路器 320JA 的试验(禁止跳闸试验)	按下 332TO	模拟试验台	333LA 灭,334LA 亮,335LA 亮,336LA 灭,337LA 灭
13	模拟在 T3 试验柜进行主断路器 300JA 的试验(禁止激励跳闸试验)	保持按下主断路器通电释放按钮 312TO	模拟试验台	311LA 亮,312LA 亮

续表

序号	操作步骤	操作要求	操作工器具	测评标准
14	在控制室进行主断路器300JA的试验(失励跳闸试验)(OPO执行)	按下300TO	模拟试验台	310LA亮,311LA灭,312LA亮,336LA灭,337LA灭
15	在T3柜进行主断路器300JA分励线圈试验(带电线圈触发跳闸)	保持按下312TO	模拟试验台	311LA灭,310LA亮
16	在T3柜进行主断路器300JA分励线圈试验(带电线圈触发跳闸)	释放按钮312TO	模拟试验台	312LA灭
17	T3试验闭锁型T3试验(以电压法试验回路为例)	选择开关置于试验位置,试验开关置于P1	模拟试验台	电压表显示:48 V
18	T3试验闭锁型T3试验(以电压法试验回路为例)	选择开关置于试验位置,试验开关置于P3	模拟试验台	电压表显示:24 V
19	T3试验闭锁型T3试验(以电压法试验回路为例)	选择开关置于试验位置,试验开关置于P5	模拟试验台	电压表显示:8 V
20	T3试验闭锁型T3试验(以电压法试验回路为例)	选择开关置于试验位置,试验开关置于P7	模拟试验台	电压表显示:48 V

2.3 操作实施3 RPS系统T1试验

RPS系统T1试验见表2-3。

表2-3 RPS系统T1试验

序号	操作步骤	操作要求	操作工器具	测评标准
1	T1试验模拟	打开机柜中测试端子板的测试开关,切除现场仪表	模拟试验台	信号设置正常,显示正常
2	T1试验模拟	将信号发生器接入测试端子板测试信号注入口	模拟试验台	信号设置正常,显示正常
3	T1试验模拟	使用信号发生器依次注入4 mA(0%),8 mA(25%),12 mA(50%),16 mA(75%),20 mA(100%)五个信号值,并在IA工作站上记录实际显示的信号值,计算信号值是否在允许偏差范围内	模拟试验台	信号设置正常,显示正常
4	T1试验模拟	如果偏差超出允许范围,则需要更换该信号通路上的I/O模件	模拟试验台	信号设置正常,显示正常

2.4　操作实施 4　方家山 SIP 系统试验(T1 试验)操作过程

方家山 SIP 系统试验(T1 试验)操作过程见表 2-4。

表 2-4　方家山 SIP 系统试验（T1 试验）操作过程

序号	操作步骤	操作要求	操作工器具	测评标准
1	SIP 试验模拟	旋出机柜中信号对应端子排的测试开关,切除现场仪表	Tricon 培训模拟体	旋开正确的端子排的测试开关
2	SIP 试验模拟	将信号发生器接入测试端子排测试信号注入口	Tricon 培训模拟体	信号发生器连接正确
3	SIP 试验模拟	使用信号发生器依次注入 4 mA(0%),8 mA(25%),12 mA(50%),16 mA(75%),20 mA(100%)五个信号值,并在 TRISTATION 工作站上记录实际显示的信号值,计算信号值是否在允许偏差范围内	Tricon 培训模拟体	信号设置正常,显示正常
4	SIP 试验模拟	如果偏差超出允许范围,则需要更换该信号通路上的 I/O 模件	Tricon 培训模拟体	模件是否需要更换判断正确

第三章　故障检查和处理

3.1　常见故障现象和判断方法:秦二厂单元 8 位开关

常见故障现象和判断方法(秦二厂单元 8 位开关)见表 3-1。

表 3-1　常见故障现象和判断方法：秦二厂单元 8 位开关

现象	排除方法
电压法 T3 试验故障:初始状态电压表读数为 24 V 或 48 V	故障分析:触点 K1、K2、K3 失效闭合
电压法 T3 试验故障:试验开关置于 P2 位置电压表读数为 24 V 或 0 V	故障分析:触点 K1、K2、K3 闭合不良;或者 K4 断开
电压法 T3 试验故障:试验开关置于 P3 位置电压表读数为 48 V 或 0 V	故障分析:触点 K4 断不开或 K1 断开
电压法 T3 试验故障:试验开关置于 P5 位置电压表读数为 24 V	故障分析:逻辑电路或输出继电器等故障导致 K5 断开
电压法 T3 试验故障:试验开关置于 P7 位置电压表读数为 8 V	故障分析:触点 K5 闭合(没复位)
电压法 T3 试验故障:试验开关置于 P1 位置电压表读数为 24 V	故障分析:触点 K4 闭合不良
电流法 T3 试验故障:试验开关置于 P1 位置电流表读数非 0 mA	故障分析:触点 K1、K2 闭合
电流法 T3 试验故障:试验开关置于 P2 位置电流表读数 0 mA	故障分析:触点 K1、K2 闭合不良
电流法 T3 试验故障:试验开关置于 P3 位置电流表读数不变	故障分析:触点 K3 闭合不良
电流法 T3 试验故障:试验开关置于 P5 位置电流表读数非 0 mA	故障分析:逻辑电路或输出继电器等故障导致触点 K4 断不开
电流法 T3 试验故障:试验开关置于 P7 位置电流表读数为 0 mA	故障分析:触点 K4 没闭合(无法复位)
电流法 T3 试验故障:试验开关置于 P1 位置电流表读数不变	故障分析:触点 K3 断不开

3.2　故障回路和故障卡件判断及处理方法:方家山 KCS 机柜内故障

故障回路和故障卡件判断及处理方法(方家山 KCS 机柜内故障)见表 3-2。

表 3-2　故障回路和故障卡件判断及处理方法：方家山 KCS 机柜内故障

故障现象	处理方法
机柜门故障指示灯亮,电源模块故障指示灯亮	1. 确认该故障电源模块供电的端子； 2. 将该端子上的信号强制为当前值； 3. 找出与故障电源模块相同型号的电源模块进行更换； 4. 确认正常后恢复强制
SDO 卡件故障报警灯亮	1. 确认故障卡件的信号并进行安全分析； 2. 找出与故障卡件相同型号的 SDO 卡件； 3. 将备用卡件插入故障卡件的冗余槽位； 4. 确认故障卡件切换至备用卡件后(备用卡件 ACTIVE 灯亮起)拔出故障卡件
MP 故障指示灯亮	1. 断开故障 MP 上的连接电缆； 2. 拔出故障 MP； 3. 插入与故障 MP 相同型号的 MP,并确认故障消除

第四章　操作结束

4.1　总结培训过程

反应堆保护系统(RPR)用于保护三大核安全屏障(燃料包壳、一回路压力边界和安全壳)的完整性;监督反应堆的异常状态,在设备故障、误操作或其他异常工况下,触发执行机构动作;防止反应堆状态超过安全极限或降低超过安全极限的后果。为确认其功能的完好性,需定期对系统设备进行定期试验。而整个功率运行期间,保护系统均处于投运状态。一旦进行误操作将给机组安全带来极大风险。因此最大程度的了解系统,掌握试验操作原理与操作步骤。可以大大降低人因失误的产生,提高系统的安全稳定运行概率,通过本教材的学习,希望使该专业员工较为清晰的掌握压水堆逻辑平台保护系统试验与数字化平台保护系统试验。

4.2　评判

学员对解体过程进行阐述,并说明其中的关键点以及注意事项。教员对学员的陈述简要记录,根据阐述评判学员的掌握情况。教员指出学员阐述过程中的错误以及需要注意的事项,并且依据评判表,对学员的学习情况做出整体评判。

4.3　清理现场

工作结束后,做到工完料尽场地清。工具整理并与工具清单进行对比,确保工具无缺失,并检查工具的可用性,记录损坏情况并汇报。对更换的领料物资与领料单进行核实,确保所有可更换的物资已更换。对清理工作过程中的耗材,进行分类处理,放置到对应的塑料袋中。清理现场的塑料布,橡胶板,必要时用白布清理现场。

4.4　工后会

工后会是对整个工作的过程的回顾以及必要的经验反馈。

回顾工作过程:工作许可证已归还,场地已清理,设备标牌完好,对检修任务进行评价,是否达到预期的目的,试验设备与工器具已经归还。

第五章 经验反馈

2010 年 11 月 12 日下午，仪控人员执行 PT/MI/Y/RPR/XXX/023《扩建机组 RPB 专设安全信号 T3 定期试验(双月检)》第 6.9 小节汽机刹车(678-2CC)(停堆断路器触点信号引起的汽机刹车)时，触发机组停机停堆。

由于进行试验的 T3 试验开关存在缺陷，在位置切换过程中不正确的发出了信号，导致汽机跳机的保护信号发出，汽轮机启动跳闸。

停堆信号是汽轮机跳机信号(C8)与反应堆功率大于 10%信号(P10)和凝汽器故障信号符合发出的。由于 GCTc 的 A 列 125 VL 阀后减温水压力比 B 列低，没有达到定值 0.68 MPa，因此发出了凝汽器故障信号。

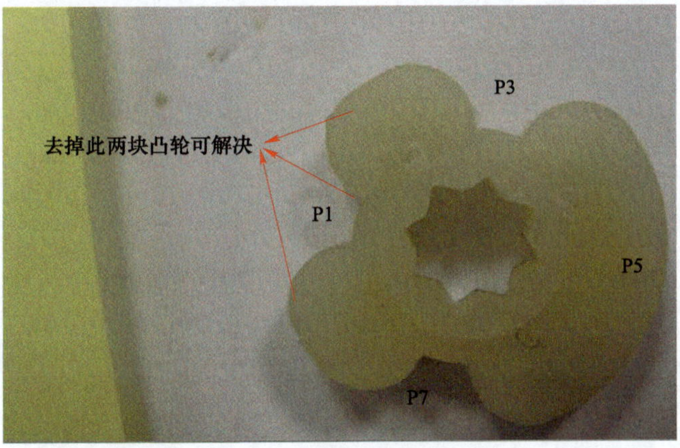

图 5-1　故障开关

经过维修仪控仔细排查，发现开关本身存在问题。图 5-1 为故障开关内部旋转档块结构图，各角度分别对应开关各个位置，该图片模块满足了 P1、P3、P7 位置触点闭合和 P5 位置触点打开的逻辑要求，但是在切换过程中也会导致触点打开。根据仪控验证，从 P1 至 P3 和 P7 至 P1 切换过程中确实短时间触发了 021-21 触点断开，但是一般情况下这个时间非常短，不足以使继电器动作；只有在开关切换过程比较慢的时候才会导致停机保护信号输出。调试时，这些 T3 试验开关在要求位置是符合设计要求的。规程中没有观察转动过程中是否会使继电器瞬间动作的内容，因此无法发现这个缺陷。对故障开关的内部旋转档块打磨后，去除了两个凸轮，重新试验并使用记录仪监测，异常脉冲输出消除。

根本原因：设计院对试验开关转动过程中的真值表没有给出明确的要求，厂家对开关功能理解不明确的情况下按默认做法制造。设计院与厂家的沟通存在问题。

纠正行动：

1）同类 RPR 开关全部进行更换并测试；

2）修改合适的 GCTc 减温水压力定值并进行验证；

3）与设计院及厂家商讨明确 RPR 试验开关的设计功能要求；

4）继续与设计院研讨 GCTc 减温水压力低，最终完善该信号的设置；

5）将本次事件反映出的问题反馈到 4 号机组调试。

第六章　习　题

6.1　选择题

1. 保护设备功能定期试验应用如下:(ABC)。

A. 有关的过程仪表系统和核仪表系统仪表通道

B. 反应堆紧急停堆系统和专设安全系统的保护逻辑设备

C. 保护逻辑输出信号和相关设备(执行器,泵,阀等)

2. 受定期试验影响的其他系统和设备有:(ABCDE)。

A. 安全注入系统

B. 反应堆冷却剂系统和反应堆冷却剂安全阀

C. 蒸汽管道隔离阀和蒸汽发生器安全

D. 停堆和控制盘以及相关的监测系统

E. 由 RPR 系统控制的执行机构系统如 EAS,REN,RRI 等 21 个系统

3. T3 试验(执行机构控制通道和输出信号试验)主要包括部分:(ABC)。

A. RTB 试验

B. RPS 驱动器连接试验

C. RPR 外部信号输出连接试验

4. RPS 定期试验条件包括哪些方面:(ABC)。

A. 试验模式

B. 验收准则

C. 试验措施能保证最合适的电厂可用性而不危害电厂安全的特殊要求

5. RPS 定期试验内容包括:(ABCDE)。

A. 通道检查

B. 功能试验

C. 通道校准的验证

D. 逻辑功能的试验

E. 响应时间验证

6.2　判断题

1. 保护逻辑试验的目的在于检测被试验逻辑单元的内部是否出现故障,保证逻辑单元可以产生正确的保护信号。 (√)

2. 反应堆保护系统和设备应具有在所有的时间内预防和缩小潜在事故的能力。 (√)

3. 为保证反应堆保护系统及设备在需要时能够完成其功能,需对其进行定期试验和监

测。基于 Tricon V10 平台的 RPS 系统提供总体的在线诊断,能够及时的探测到运行中的故障,并作出指示和报警,同时具有自适应处理能力。但对于 Tricon 自诊断无法检测的系统或设备故障,则需要通过定期试验来完成故障的完全覆盖。 (√)

4. 方家山 SIP 系统试验主要验证整个输入通道的电气连续性以及通道精度。 (√)

5. 对 RPS 系统的定期试验的原则应既不应该影响电厂的安全,也不应该影响电厂的可用性。 (√)

6.3 简答题

1. 秦二厂 T3 试验原理。

答:试验上电动作的输出继电器时,采用串电阻检查电压的方法(分压法),即在输出继电器上串联一个电阻,利用 T3 试验柜的旋转开关给出继电器动作信号,但是继电器达不到它的动作电压而不动作,但从电压表上可以看出动作信号是否送到继电器以及继电器的好坏。对于失电动作的继电器,采用并电阻检查电流的方法(分流法),试验原理与分压法相似,动作信号是否送到可以从电流表上反映出来。有的信号在试验时必须闭锁驱动器,有的则不必闭锁,前一种情况的试验在专设设施驱动系统的 T3 试验柜上进行,后一种情况一般在主控室中进行。

2. 方家山 RPS 定期试验范围划分及主要目的。

答:1)SIP 系统试验(T1 仪表通道试验):本试验的范围是从现场传感器到 Tricon 的输入卡件以及信号传输过程中的相关设备(如隔离器),主要验证整个输入通道的电气连续性以及通道精度。

2) T2 试验(逻辑处理通道试验):本试验的范围是反应堆保护逻辑的计算机处理部分,主要验证反应堆保护系统停堆和安全专设功能以及 Tricon 内部硬接线连接的完整性。

3) T3 试验(执行机构控制通道和输出信号试验):T3 试验的范围是反应堆保护系统输出信号通道部分,主要包括三个部分:停堆断路器 T3 试验、RPR 系统驱动器连接 T3 试验、RPR 系统外部信号输出连接 T3 试验。

6.4 实操题

鉴定点:使用力矩螺丝刀紧固接线端子

试题 1:核反应堆保护系统输入输出端子排紧固

1. 准备要求

考场准备:

(1) 试题名称:核反应堆保护系统输入输出端子排紧固

(2) 本题分值:65

(3) 考核时间:45 min

(4) 考核形式:实操或模拟

(5) 设备设施准备

序号	名称	规格	单位	数量	备注
1	保护系统机柜(包含输入、输出卡件)		个	1	可在模拟机培训室内进行,事先拧松部分端子排端子
2	数字万用表	F-79Ⅲ	台	1	
3	力矩螺丝刀		把	1	大小适合拧机柜端子排端子

考生准备:

(1) 试题名称:核反应堆保护系统输入输出端子排紧固

(2) 本题分值:65

(3) 考核时间:45 min

(4) 考核形式:实操或模拟

(5) 工具及其他准备:个人工具及劳保用品。

2. 考核要求

(1) 本题分值:65

(2) 考核时间:45 min

(3) 考核形式:实操或模拟

(4) 具体考核要求:按照工作组织过程流程进行,要求紧固考评员指定的机柜输入输出端子排端子

(5) 否定项说明:发生安全、质量、设备事故

3. 配分与评分标准

序号	考核内容	考核要点	配分	评分标准	扣分	得分
1	工作准备	1. 劳动保护用品穿戴 2. 现场检修场地创建 3. 万用表标签有效期、电源检查 4. 操作机柜、端子排确认 5. 操作机柜、端子排电源确认	10	1. 缺少一项扣 1 分,最多扣 2 分。 2. 每错一项(譬如工器具摆放凌乱)扣 1 分,最多扣 2 分。 3. 未确认一项扣 1 分,最多扣 2 分。 4. 未确认一项扣 1 分,最多扣 2 分。 5. 未确认一项扣 1 分,最多扣 2 分		
2	核反应堆保护系统输入输出端子排紧固	1. 设定力矩螺丝刀力矩 2. 依次紧固输入输出端子排端子 3. 紧固过端子复核 4. 现场清理、恢复	50	1. 力矩设置不合适,最多扣 10 分。 2. 不符合规程,每处酌情扣 5~10 分,每遗漏紧固一端子扣 2 分,最多扣 25 分。 3. 未复核端子直接扣 10 分。 4. 不符合规程,每处酌情扣 1~2 分,最多扣 5 分		
3	安全文明生产	1. 态度 2. 职业素养 3. 现场 6S 4. 安全意识	5	1. 态度端正得 1 分。 2. 符合职业守则和职业道德基本规范得 1 分。 3. 符合 6S 要求得 1 分。 4. 有安全意识,注意安全防护得 2 分		
合计			65			

否定项:发生安全、质量、设备事故

评分人: 年 月 日　　　　核分人: 年 月 日

鉴定点:故障 SDO 卡件更换

试题 2:方家山反应堆保护系统 KCS 机柜故障 SDO 卡件更换

1. 准备要求

考场准备:

(1) 试题名称:方家山反应堆保护系统 KCS 机柜故障 SDO 卡件更换

(2) 本题分值:60

(3) 考核时间:30 min

(4) 考核形式:实操或模拟

(5) 设备设施准备

序号	名称	规格	单位	数量	备注
1	保护系统机柜(包含输入、输出卡件)		个	1	可在模拟机培训室内进行,事先确认故障卡件
2	备用 SDO 卡件		个	1	确认与故障 SDO 卡件相同型号
3	大一字螺丝刀		把	1	大小适合拧机柜 SDO 卡件

考生准备:

(1) 试题名称:方家山反应堆保护系统 KCS 机柜故障 SDO 卡件更换

(2) 本题分值:60

(3) 考核时间:30 min

(4) 考核形式:实操或模拟

(5) 工具及其他准备:个人工具及劳保用品

2. 考核要求

(1) 本题分值:60

(2) 考核时间:30 min

(3) 考核形式:实操或模拟

(4) 具体考核要求:按照工作组织过程流程进行,要求考评员指定机柜故障 SDO 卡件

(5) 否定项说明:发生安全、质量、设备事故

3. 配分与评分标准

序号	考核内容	考核要点	配分	评分标准	扣分	得分
1	工作准备	1. 劳动保护用品穿戴 2. 现场检修场地创建 3. 操作机柜、SDO 卡件确认	10	1. 缺少一项扣 1 分,最多扣 2 分。 2. 每错一项(譬如工器具摆放凌乱)扣 1 分,最多扣 2 分。 3. 未确认扣 2 分		
2	方家山反应堆保护系统 KCS 机柜故障 SDO 卡件更换	1. 旋开故障 SDO 卡件冗余通道遮挡盖板 2. 核实 SDO 卡件型号并插入正常的 SDO 卡件	45	1. 旋开错误通道,最多扣 10 分。 2. SDO 卡件未核实或安装方式不正确,最多扣 10 分。		

续表

序号	考核内容	考核要点	配分	评分标准	扣分	得分
2	方家山反应堆保护系统 KCS 机柜故障 SDO 卡件更换	3. 当故障 SDO 卡件切换至正常 SDO 卡件后,拔出故障 SDO 卡,拧上遮挡盖板 4. 现场清理、恢复	45	3. 未等待故障 SDO 卡件切换至正常 SDO 卡就拔出故障卡件直接扣 20 分。 4. 不符合规程,每处酌情扣 1~2 分,最多扣 5 分		
3	安全文明生产	1. 态度 2. 职业素养 3. 现场 6S 4. 安全意识	5	1. 态度端正得 1 分。 2. 符合职业守则和职业道德基本规范得 1 分。 3. 符合 6S 要求得 1 分。 4. 有安全意识,注意安全防护得 2 分		
合计			60			

否定项:发生安全、质量、设备事故

评分人: 年 月 日 核分人: 年 月 日

第五部分　堆外核测系统定期试验

第一章　操作准备

1.1　原理描述

1.1.1　RPN 系统说明

RPN 系统通过指示器和记录仪，为操纵员提供在堆芯装料、停堆、启堆和功率运行期间反应堆的状态信息。向 RGL、KIR、ATWT 等系统提供用于控制目的的测量信息。中子注量率高于定值时发出反应堆紧急停堆信号。中子注量率快变化时发出反应堆紧急停堆信号。提供 RCP 用于确定超温和超功率 ΔT 反应堆停堆及提棒闭锁整定值的轴向功率偏差信号。

1.1.2　源量程测量原理

源量程测量通道由 CPNB44 型探测器和一个包含调理单元与处理单元的电气机箱组成。调理单元包括探测器工作的高压，脉冲放大滤波、甄别以消除 γ 射线的影响，脉冲整形，监视调理单元运行的功能。处理单元用来计算计数率与倍增周期，比较计数率测量值与保护定值，输出模拟信号，系统自检，定值调整时管理连接的终端(VDU)以及 NERVIA 网络上的信息传送等功能。

源量程电路产生的逻辑信号如下：

1) “停堆通量高”报警信号。其阈值为 2ϕ0—3ϕ0(ϕ0 为停堆时用于按照要求设定停堆高通量报警，当时时刻的正常通量水平)。可在就地 RPN 机柜上用 416CC 手动闭锁该信号。

2) “源量程紧急停堆”信号。由探测器 RPN 014 MA 和 RPN 024 MA 的测量通道产生。阈值为 10^5 cps。该信号供给反应堆保护系统 RPR，当 P6 信号出现(中间量程读数为 10^{-10} A)时可以手动闭锁该信号。

3) 通道旁通所产生的逻辑信号。当一个通道旁通时，自动闭锁该通道的紧急停堆信号，当两个通道旁通时，发出一个紧急停堆信号。此信号在 P6 出现时也可手动闭锁。

4) “高压丢失”和“高压异常”报警信号。阈值为 850 V。正常运行时两个源量程探测器高压电源的电压中只要有一个降至“高压丢失”阈值以下时，则产生“高压丢失”报警信号；当升功率进行源量程探测器闭锁时,按照系统逻辑设置闭锁信号发出延时 10 s 切除源量程高压,如果任意一列或两列闭锁信号发出 12 s 后,源量程探测器高压“高压丢失”阈值以下并切除时,则产生“高压异常”报警信号。探测器的高压电源在源量程紧急停堆手动闭锁被切除。

5) “源量程信号丢失”报警信号。任何一个源量程计数率低于 1 cps 时产生(回差为 2 cps)。源量程紧急停堆手动闭锁的,此信号也被闭锁。

“报警闭锁”报警信号。用 416 CC 闭锁“停堆通量高”报警信号时产生。

“通道试验或故障”报警信号。模拟电路出现故障时或进行试验时产生。

源量程通道的测量原理图如图 1-1 所示。

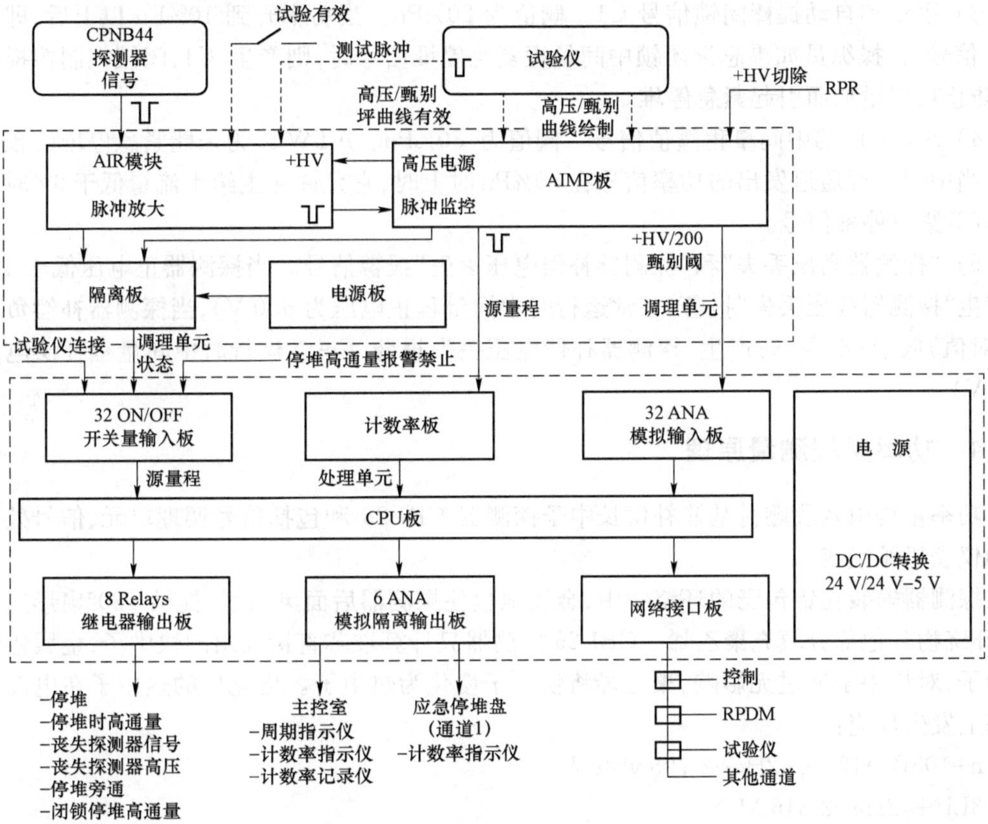

图 1-1　源量程通道的测量原理图

仪表和保护系统的测试频率或测试周期取决于对同类设备所具有的实践经验和过去核电厂的工作经验。为确保保护系统保持所要求的可靠性,需要对它进行定期的试验或监测。这些试验包括系统可操作性的定期校验。

1.1.3　中间量程测量原理

中间量程由 CC80 补偿型探测器和包含调理单元、处理单元的仪表机箱组成。调理单元 AHTS 板产生探测器正高压和补偿电压,ACCG4 板将探测器送来的电流信号进行放大,使用 7 个量程覆盖了 8 个量级(10^{-11}~10^{-3} A)的电流信号,量程的切换自动完成。16ITOR 板监视供电电源状况、高压状态、板卡的接触及通道的测试等功能。处理单元从调理单元采集电流信号，将转换后的电流进行倍增周期的计算、与阈值比较并在超越后触发输出继电器动作，输出主控所需的模拟信号，通过自检监测系统运行，管理 NERVIA 网络信息的传送以及参数修改终端(VDU)的功能。

中间量程逻辑信号输出电路向相关系统输送的逻辑信号有：

1）中间量程紧急停堆信号。由探测器 RPN 013 MA 和 RPN 023 MA 测量通道产生。阈值为 25%Pn。该信号可手动闭锁。

2）源量程紧急停堆手动闭锁允许信号 P6。阈值为 10^{-10} A。当反应堆功率达到 P6 阈值时，允许手动闭锁源量程紧急停堆信号，允许功率继续提升到高于源量程紧急停堆阈值。

3）手动和自动提棒闭锁信号 C1。阈值为 20%Pn。当功率升到 10%Pn 以上后，即产生 P10 信号后，操纵员如果忘记闭锁中间量程紧急停堆信号时，则产生 C1，闭锁控制棒提升电路，防止功率增加而引起紧急停堆。

4）ATWT 的中间量程阈值信号。阈值为 30%Pn。ATWT 为未能紧急停堆的预期瞬态。当中间量程通道发出的功率信号在 30%Pn 时上时，它允许在主给水流量低于 6%时产生 ATWT 紧急停堆信号。

5）“探测器高压丢失”和“探测器补偿电压丢失”报警信号。当探测器正电压低于 400 V 时产生“探测器高压丢失”报警(正常运行时中间量程正电压为 600 V)，当探测器补偿负电压(绝对值)低于−80 V 时产生“探测器补偿电压丢失报警”(正常运行时中间量程补偿电压为−50 V)。

1.1.4 功率量程测量原理

功率量程由六段硼衬基非补偿长中子探测器 CBL26 和包括信号调理单元、信号处理单元的仪表机箱组成。

探测器安装在铝包壳的环绕物中，金属镉包住探测器后面灵敏区，提供 120°扇形正对堆芯，环绕物其他部分填充聚乙烯。CBL26 探测器只计算堆芯直接发出的快中子，金属镉阻断热中子，对快中子通过无影响，聚乙烯将快中子慢化为热中子。慢化后的热中子在电离室硼衬基上发生反应：

n+105B→42Li+42He+2.795 vMeV

3Li*+42He+2.316 MeV

3Li+γ(0.48 MeV)

在同时供给六段电离室的 600 V 高压作用下，锂离子在气体中产生的离子对被电极收集，形成功率量程电流信号。CBL26 探测器应用在中子通量较高阶段，γ 射线电离的贡献相对较小，可以忽略不记。每个探测器用 7 根一体化同轴电缆与安装在探测井顶部的连接板相连，从连接板通过安全壳贯穿件与功率量程仪表机箱相连，传送 6 段电流信号和探测器所用高压信号。

仪表机箱调节单元 ACGF6/BN 板(六段电流放大及中子噪声放大板)具有如下功能：将探测器送来的电流信号转化为 0～10 V 电压信号，送往处理单元 6EANA 板，上部三段对应 IH1、IH2、IH3，下部三段对应 IB1、IB2、IB3。

将 IH2、IB2 段电流进行电流/电压转换用于中子噪声测量。功率量程 3 或 4 通道接收反应性仪切换命令，反应性仪投入运行时，切换命令将六段电流之和通过专用同轴电缆送往反应性仪机箱,处理单元将得不到电流信号,逻辑上该通道处于禁止状态。

监测运行状态,提供以下事件的自检:低压电源通断、探测器六段连接状态、探测器高低量程选择。

高压电源 AHT 板提供探测器所需高压,通过网络接口接收 Tester 高压调整和坪曲线绘制信息。信息处理电源板(16ITOR)监测调理单元各板卡状态,向处理单元发送有关状态信息。

信号处理单元以 CPU 为中心,主要完成以下功能:

1) 获取经调理和转换部分产生的代表六段电流的数字信号。
2) 获取代表主泵转速变化和一回路平均温度变化的两个电流信号(4～20 mA)。
3) 计算探测器上三段和下三段电流平均值。
4) 加入三个可调参数 K、KH、KB 计算平均功率。
5) 使用传递函数计算延迟后的功率,延迟时间可调。
6) 计算微分延迟功率(DDP),代表了功率变化率,DDP=延迟功率−当前功率。
7) 功率高于 10%FP 时用主泵转速变化和一回路平均温度变化校准 DDP。
8) 将 DDP 同正负变化率设定值比较,产生中子变化率高停堆信号。
9) 将计算后平均功率同阈值比较,触发继电器输出供保护和控制用信号。
10) 管理输出信号的产生(模拟和数字)。
11) 监测自身运行状态。

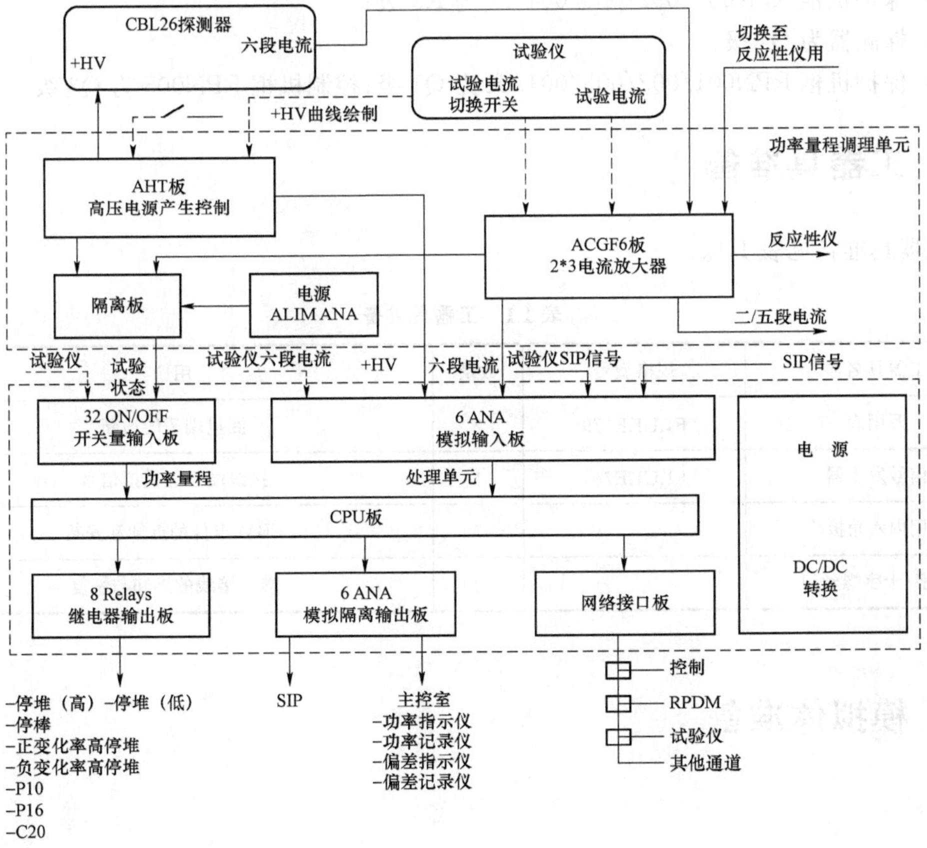

通过 VDU 对处理单元参数进行修改。功率量程通道产生的逻辑信号如下：

1）“功率量程紧急停堆(低阈)”信号。阈值为 25%Pn。当反应堆功率达到 10%Pn(P10)以后，它可以手动闭锁。

2）“功率量程紧急停堆(高阈)”信号。阈值为 109%Pn。它不可以闭锁。

3）允许信号 P10。阈值为 10%Pn。P10 有下列功能：

① 允许手动闭锁中间量程高中子通量紧急停堆；

② 允许手动闭锁功率量程低阈值高中子通量紧急停堆；

③ 闭锁源量程高中子通量紧急停堆；

④ 产生允许信号 P7；

⑤ 允许校正核中子通量变化率紧急停堆整定值。

4）允许信号 P16。阈值为 30%Pn。它允许汽机脱扣紧急停堆。

5）闭锁信号 C20。阈值为 15%Pn。当堆功率小于它的阈值时，它闭锁控制棒的自动提升方式。

1.1.5　安全等级

安全等级如下：

1）保护通道为 1E 级；控制通道为 NC 级；

2）源量程探测器为 K2 级；中间量程探测器为 K1 级 24 小时；功率量程探测器为 K1*级；

3）保护机柜 RPN001/002/003/004AR 为 K3 级；

4）探测器为 Q1 级；

5）保护机柜 RPN001/002/003/004AR 为 Q1 级；控制机柜 RPN005 为 Q3 级。

1.2　工器具准备

工器具准备见表 1-1。

表 1-1　工器具准备

工器具名称	规格型号	数量	用途
万用表	FLUKE179	2	测量端子的通断
信号发生器	FLUKE744	1	接线端子加模拟信号
专用内六角扳手		1	FBM 卡件的拆卸和安装
一字/十字螺丝刀		2	端子接线的拆卸与恢复

1.3　模拟体准备

无。

1.4 辐射防护准备

无。

1.5 工业安全准备

环境要求:系统的工作环境必须满足一定的要求,这些要求大致包括对电源的、温度的、湿度的、接地的和空气微粒的。

1) 电源:系统要求供电电源具备连续性和稳定性。

2) 接地:必须提供一个独立的接地地桩,接地电阻小于 5 Ω(电厂为 1 Ω)。

3) 温度:控制室的温度必须控制在 15～30 ℃。

4) 湿度:控制室的湿度必须控制在 20%～80%。

5) 空气微粒:必须对控制室的空气微尘进行控制,防止灰尘的进入。请建立控制室的日常规章制度,确保系统的正常运行。

另外,建立必要的机房规章制度,明确规定上述机房条件的设施,指定专人负责保养和维护。

按照工业安全规定执行,所有人员穿戴劳动保护用品。具体的工业安全准备需根据现场环境而确定,但基本的工业安全需要准备。所有人员必须佩戴安全帽、防砸鞋、工作服、手套等。检修场地使用警示带进行围栏,确保工作过程中无非工作人员进入。

1.6 配合人员准备

无。

1.7 场地准备

现场铺设白布用于摆放工器具;铺设橡胶板,合理分配场地,确保工具、设备的合理分布,方便检修;在场地外围布置警示带。

第二章　操作实施

2.1　操作实施 1　源量程通道周期试验(功率运行期间ⅠP)

源量程通道周期试验见表 2-1。

表 2-1　源量程通道周期试验

序号	操作步骤	操作要求	操作工器具	测评标准
1	设备上电	旋转 RIC214CC 到“1”位置,220 V 主电源(220 VAC main power supply)上电	无	遗漏步骤或工作小组未进行互检“-1”分
2	设备上电	旋转 RIC300CC 到“1”位置,48 V 直流电源(48 VDC main power supply)上电	无	遗漏步骤或工作小组未进行互检“-1”分
3	设备初始化	计算机处于初始化状态,包括控制器和监视器自检	无	遗漏步骤或工作小组未进行互检“-1”分
4	进入操作界面	显示屏 001HV 进入 WINDOWS 界面,运行 SUP MMI 软件,输入密码进入系统自检界面	无	遗漏步骤或工作小组未进行互检“-1”分
5	检查设备状态	确认 self-tests results 界面显示所有自检结果均正常	无	遗漏步骤或工作小组未进行互检“-1”分
6	接线	连接 MTE 测试连接线时需要特别注意连接端口正确,并确保接触良好	无	遗漏步骤或工作小组未进行互检“-1”分
7	定期试验工具上电	连接 RPN 定期试验设备(MTE)的 220 V 电源,并合上电源空开	无	遗漏步骤或工作小组未进行互检“-1”分
8	试验通道置于测试位置	将 RPN001AR 机柜面板上的 SR CHANNEL 选择开关 433CC 置于“Disabled”位置	无	遗漏步骤或工作小组未进行互检“-1”分
9	连接测试连接线	连接 MTE 测试线插头 X8 到机柜前面板的功率量程的 X5 连接口,连接 MTE 测试线插头 X2 到 MTE 机柜的 Testing & Curveplotting 接口	无	遗漏步骤或工作小组未进行互检“-1”分
10	连接测试连接线	连接 MTE 测试线插头 X13 到机柜前面板的功率量程测试的 X3 连接口,连接 MTE 测试线插头 X3 到 MTE 机柜的 Channel range testing 接口	无	遗漏步骤或工作小组未进行互检“-1”分
11	连接测试连接线	连接 MTE 网线到机柜前面板 Nervia network 连接口,连接 MTE 网线到 MTE 网线连接口	无	遗漏步骤或工作小组未进行互检“-1”分

续表

序号	操作步骤	操作要求	操作工器具	测评标准
12	开启定期试验软件	打开 MTE 计算机,选择桌面快捷方式“BancDeTests”启动应用程序“BancDeTests”	无	遗漏步骤或工作小组未进行互检“−1”分
13	选择指定测试程序	在菜单栏中选择 Test configuration,并选择下拉菜单中的“open”,按照路径“C:\Program Files\BancDeTests\MTE\1P\SRC”选择名为“MTE_SRC”文件,点击“Open”,在弹出的对话框“Selected configuration init finished”点击“OK”	无	遗漏步骤或工作小组未进行互检“−1”分
14	选择测试模式	在菜单栏中选择“Run”,并选择下拉菜单中的“Run in Programme mode”	无	遗漏步骤或工作小组未进行互检“−1”分
15	确认测试结果	在测试结果显示界面中确认以下测试内容均显示“TEST PASSED”状态	无	遗漏步骤或工作小组未进行互检“−1”分
16	关闭测试程序	点击“Close”按键返回“Test Programme selection”选择界面,关闭“Test Programme selection”界面	无	遗漏步骤或工作小组未进行互检“−1”分
17	退出测试软件	测试完成退出“BancDeTests”应用软件	无	遗漏步骤或工作小组未进行互检“−1”分
18	断开测试连接线	断开 MTE 与机柜的测试连接插头 X8、X13 和网线	无	遗漏步骤或工作小组未进行互检“−1”分
19	恢复通道到正常位置	将 433CC 选择开关打回初始位置	无	遗漏步骤或工作小组未进行互检“−1”分

2.2　操作实施 2　中间量程通道周期试验(功率运行期间ⅠP)

中间量程通道周期试验操作见表 2-2。

表 2-2　中间量程通道周期试验

序号	操作步骤	操作要求	工器具	测评标准
1	定期试验工具上电	连接 RPN 定期试验设备(MTE)的 220 V 电源,并合上电源空开	无	遗漏步骤或工作小组未进行互检“−1”分
2	试验通道置于测试位置	将 RPN001AR 机柜面板上的 IR CHANNEL 选择开关 434CC 置于“Disabled”位置,并确认 IR CHANNEL 试验灯 413LA 亮起	无	遗漏步骤或工作小组未进行互检“−1”分
3	试验通道置于测试位置	在 KIC 中确认 RPR106KS1、RPR106KS2、RPR106KS3、RPR106KS4 触发	无	遗漏步骤或工作小组未进行互检“−1”分

续表

序号	操作步骤	操作要求	工器具	测评标准
4	连接测试连接线	连接MTE测试线插头X8到机柜前面板的功率量程的X4连接口，连接MTE测试线插头X2到MTE机柜的Testing & Curveplotting接口，填写表	无	遗漏步骤或工作小组未进行互检“−1”分
5	连接测试连接线	连接MTE测试线插头X13到机柜前面板的功率量程测试的X2连接口，连接MTE测试线插头X3到MTE机柜的Channel range testing接口，填写表	无	遗漏步骤或工作小组未进行互检“−1”分
6	连接测试连接线	连接MTE网线到机柜前面板Nervianetwork连接口，连接MTE网线到MTE网线连接口，填写表	无	遗漏步骤或工作小组未进行互检“−1”分
7	选择测试通道	连接BNC电缆到MTE前面板的X4连接口	无	遗漏步骤或工作小组未进行互检“−1”分
8	开启定期试验软件	打开MTE计算机，选择桌面快捷方式“BancDeTests”启动应用程序“BancDeTests”，用户名“admin”，密码“controle”	无	遗漏步骤或工作小组未进行互检“−1”分
9	选择指定测试程序	在菜单栏中选择Test configuration，并选择下拉菜单中的“open”，按照路径“C:\Program Files\BancDeTests\MTE\1P\INT”选择名为“MTE_INT”文件，点击“Open”，在弹出的对话框“Selected configuration init finished”点击“OK”	无	遗漏步骤或工作小组未进行互检“−1”分
10	选择测试模式	在菜单栏中选择“Run”，并选择下拉菜单中的“Run in Programme mode”	无	遗漏步骤或工作小组未进行互检“−1”分
11	确认测试结果	在测试结果显示界面中确认以下测试内容均显示“TEST PASSED”状态	无	遗漏步骤或工作小组未进行互检“−1”分
12	关闭测试程序	点击“Close”按键返回“Test Programme selection”选择界面，关闭“Test Programme selection”界面	无	遗漏步骤或工作小组未进行互检“−1”分
13	退出测试软件	测试完成退出“BancDeTests”应用软件	无	遗漏步骤或工作小组未进行互检“−1”分
14	断开测试连接线	断开MTE与机柜的测试连接插头X8、X13和网线	无	遗漏步骤或工作小组未进行互检“−1”分
15	重启CPU	按下UC25板卡界面上的RAZ红色按钮进行重启UC25操作，确认卡件显示为“00”后重启完成	无	遗漏步骤或工作小组未进行互检“−1”分
16	恢复通道到正常位置	将434CC选择开关打回初始位置，并确认413LA灯熄灭	无	遗漏步骤或工作小组未进行互检“−1”分

2.3 操作实施3 功率量程通道周期试验

功率量程通道周期试验操作见表2-3。

表 2-3　功率量程通道周期试验

序号	操作步骤	操作要求	工器具	测评标准
1	状态确认	在005AR的控制计算机和各个机柜中确认各功率测量通道处于正常的运行状态	无	遗漏步骤或工作小组未进行互检“−1”分
2	电缆连接	启动TESTER后，将TESTER与所要进行测试的通道的X17端口用CABLE1电缆连接并将网络电缆与机柜上“NERVIA NETWORK”接口相连	无	遗漏步骤或工作小组未进行互检“−1”分
3	状态确认	确认通道中32ETOR上5指示灯亮和控制计算机中“Processing mode”显示本通道处于“Curve Plotting”模式	无	遗漏步骤或工作小组未进行互检“−1”分
4	测试开始	操作TESTER应用软件的菜单进入“Curve Plotting”窗口下，选择通道及坪曲线类型	无	遗漏步骤或工作小组未进行互检“−1”分
5	测试开始	确认电缆连接、选择项的选择无误，所有通道无停堆信号触发后点击“Plot”按钮，AHT1/B上T/TC灯亮；窗口中“plotting in progress”灯亮进入自动试验	无	遗漏步骤或工作小组未进行互检“−1”分
6	测试完毕	试验完毕窗口中“Result”区域将显示试验结果状态。若试验过程中，高压超过高定值，高压将被切断；消息框弹出，提醒复位高压并与此同时确定此信息，高压恢复后试验结束(复位与确定信息同时进行)	无	遗漏步骤或工作小组未进行互检“−1”分
7	保存试验结果	点击试验窗口中的“Save”按钮，试验结果保存在PWP1/PWP2目录下的“IPW_HVP_1P.TXT”(高压坪特性曲线) 文件中，可以离线使用	无	遗漏步骤或工作小组未进行互检“−1”分
8	打印试验结果	点击“Print”按钮打印试验结果	无	遗漏步骤或工作小组未进行互检“−1”分
9	状态检查	确认高压正常及无其他停堆信号被触发后，断开TESTER与试验机柜的连接电缆	无	遗漏步骤或工作小组未进行互检“−1”分
10	状态检查	检查试验通道的就地指示灯：AHT1/B上的T/TC灯，32ETOR上的5指示灯熄灭	无	遗漏步骤或工作小组未进行互检“−1”分
11	恢复至初始状态	确认005AR中控制计算机中试验通道恢复到“Nominal”模式	无	遗漏步骤或工作小组未进行互检“−1”分

第三章　故障检查和处理

常见故障现象和判断方法见表 3-1。

表 3-1　常见故障现象和判断方法

故障代码	故障原因
Files test access error	启动 MTC 软件时，软件会读取配置文件，此代码显示文件不可用
Unable to reset I/O Tester boards!	试验结束后，软件自动复位所有卡件设置，若卡件恢复不正常，则出现此代码
Operator interruption	在试验结束之前用户终止了程序
Hardware error detected	试验过程中发生硬件故障，具体查看 LOG 文件
Difference of values detected during tests	试验过程中出现返回值与期望值不一致或超差，具体查看 LOG 文件
Out of test setting failure! Check your process	试验结束时，软件将校验所有试验输出的有效性，若测试无效则出现此代码。（此代码具最高优先级）

第四章　操作结束

4.1　总结培训过程

核仪表系统是核电厂重要的安全系统,用于在反应堆启动过程及其后的运行中,对反应堆的核功率水平、分布及变化进行连续不断地测量和监视,当核功率或其变化超过安全分析确定的整定值时,向反应堆保护系统提供用于紧急停堆的信号。它使用了源量程、中间量程及功率量程三种通道来完成反应堆从启动到满功率运行、其核功率动态范围达 10 个数量级以上的监测任务。通过本教材的学习,使学员了解系统硬件、软件、掌握日常试验方法。

4.2　评判

学员对解体过程进行阐述,并说明其中的关键点以及注意事项。教员对学员的陈述简要记录,根据阐述评判学员的掌握情况。教员指出学员阐述过程中的错误以及需要注意的事项,并且依据评判表,对学员的学习情况做出整体评判。

4.3　清理现场

工作结束后,做到工完料尽场地清。工具整理并与工具清单进行对比,确保工具无缺失,并检查工具的可用性,记录损坏情况并汇报。对更换的领料物资与领料单进行核实,确保所有可更换的物资已更换。清理工作过程中的耗材,进行分类处理,放置到对应的塑料袋中。清理现场的塑料布,橡胶板,必要时用白布清理现场。

4.4　工后会

工后会是对整个工作的过程的回顾以及必要的经验反馈。

回顾工作过程:工作许可证已归还,场地已清理,设备标牌完好,对检修任务进行评价,是否达到预期的目的,试验设备与工器具已经归还。

第五章　经验反馈

事件描述：

10 月 28 日，9 时 50 分，仪控执行 1RPN-停堆前满功率状态下功率量程高压坪曲线绘制过程中，在对 1RPN020MA 恢复时发现其自检无法通过（故障代码 31），导致 1RPN020MA 不可用，相应报警及停堆信号触发，RPR 保护系统相当于四个通道仅三个通道可用，增加了停堆风险。主控记录 I/O，并根据技术规范要求通过堆芯热电偶监视象限功率倾斜比，联系维修人员立即处理。

后果：

有误停堆风险。

分析：

2009 年 10 月 28 日上午进行 100%FP 平台下 1RPN 功率量程高压坪特性曲线绘制工作，当执行完成 1RPN020MA 后复位通道 UC25 板软件过程中出现"31"故障代码，再次复位后 UC25 板依然出现"31"，通道置于"FALLBACK"安全位置，单通道停堆信号触发。该故障代码解释为在初始化过程中 UC25 板出现"default de checksum ram code"，判断为 UC25 板硬件故障导致出现"31"故障代码.仓库中领出新 UC25 板备件进行安装更换，1RPN020MA 恢复正常运行。

结论：

UC25 板硬件故障。

第六章 习 题

6.1 选择题(每题 5 分)

1. 源量程探测器位于堆芯的:(D)。

A. 上 1/2 部位　　B. 中部　　C. 下 1/4 部位　　D. 整个区域

2. 中间量程逻辑信号输出电路向相关系统输送的逻辑信号有(ABCD)。

A. 中间量程紧急停堆信号。由探测器 RPN 013 MA 和 RPN 023 MA 测量通道产生。阈值为 25%Pn。该信号可手动闭锁

B. 源量程紧急停堆手动闭锁允许信号 P6。阈值为 10^{-10} A。当反应堆功率达到 P6 阈值时,允许手动闭锁源量程紧急停堆信号,允许功率继续提升到高于源量程紧急停堆阈值

C. 手动和自动提棒闭锁信号 C1。阈值为 20%Pn。当功率升到 10%Pn 以上后,即产生 P10 信号后,操纵员如果忘记闭锁中间量程紧急停堆信号时,则产生 C1,闭锁控制棒提升电路,防止功率增加而引起紧急停堆

D. ATWT 的中间量程阈值信号。阈值为 30%Pn。ATWT 为未能紧急停堆的预期瞬态。当中间量程通道发出的功率信号在 30%Pn 时上时,它允许在主给水流量低于 6%时产生 ATWT 紧急停堆信号

3. P10 对应的核功率为:(B)。

A. 1%FP　　B. 10%FP　　C. 15%FP　　D. 20%FP

4."功率量程紧急停堆(低阈)"信号。阈值为 25%Pn。当反应堆功率达到(A)以后,它可以手动闭锁。

A. 10%Pn　　B. 20%Pn　　C. 50%Pn　　D. 60%Pn

6.2 填空题(每题 5 分)

1. 中间量程紧急停堆信号。由探测器 RPN 013 MA 和 RPN 023 MA 测量通道产生。阈值为________。该信号可手动闭锁。

答:25% Pn

2. 堆外核测系统分三个量程:________、________、________。

答:原量程;中间量程;功率量程

3. 源量程测量通道由 CPNB44 型探测器和一个包含调理单元与处理单元的________组成。调理单元包括探测器工作的高压,________、甄别以消除 γ 射线的影响,脉冲整形,监视调理单元运行的功能。

答:电气机箱;脉冲放大滤波

4. 源量程紧急停堆手动闭锁允许信号 P6。阈值为________。当反应堆功率达到 P6 阈

值时,允许手动闭锁__________,允许功率继续提升到高于源量程紧急停堆阈值。

答:10^{-10} A;源量程紧急停堆信号

6.3 简答题(10 分)

P10 有哪些功能?

答:允许手动闭锁中间量程高中子通量紧急停堆;

允许手动闭锁功率量程低阈值高中子通量紧急停堆;

闭锁源量程高中子通量紧急停堆;

产生允许信号 P7;

允许校正核中子通量变化率紧急停堆整定值;

允许信号 P16。阈值为 30%Pn。它允许汽机脱扣紧急停堆;

闭锁信号 C20。阈值为 15%Pn。当堆功率小于它的阈值时,它闭锁控制棒的自动提升方式。

6.4 实操题(20 分)

鉴定点:功率量程通道周期试验

试题 1:功率量程通道周期试验(模拟 SH1 通道测量)

1. 准备要求

考场准备:

(1) 试题名称:功率量程通道周期试验(模拟 SH1 通道测量)

(2) 本题分值:15

(3) 考核时间:30 min

(4) 考核形式:实操

(5) 设备设施准备

序号	名称	规格	单位	数量	备注
1	模拟体		台	1	教学用模拟体一台
2	万用表	FLUKE179	把	1	测量端子的通断
3	规程				

考生准备:

(1) 试题名称:功率量程通道周期试验(模拟 SH1 通道测量)

(2) 本题分值:15

(3) 考核时间:30 min

(4) 考核形式:实操

(5) 工具及其他准备:无

2. 考核要求

(1) 本题分值:15

(2) 考核时间:5 min

(3) 考核形式:实操

(4) 具体考核要求:模拟 SH1 通道测量,掌握工作过程大致步骤

(5) 否定项说明:无

3. 配分与评分标准

序号	考核内容	考核要点	配分	评分标准	扣分	得分
1	开启定期试验软件	打开 MTE 计算机,选择桌面快捷方式“BancDeTests”启动应用程序“BancDeTests”	3	操作错误-3		
2	选择指定测试程序	在菜单栏中选择 Test configuration,并选择下拉菜单中的“open”,按照路径“C:\Program Files\BancDeTests\MTE\2P\PO W1”选择名为“MTE_POW1”文件,点击“Open”,在弹出的对话框“Selected configuration init finished”点击“OK”	4	操作错误-4		
3	选择测试通道(SH1)	在 MTE 计算机前面板上,将选择器旋转到“SH1”位置	3	操作错误-3		
4	选择测试模式	在菜单栏中选择“Run”,并选择下拉菜单中的“Run in Test mode”	3	操作错误-3		
5	确认测试信息	在测试清单中选择“POW_COND_CHAIN_IH1”,点击“Prepare”,再点击“OK”确认	2	操作错误-2		
6	启动测试程序	点击测试界面“Run”,等待测试结束,点击“OK”	3	操作错误-3		
7	测试结束	点击“Compare”按钮,确认测试结果为“TESE PASSED”状态	2	操作错误-2		

否定项:零部件损坏

评分人: 年 月 日　　　　核分人: 年 月 日

第六部分　堆内核测系统定期试验

第一章　操作准备

1.1　原理描述

1.1.1　堆芯温度测量系统的功能

提供 30 个堆芯热电偶的温度信息;计算并显示饱和温度;探测反应堆径向功率不平衡;发现与自身棒组分离的棒束。

1) 堆芯温度测量系统的组成:30 只热电偶及其引出密封设备。

30 只热电偶在堆芯的布置情况如表 1-1。

表 1-1　热电偶与热电偶柱的对应表

	A列				B列			
热电偶柱	C3		L11		C11		L13	
热电偶	1	9	11	23	2	12	8	22
	3	14	16	25	4	17	13	26
	5	19	28	27	6	24	15	28
	7		21	29	10		20	30

30 只热电偶分成 A、B 共 2 个系列,每列 15 只。温度信号由热电偶导线管经 4 根热电偶支撑柱引出。热电偶在堆芯的安装情况示于图 1-2。热电偶的热端固定在所测燃料组件水流出口处、上堆芯支撑板上方的角撑板上。热电偶导线穿入导线管。若干只导线管(2×7;2×8)穿入一只热电偶支撑柱。热电偶支撑柱穿过压力容器头部连接器。导线管穿出热电偶支撑柱之外后,经过热电偶-导线管接头。热电偶经过连接与同材料的补偿导线相连。补偿导线接往冷端箱。压力容器头部连接器焊在压力容器上。在热电偶支撑柱和压力容器头部连接器之间是可拆密封结构。在导线管和热电偶支撑柱之间是焊接密封结构。热电偶-导线管接头是热电偶和导线管之间的可拆密封结构。

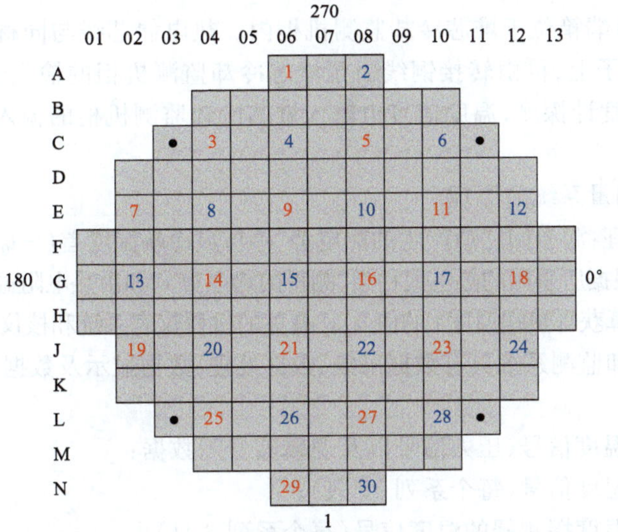

图 1-1　堆芯温度测量热电偶的布置

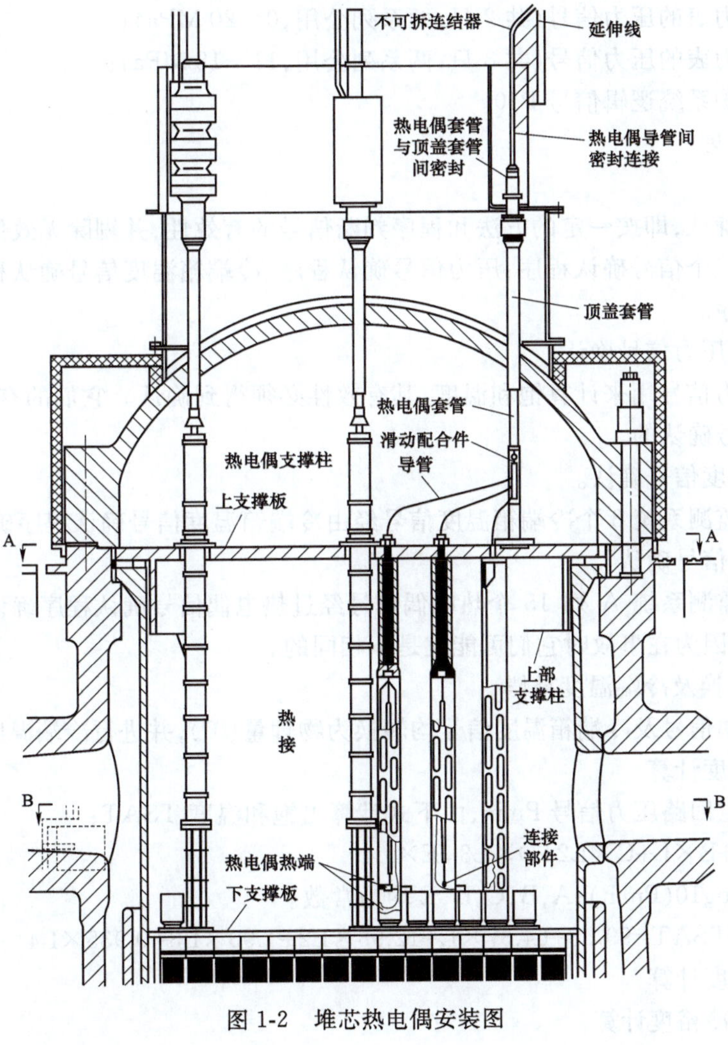

图 1-2　堆芯热电偶安装图

2 个冷端箱:冷端箱位于堆芯冷却监测机柜内。热电偶芯线与同材料的补偿导线相连,后者接到冷端箱端子上,再由转接铜线引至堆芯冷却监测机柜的输入卡(EISO1)上。冷端箱温度由热电阻温度计探测,温度信号也输入堆芯冷却监测机柜的输入卡(EISO3)上,用以冷端温度补偿。

2) 堆芯温度测量系统的原理

热电偶测温原理:测温回路所产生的热电势 e 与热冷端温度差$(t-t_0)$呈正比关系,即 $e=k(t-t_0)$。在机柜中,根据所采用的热电偶种类、测得的热电势 e 和由热电阻温度探测器测得的冷端温度 t_0,通过加法计算获得热端温度 t 的值 a)。有关的过程仪表系统和核仪表系统仪表通道。

反应堆堆芯冷却监测系统具有数据采集、数据处理、数据显示及数据计算机接口等功能。

1) 数据采集

系统采集以下温度信号、压力信号以及逻辑信号等数据:

堆芯热电偶的温度信号(每个系列 15 只);

冷端箱热电阻温度探测器的温度信号(每个系列 3 只);

安装在主回路热管段上的温度探测器的温度信号(共 2 只,两系列公用);

主回路压力表的压力信号(共 2 只,两系列公用,0～20 MPa);

稳压器压力表的压力信号(共 3 只,两系列公用,11～18 MPa);

反应堆保护系统逻辑信号 P10。

2) 数据处理

信号确认

所谓信号确认,即按一定的方法和程序判断信号的有效性,并剔除无效信号。堆芯冷却监测系统共有三个信号确认程序:压力信号确认程序、冷端箱温度信号确认程序和堆芯热电偶信号确认程序。

① 主回路压力信号确认。

主回路压力信号用来计算饱和温度,其有效性必须得到确认。它们的有效性是由 3 个稳压器压力信号确认的。

② 冷端温度信号确认。

堆芯冷却监测系统 3 个冷端箱温度信号经由冷端箱温度信号确认程序确认。

③ 热电偶信号确认

堆芯冷却监测系统 A 列 15 个热电偶信号经过热电偶信号确认程序确认。热段温度信号不进行确认,因为在事故时它们可能就是不相同的。

——信号转换及冷端温度补偿

堆芯热电偶信号及冷端箱温度信号均转换为物理量(℃),并进行冷端温度补偿。

3) 饱和温度计算

选择最低主回路压力信号 Pmin,由下式计算出饱和温度 TSAT:

TSAT=A+B×L+C×L2+D×L3+E×L4

其中,L=Log10(Pmin);A,B,C,D,E 均为常数。

经验公式:TSAT=99.68+64.37×L+12.98×L2+1.93×L3+0.935×L4

4) 过冷裕度计算

① 堆芯过冷裕度计算

堆芯过冷裕度ΔTSATRICI为饱和温度TSAT与堆芯温度TRICI之差(共30个)：

$$\Delta TSATRICI=TSAT-TRICI$$

② 最小过冷裕度计算

最小过冷裕度ΔTMIN为饱和温度ΔTSAT与堆芯温度TRICMAX之差：

$$\Delta TMIN=TSAT-TRICMAX$$

③ 过冷裕度低报警

当堆功率小于10%Pn,最小过冷裕度如果小于20 ℃时,则发出报警信号,警告操纵员堆芯冷却不良。堆功率大于10%Pn,出现P10时,过冷裕度低报警自动闭锁。

④ 热管段过冷裕度计算

热管段过冷裕度ΔT为饱和温度TSAT与环路热管温度THLI之差(共2个)：

$$\Delta TSATHLI=TSAT-THLI$$

5）数据显示

① 控制室显示

在主控室内安全监督盘P10盘上有两个系列的数字及灯光显示,每个系列包括：

最高堆芯温度TRICMAX(数字表)；

最小过冷裕度ΔTmin(数字表)；

过冷裕度低报警(报警灯)；

堆芯冷却监测系统故障报警(报警灯)。

② 机柜面板显示

在堆芯冷却监测机柜显示器上可以获得下列信息：

饱和温度；

15个堆芯温度的过冷裕度；

2个一回路压力；

3个稳压器压力；

3个冷端箱温度。

并可以用面板上的选择按钮来完成数据选择。

6）数字计算机接口

为了将系统获得的所有信号均传入电厂计算机,首先将它们转换为物理量,然后将模拟信号转换为数字信号,最后经过串行数据接口传到电厂计算机。

1.1.2　堆芯水位测量

反应堆压力容器水位监测的目的是向操纵员提供明确、可靠的反应堆压力容器内水位、压差信息,尤其是在事故工况之下监测堆芯燃料的淹没情况。压力容器水位测量系统是冗余的,设备分为A/B两个系列,它们在电气上和实体上均是隔离的。

1）堆芯水位测量系统的功用

失水事故发生时,监测堆芯淹没情况；

正常充、排水时观察堆内充水情况；

任意一台主泵启动运行时,监测反应堆堆芯压差。

2）堆芯水位测量系统的组成

① 水位测量差压计及其附属设备。

② 堆芯水位测量系统共采用 6 台差压计，分两个系列，每列 3 台。即：窄量程差压计 1 台，宽量程差压计 1 台，参考差压计 1 台。

③ 两个系列的宽、窄量程差压计的取压点总共有 3 个，一个在压力容器顶部，2 个在堆芯仪表密封组件处。

④ 不同量程的两块差压变送器，宽量程和窄量程差压变送器测量的差压ΔP 与反应堆压力容器内水位的高度存在对应关系。差压变送器上下两侧的隔离膜盒用于传递压力，并隔离具有放射性的一回路冷却剂。隔离膜盒、变送器之间的毛细管充满除盐水以传递压力。

⑤ 参考差压变送器及其隔离膜盒的安装位置与宽量程和窄量程差压变送器包括毛细管布置路径等均相同，用以模拟现场的复杂情况下由测量毛细管中的除盐水所产生的压力ΔPREF，以便在后续的数据处理过程中予以补偿。

⑥ 用于消除静压误差的参考差压计，正常运行时需加 2.5 MPa（表压）的水压。该压力分别由 RCP 004、005 BA 的压缩空气提供。该压缩空气罐给参考变送器提供稳定的 2.5 MPa 压力，以消除静压影响引入。当施于参考差压计的静压降至 1.84 MPa（表压）时则发出黄灯警报，并输往 KIT 一个逻辑信号。当静压低于 1.5 MPa（表压），参考差压计即不可用。

⑦ 作为水压耦合器的金属膜片隔离器安装在尽可能靠近取压点的位置，其作用是减少反应堆冷却剂外泄的危险，并保持参考水柱不变。

⑧ 隔离器、变送器以及两者之间的管道系在真空状态下充灌的。

⑨ 测量系统的放气阀为常关状态，排气时开启；其余隔离阀保持常开以用于水位测量，在设备维修时则需要关闭。

⑩ 变送器信号经过 KRG（核岛总控制模拟机柜系统）机柜的隔离、转换，传送到堆芯水位监测机柜。会同其他反应堆过程量，计算出堆芯水位。

⑪ 信号传送及转换设备：来自差压计的模拟电流信号，经穿过安全壳的电缆，施加到电阻 RS 两端，由其转换为模拟电压信号，再经过隔离模块 IS 送往堆芯冷却监测系统。

⑫ 数据处理设备：压力容器水位测量数据的处理设备属于堆芯冷却监测系统。

⑬ 显示设备：在主控室安全监督盘上设有压差显示表（模拟表）用来显示主泵启动时堆内压差。水位显示表（数据表）用来显示主泵不启动时压力容器水位。另外，设有低水位和低低水位警报灯。

3）堆芯水位测量原理和模拟电路原理

① 堆芯水位测量原理

正常运行时，压力容器内是充满水的。在发生失水事故时，压力容器上部可能是汽空间，充满蒸汽，这时监测压力容器内水位测量很有必要。

压力容器水位采用差压法测量，水位测量用的差压计的正压腔与压力容器底部引压管线相连，负压腔通过引压管与压力容器顶部相连，两腔压力差ΔP_1为：

$$\Delta P_1=(H-h)\gamma v+h\gamma L-H\gamma L_1 \tag{1-1}$$

其中：H为压力容器水位测量高度；h为压力容器水位；γL为压力容器内水的重度；γv为

压力容器内蒸汽重度；γL_1为毛细管内水的重度。

毛细管置于安全壳内，其中的水是不流通的，故其重度 γL_1 只随环境温度而变。安全壳内温度在失水事故时升高，致使毛细管内水的重度减小，会造成测量误差。

为了消除这个误差，测量系统采用了设置一台参考差压计，置于与宽量程和窄量程差压变送器相同的环境之下。其压差ΔP_2为：

$$\Delta P_2=0-H\gamma L_1 \tag{1-2}$$

式 1-1 与式 1-2 相减，得到：

$$\Delta P_1=(H-h)\gamma v+h\gamma L-H\gamma L_1+\Delta P_2$$

由此，水位 h 的表达式则为：

$$h=(\Delta P_1-\Delta P_2-H\gamma v)/(\gamma L-\gamma v)$$

其中，压力容器内蒸汽重度 γv 可由一回路压力下的饱和温度计算出来；水的重度 γL 在主泵开动时由平均温度 T_{avg} 算出，而在主泵不开动时则由最高堆芯温度 TRIC，MAX 算出。

为了提高失水事故时的水位测量的精度，每个系列的两台宽窄量程差压计均在同一静压 2.5 MPa(表压)下进行标定，以防静压效应引起的测量误差。所以，使用时参考差压计的正负压腔充水，水压为 2.5 MPa(表压)。

总之，堆芯水位测量系统主要作用体现于失水事故后的堆芯水装量的监测，故采用了冗余技术，分 A、B 两个通道，每个通道用了三台差压计。

其中，宽量程差压计用来在主泵开动时监测堆芯压差，窄量程差压计在主泵未开动时用来监测堆芯水位，参考差压计用来消除宽、窄程差压计输出信号中的参考液柱项。

② 模拟电路原理

窄量程差压计 RCP090MN 及参考差压计 RCP094MN 的信号输入给窄量程函数发生器 F_1；宽量程差压计 RCP092MN 及参考差压计 RCP094MN 输入给宽量程函数发生器 F_2；同时，水密度信号 γL 输入给宽、窄量程函数发生器 F_1 和 F_2，蒸汽密度 γv 信号只输入给窄量程函数发生器。

蒸汽密度 γv 由堆芯温度监测系统获得，它是由回路压力决定的。

水密度由压力容器内堆芯的温度及压力决定。由于压力容器与一回路是连通的，所以用一回路压力代表压力容器压力。至于压力容器的温度，则根据条件进行判断选出：

a. 如果堆芯温度高于 400 ℃，则说明堆芯的水已经沸腾，此时则选一回路压力下的饱和温度。

b. 如果堆芯温度高于 400 ℃，但最高堆芯温度或平均温度高于饱和温度，则选饱和温度。因为堆芯沸腾后，堆的一回路水温即为饱和温度。

c. 主泵未开动时，堆芯水不再流通，只能选最高堆芯温度代表堆芯温度。

d. 只要有一台主泵开动，堆芯就有水流过，其压力容器的温度平均值即为平均温度。平均温度由两个环路热管段与冷管段温度平均值经确认并平均求得。环路平均温度是否有效由该环路主泵是否开动来确认。

e. 主控室安全监督盘设有模拟差压计显示表和数字水位显示表，分别由宽、窄量程函数发生器驱动。

1.1.3 堆内中子通量测量

堆芯中子通量由可移动的微型裂变室探测器测量，由测量系统获得的中子通量数据信息分成两种方式提供：1)将在被测通道中测得的曲线输送到控制柜图形显示器和打印机上；2)通量数据与从 KIT 系统接收到的电厂其他数据相结合，经过 RIC 计算机处理后给出功率分布图。以上信息用于启堆期间和正常运行期间。

1. 启堆期间的功能

1）检查寿期初堆芯功率分布是否与设计期望的功率分布相符；

2）检查用于事故工况设计的热管因子是否是保守的；

3）校准堆外核测量仪表系统(RPN)；

4）探测反应堆在装料中可能出现的差错。

2. 正常运行时的功能

1）检查与燃耗对应的功率分布是否与设计所期望的功率分布相符；

2）监测各燃料组件的燃耗；

3）校准堆外核测量仪表；

4）探测堆芯是否偏离正常运行。

3. 堆内中子通量测量系统的组成

堆内共有 38 个燃料组件确定为堆内中子通量测量系统的测量通道。测量通道在堆芯内的布置如图 1-3 所示，每个测量通道都有特定的编号。测量通道内插入指套管，探测器在指套内部移动，从而达到在堆芯整个高度上逐点测量中子通量的目的。

堆内中子通量测量系统的主要硬件设备有：1）读出控制柜；2）分配柜；3）执行机构、驱动装置；4）密封段和手、自动隔离阀；5）导向管和指套管；6）堆芯测量探测器，即微型裂变室，等等。

1）指套管

指套管为空心圆管，其端部由一锥形焊塞封闭，沿导向管插入测量通道；另一端焊接到用于限位和密封的连接柄上。指套管从密封段组件延伸，经由连接管、自动隔离阀，通到路选择器的连接管，相互之间通过不锈钢接头连接。

指套管的作用是为中子通量探探测器提供一个通路，并与一回路介质隔离。

在换料前把指套管由堆芯内抽，以避免影响换料。

2）导向管

导向管一端焊在压力容器下封头的套筒上，另一端焊在手动隔离阀上。指套管外壁和导向管内壁为一回路压力边界。

导向管主要是为指套管的插入提供安全通道，指套管为中子通量探测器提供安全的测量路径。

3）手动隔离阀

手动隔离阀采用能自动减少间隙达到气密的球形外壳，阀座焊到密封段上。在更换指套管时手动关闭该隔离阀，达到主冷却剂密封的目的。在指套管插入之前，手动隔离阀起隔离的作用。

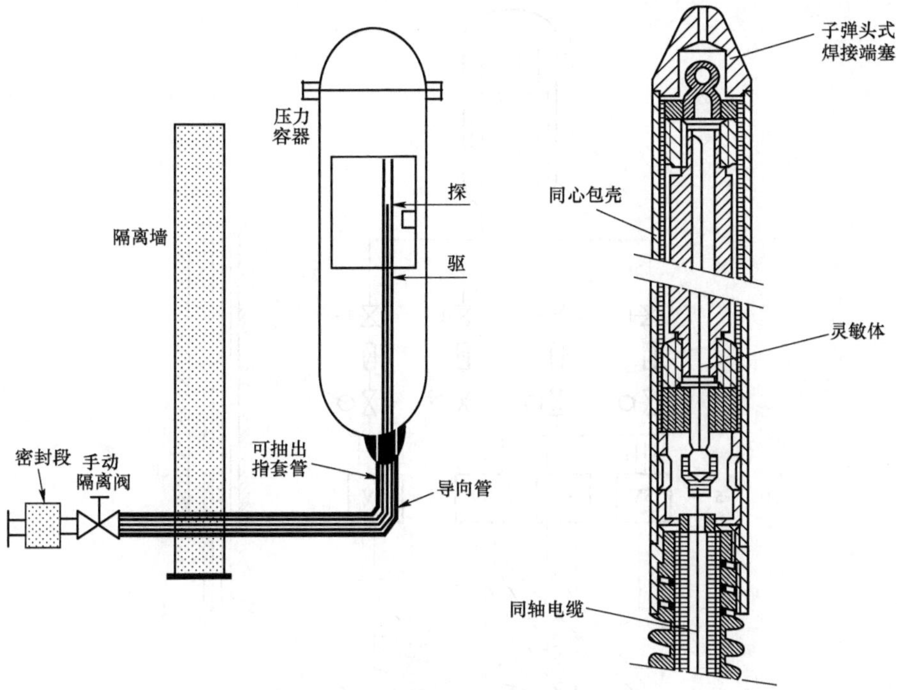

图 1-3　测量通道、指套管、探测器

4）密封段

密封段的主要功能是密封指套管外壁和导向管内壁之间的一回路冷却剂，用来保证导向管和指套管之间的静态和动态密封，它共分两段，两段之间装有泄漏探测器。密封段可以提供高达 27 MPa 的静态密封，0.6 MPa 的动态密封。

5）球检验阀

球检验阀的作用是在指套管内漏时阻止冷却剂通过自动阀外泄，当指套管内漏时，小球会堵住通向自动阀的锥形孔。另一个作用是通过指套管泄漏探测报警，并阻止自动阀开启。

6）自动阀

自动阀装在球阀和路选择器之间(图 1-4 中子探测器传送系统)，由不锈钢制成。它们是常闭的，指套管断裂时隔断堆芯来的主冷却剂，探测器到来自动开启，抽出后自动关闭。

7）驱动装置

驱动装置通过驱动螺旋形电缆来移动与其相连的探测器。它由电动机、驱动轮、存贮卷盘、位置发送器、安全装置和加热元件组成。

8）传送装置

测量传送装置，即执行机构，用于把中子通量探测器插入堆芯，它分为 4 个通道，每个通道连接一支探测器。每个通道由下列部件组成：1 个驱动单元，1 个组选器，1 个路选器，10 个电动阀(其中第 4 通道为 8 个电动阀)(见图 1-4，中子探测器传送系统)。

组选择器的功用是把探测器引入正常路径、救援路径、校准路径或贮藏路径。其中第 3 探测通道的第 26 号探测点接纳来自校准路径的探测器。路选择器的功用是把探测器引入 10 个或 8 个测量通道之一。并接纳来自正常路径和救援路径的探测器。

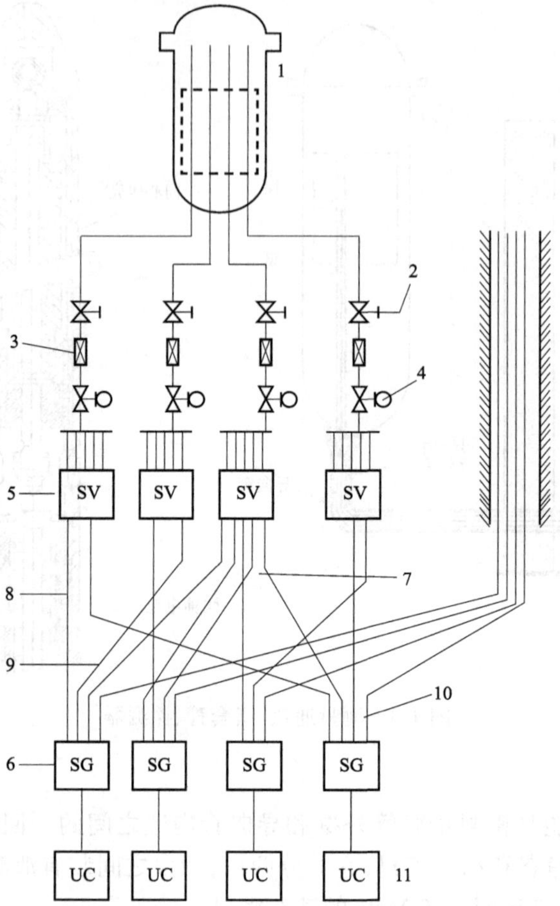

图 1-4 中子探测器传送系统

1—压力容器;2—手动隔离阀;3—密封段;4—自动隔离阀;5—路选择器;
6—组选择器;7—校准路径;8—正常路径;9—援救路径;10—贮藏通道;11—驱动装置

9）读出控制柜和分配柜

读出控制柜共有三台,中间的机柜公用,左边和右边的机柜分别包括 1、2 号通道和 3、4 号通道的控制器抽屉、通量测量抽屉、编码器抽屉和 48 VDC 电源模块。

读出控制柜是堆芯核测系统的控制和监测设备,用于向分配柜发送操作指令、监测执行机构的工作状态和采集堆芯测量数据。

分配柜构成堆芯仪表间的机电设备与电气厂房的读出控制柜之间的接口。它的主要功能是:1)为机电设备供电,并提供机电设备与电气厂房内读出控制柜的接口。2)翻译和处理读出控制柜的信号。3)采集来自机电设备(如驱动单元、组选器、路选器、电动阀等)的开关信号,并送往读出控制柜。

10）探测器

探测器是堆芯测量的敏感元件,它又称为微型裂变室(图 1-3 微型裂变室),总共有 4 个,每组 1 个。微型裂变室的中央灵敏电极涂有浓度为 90%的铀的氧化物,两层同心包壳之间充以氩气。裂变室端部连接到驱动、导电两用的螺旋形电缆上。

1.1.4 堆内中子通量测量系统的原理

1）微型裂变室的结构

微型裂变室由焊接端塞、同芯包壳及测量体(即灵敏体)三部分组成。微型裂变室与导电及驱动两用的同轴电缆相连接。

微型裂变室外径 4.7 mm，长 66 mm。它的外壳、外电极以及与之相连电缆的材料均为不锈钢，绝缘材料为氧化铝(Al_2O_3)。

微型裂变室的灵敏体内充有纯度为 99.999 5%的氩气，充气压力为 1.1×10^5 Pa。电极表面涂有一层厚度为 0.3 mg/cm^2 的二氧化铀，其中铀−235 的丰度为 90%。

2）中子通量测量原理

在进行堆芯中子通量测量过程中，热中子射入到微型裂变室灵敏体内，打在涂有二氧化铀的电极上，使 $^{235}_{92}U$ 核发生裂变。裂变产生的重的带正电的裂变碎片使氩气电离，产生电子-正离子对。电子和正离子在外加电磁场作用下向两极漂移，而形成脉冲，电子-正离子向两极漂移形成的电脉冲叠加起来，则形成电流。微型裂变室的输出平均电流 I_O 为：

$$I_O = SN \cdot \phi$$

其中，SN，是微型裂变室灵敏性系数；ϕ，是堆芯中子通量水平。

3）读出电路原理

微型裂变室电极间施加高电压，与通量水平成比例的输出电流流经负载电阻。负载电阻由数只不同阻值的电阻串、并而成。用分压法和分流法取出信号，进行放大再输往计算机或送往记录仪。

1.1.5 堆内中子通量测量系统的运行

在反应堆正常运行期间，中子通量测量系统是间断工作的，至少每30个等效满功率天启用一次，设计上最多每周使用一次。但是在启堆物理试验期间，使用比较频繁。每次通量测量按如下顺序进行：驱动单元以高速(18 米/分)从保存通道中抽出探测器到初始位置，组选器旋转到测量位置与测量通道的连接管接通，路选器旋转就位，电动阀打开。读出控制柜上的中子通量测量抽屉通过同轴信号电缆和驱动电缆给探测器加偏置电压。探测器沿连接管、组选器、路选器、电动阀和指套管提供的路径以高速将探测器推至距堆芯底部 20 cm 处，然后以低速(3 米/分)将探测器推到堆芯顶部。在上行穿过堆芯的过程中，系统测量堆芯中子通量的最大值，确定最适合的测量量程。当探测器到达堆顶时，堆芯核测系统与 KIT 系统进行数据通讯，接收 KIT 数据。

驱动单元以选择好的速度抽出探测器，用上行段确定的量程每 8 个编码点采集一次数据，下行经过堆芯，堆芯长度上 3 968 个编码点，每个探测器下行测量一次共采集 496 个数据。到达堆芯底部后，采集 16 个数据，确定本底噪声。然后将探测器以高速回抽到初始位置，相应的电动阀关闭。根据选择好的测量顺序自动或手动的进行下一次测量。

所有测量结束后，探测器回抽到初始位置，相应电动阀关闭，组选器旋转到保存通道的位置，探测器高速回到保存通道。

正常运行分为两个阶段：第一阶段称校准阶段，正常时采用循环相互校准，即4个探测器都插入到相邻组的第 1 路中进行相互校准,若循环相互校准不能进行(如某个探测器故障),则采用参考把探测器依次插入第 3 组通道中 26 号通道进行相互校准。第二阶段为实际读出阶段,这个阶段可以采用两种运行方式。

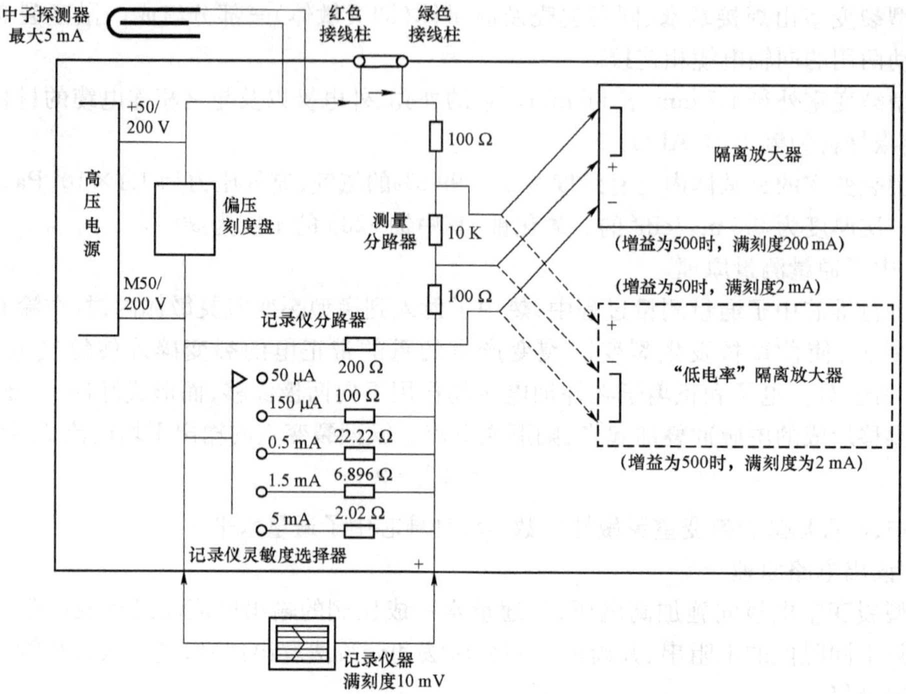

图 1-5 读出电路原理

组同步运行方式或组顺序同步运行方式。组同步运行方式下,4 组测量系统同步动作,无需操纵员干预即可完成测量工作,一个完整的通量测量工作大约需 2 h。组顺序同步方式下,操纵员可以停止同步程序的进程,然后再重新启动,以便操纵员作出判断。

当控制和读出机柜某一部件故障时,可使用"一个通道由另一个通道备用"的工作方式,即用余下的 3 组测量装置之一故障组的 10 个或 8 个通道进行测量。4 组测量装置可以不全部同步使用,也可单独使用。

1.2 工器具准备

工器具准备见表 1-2。

表 1-2 工器具准备

工器具名称	规格型号	数量	用途
万用表	FLUKE179	2	测量端子的通断
信号发生器	FLUKE744	1	接线端子加模拟信号
专用内六角扳手		1	FBM 卡件的拆卸和安装
一字/十字螺丝刀		2	端子接线的拆卸与恢复

1.3 模拟体准备

无。

1.4 辐射防护准备

无。

1.5 工业安全准备

无。

1.6 配合人员准备

无。

1.7 场地准备

现场铺设白布用于摆放工器具;铺设橡胶板,合理分配场地,确保工具、设备的合理分布,方便检修;在场地外围布置警示带。

第二章　操作实施

2.1　操作实施 1　启动中子通量测量柜

启动中子通量测量柜操作见表 2-1。

表 2-1　启动中子通量测量柜

序号	操作步骤	操作要求	操作工器具	测评标准
1	220 V 主电源上电	旋转 RIC214CC 到“1”位置，220 V 主电源(220 VAC main power supply)上电	中子通量测量柜	信号设置正常，显示正常
2	48 V 直流电源上电	旋转 RIC300CC 到“1”位置，48 V 直流电源(48 VDC main power supply)上电	中子通量测量柜	信号设置正常，显示正常
3	系统自检	RIC 计算机处于初始化状态，包括控制器和监视器自检	中子通量测量柜	信号设置正常，显示正常
4	系统自检	显示屏 001HV 进入 WINDOWS 界面，运行 SUP MMI 软件，输入密码进入系统自检界面	中子通量测量柜	信号设置正常，显示正常
5	设备功能确认	确认 self-tests results 界面显示所有自检结果均正常	中子通量测量柜	信号设置正常，显示正常

2.2　操作实施 2　通量图绘制

通量图绘制操作见表 2-2。

表 2-2　通量图绘制

序号	操作步骤	操作要求	工器具	测评标准
1	在 self-tests results 界面点击 F3-Commands，然后选择“Campaign”进入 Campaign launching orresumption 界面	严格按照步骤进行操作，同组人员做好互检	无	遗漏步骤或工作小组未进行互检“−1”分
2	选择 Campaign program 为“Standard scan/high speed”	严格按照步骤进行操作，同组人员做好互检	无	遗漏步骤或工作小组未进行互检“−1”分

续表

序号	操作步骤	操作要求	工器具	测评标准
3	修改 campaign designation(测量动作名称)、number(序号)、Reactor power(反应堆功率)等参数,选择 Execution type(执行类型)为 Sequential campaign(连续测量),根据情况可选择 DCS Data recording(DCS 数据记录)	严格按照步骤进行操作,同组人员做好互检	无	遗漏步骤或工作小组未进行互检"−1"分
4	点击 F10-Execution,执行通量测量	严格按照步骤进行操作,同组人员做好互检	无	遗漏步骤或工作小组未进行互检"−1"分
5	此时可以按 F9 退至 self-tests results 界面点击 F2-Electromechanisms 查看执行情况	严格按照步骤进行操作,同组人员做好互检	无	遗漏步骤或工作小组未进行互检"−1"分
6	等待通量图制作完成,该过程为自动的	严格按照步骤进行操作,同组人员做好互检	无	遗漏步骤或工作小组未进行互检"−1"分

2.3　操作实施 3　参数修改

参数修改见表 2-3。

表 2-3　参数修改

序号	操作步骤	操作要求	工器具	测评标准
1	在 self-tests results 界面点击 F5-Archives,然后选择 CEDRIC output file 进入 Generation of the output data CEDRIC 界面,选择定义的测量动作名称	严格按照步骤进行操作,同组人员做好互检	无	遗漏步骤或工作小组未进行互检"−1"分
2	选择 fuel depletion value(burn up),修改燃耗值(该值由物理组提供)选择 boronconcentration in reactor coolant system,修改硼浓度(该值由物理组提供)	严格按照步骤进行操作,同组人员做好互检	无	遗漏步骤或工作小组未进行互检"−1"分
3	选择 power lever(reference heat balance measurement)(反应堆功率),修改功率值(该值由物理组提供)	严格按照步骤进行操作,同组人员做好互检	无	遗漏步骤或工作小组未进行互检"−1"分
4	选择 power control bank A position(A 控制棒棒位),修改 A 棒棒位值(该值由物理组提供)	严格按照步骤进行操作,同组人员做好互检	无	遗漏步骤或工作小组未进行互检"−1"分
5	选择 power control bank B position(B 控制棒棒位),修改 B 棒棒位值(该值由物理组提供)	严格按照步骤进行操作,同组人员做好互检	无	遗漏步骤或工作小组未进行互检"−1"分

续表

序号	操作步骤	操作要求	工器具	测评标准
6	选择 power control bank C position(C 控制棒棒位),修改 C 棒棒位值(该值由物理组提供)	严格按照步骤进行操作,同组人员做好互检	无	遗漏步骤或工作小组未进行互检"-1"分
7	选择 power control bank D position(D 控制棒棒位),修改 D 棒棒位值(该值由物理组提供)	严格按照步骤进行操作,同组人员做好互检	无	遗漏步骤或工作小组未进行互检"-1"分
8	如有必要,填写注释 comments	严格按照步骤进行操作,同组人员做好互检	无	遗漏步骤或工作小组未进行互检"-1"分

2.4 操作实施 4 拷贝数据

拷贝数据见表 2-4。

表 2-4 拷贝数据

序号	操作步骤	操作要求	工器具	测评标准
1	打开 C:\RIC\CEDRIC,把测量生成文件(文件号于修改后的文件号相同,也可以根据文件生成的时间查找)拷贝到移动存储设备,同时拷贝到备份文件夹	严格按照步骤进行操作,同组人员做好互检	无	遗漏步骤或工作小组未进行互检"-1"分
2	取出移动存储设备,交还物理组	严格按照步骤进行操作,同组人员做好互检	无	遗漏步骤或工作小组未进行互检"-1"分

第三章　故障检查和处理

常见故障现象和判断方法检查和处理见表 3-1。

表 3-1　常见故障现象和判断方法检查和处理

现象	解决方法
在探测器插入堆芯的过程中，探测器被阻塞，出现 jam 的警告	首先回抽探测器，尝试继续通过
	若多次回抽后依然显示 jam，则判断此位置是否影响探测，若不影响，则每次取消报警后继续，若影响，则修改探测步骤，不测量这个通道
	若长时间的发生 jam，则可能是此处连接管的弯度过大，需要就地修正连接管弯度
中子通量测量开始后（RIC001AR 机柜 48 VDC 开关开启），LCA 绝缘低报警	首先关闭 48 VDC 开关，观察绝缘低报是否消失，确定是否是由 RIC 引起
	确定是 RIC 引起的问题后，中止探测
	就地测量 48 VDC 下游各个设备，确定是由哪个设备造成的绝缘低，并及时更换，不方便更换的做断开处理，并软件闭锁该设备

第四章 操作结束

4.1 总结培训过程

堆芯核测系统包括堆内中子通量测量、堆芯水位测量、堆芯温度测量三部分。通过本教材的学习,使学员了解系统硬件、软件、掌握日常试验方法。

4.2 评判

学员对解体过程进行阐述,并说明其中的关键点以及注意事项。教员对学员的陈述简要记录,根据阐述评判学员的掌握情况。教员指出学员阐述过程中的错误以及需要注意的事项,并且依据评判表,对学员的学习情况做出整体评判。

4.3 清理现场

工作结束后,做到工完料尽场地清。工具整理并与工具清单进行对比,确保工具无缺失,并检查工具的可用性,记录损坏情况并汇报。对更换的领料物资与领料单进行核实,确保所有可更换的物资已更换。清理工作过程中的耗材,进行分类处理,放置到对应的塑料袋中。清理现场的塑料布,橡胶板,必要时用白布清理现场。

4.4 工后会

工后会是对整个工作的过程的回顾以及必要的经验反馈。

回顾工作过程:工作许可证已归还,场地已清理,设备标牌完好,对检修任务进行评价,是否达到预期的目的,试验设备与工器具已经归还。

第五章　经验反馈

事件概述:在探测器插入堆芯的过程中,探测器被阻塞,出现 jam 的警告。

处理方法:

1）首先回抽探测器,尝试继续通过。

2）若多次回抽后依然显示 jam,则判断此位置是否影响探测,若不影响,则每次取消报警后继续,若影响,则修改探测步骤,不测量这个通道。

后续处理:

大修期间就地修正连接管弯度。

第六章　习　题

6.1　选择题(每题 5 分)

1. 堆芯温度测量系统的功能。(ABCD)

A. 提供 30 个堆芯热电偶的温度信息

B. 计算并显示饱和温度

C. 探测反应堆径向功率不平衡

D. 发现与自身棒组分离的棒束

2. 中子通量测量系统启堆期间的功能。(ABCD)

A. 检查寿期初堆芯功率分布是否与设计期望的功率分布相符

B. 检查用于事故工况设计的热管因子是否是保守的

C. 校准堆外核测量仪表系统(RPN)

D. 探测反应堆在装料中可能出现的差错

3. 驱动装置通过驱动螺旋形电缆来移动与其相连的探测器,它由(ABCD)安全装置和加热元件组成。

A. 电动机　　B. 驱动轮

C. 存贮卷盘　　D. 位置发送器

6.2　填空(每题 5 分)

1. 反应堆压力容器水位监测的目的是向操纵员提供明确、可靠的反应堆压力容器内________、________,尤其是在事故工况之下监测堆芯燃料的淹没情况。

答:水位;压差信息

2. 微型裂变室电极间施加________,与通量水平成比例的输出电流流经负载________。负载电阻由数只不同阻值的电阻串、并而成。用________和________取出信号,进行放大再输往计算机或送往记录仪。

答:高电压;电阻;分压法;分流法

3. 密封段的主要功能是密封指套管外壁和导向管内壁之间的一回路冷却剂,用来保证导向管和指套管之间的________和________密封。

答:静态;动态

4. 在反应堆正常运行期间,中子通量测量系统是________工作的。

答:间断

6.3 简答题(5 分)

中子通量测量系统正常运行时的功能？
1）检查与燃耗对应的功率分布是否与设计所期望的功率分布相符；
2）监测各燃料组件的燃耗；
3）校准堆外核测量仪表；
4）探测堆芯是否偏离正常运行。

6.4 实操题(15 分)

鉴定点:通量图绘制
试题 1:通量图绘制
1. 准备要求
考场准备:
(1) 试题名称:通量图绘制
(2) 本题分值:15
(3) 考核时间:30 min
(4) 考核形式:实操
(5) 设备设施准备:

序号	名称	规格	单位	数量	备注
1	模拟体		台	1	教学用模拟体一台
2	万用表	FLUKE179	把	1	测量端子的通断
3	规程				

考生准备:
(1) 试题名称:通量图绘制
(2) 本题分值:15
(3) 考核时间:30 min
(4) 考核形式:实操
(5) 工具及其他准备:无
2. 考核要求
(1) 本题分值:15
(2) 考核时间:5 min
(3) 考核形式:实操
(4) 具体考核要求:通量图绘制,掌握工作过程大致步骤
(5) 否定项说明:无

3. 配分与评分标准

序号	考核内容	考核要点	配分	评分标准	扣分	得分
1	在self-tests results界面点击F3-Commands，然后选择“Campaign”进入 Campaign launching or resumption界面	确定做好必要保护措施，避免影响设备运行	3	操作错误-3		
2	选择 Campaign program 为“Standard scan/highspeed”	是否了该项任务的操作	2	操作错误-2		
3	修改 campaign designation(测量动作名称)、number(序号)、Reactor power(反应堆功率)等参数，选择 Execution type(执行类型)为 Sequential campaign(连续测量)，根据情况可选择DCS Data recording(DCS数据记录)	是否了解模块作用	3	操作错误-3		
4	点击 F10-Execution，执行通量测量	了解测试步骤	2	操作错误-2		
5	此时可以按 F9 退至 self-tests results 界面点击 F2-Electromechanisms 查看执行情况	了解测试步骤	3	操作错误-3		
6	等待通量图制作完成，该过程为自动的	了解测试步骤	3	操作错误-3		

否定项：零部件损坏

评分人：　　年　　月　　日　　　　　　　　　　　　核分人：　　年　　月　　日

第七部分　棒控棒位系统日常及大修试验

第一章　系统知识

1.1　概述

1.1.1　反应堆堆芯与控制棒介绍

秦山二期工程采用加压轻水堆,堆芯由 121 个燃料组件组成。每个燃料组件内含有呈 17×17 方形排列的 264 根燃料棒,它们由堆芯下栅格板和堆芯上栅格板定位,另有 24 个可放置控制棒、可燃毒物棒或中子源的导向管和 1 个仪表导向管。每根燃料棒由烧结的二氧化铀(UO_2)芯块装在锆(^{4}Zr)合金包壳内组成。121 个燃料组件按铀(^{235}U)的富集度的不同,分为三个区域,其富集度由里向外增加,最高富集度的组件装在堆芯外围,较低富集度的两种组件按照不完全棋盘格式排列在堆芯内区,以展平堆芯的径向中子通量分布。

控制棒的结构与燃料棒的相似,内含吸收剂芯块,外部有不锈钢包壳,防止吸收剂与冷却剂接触发生反应。秦山二期应用的控制棒均为黑棒,内部包含吸收热中子能力很强的芯块,芯块由银-铟-铬合金制成,重量百分比为 80:15:5。24 根控制棒固定在用于悬挂控制棒的星形架上,星形架上端可与 CRDM 的驱动轴连接。

黑棒组件吸收中子的能力很强,它的快速大幅移动会引起较大的功率分布畸变,所以它不能用于快速调节功率。如果堆内全使用黑棒组件,反应堆功率就不能进行快速调节,相应的运行模式称为 A 模式;控制棒是用以调节反应堆功率的最重要、最灵活的手段。

停堆断路器打开后,驱动机构动力电源被切断,在重力作用下,所有停堆棒和调节棒都迅速(约 2 s)掉入堆芯。

堆芯燃料组件中布置有 33 束控制棒。其中有 8 束是停堆棒束,反应堆正常运行时提到堆顶,停堆时才从堆顶掉落,加大停堆裕度。其他 25 束是调节棒束,分为 A、B、C、D 四组,其中 D 组为主调节棒组,用于调节反应堆功率。

8 个停堆棒束编成一个棒组——Sa,Sa 又分为 Sa1 和 Sa2 两个子组,每个子组包含 4 个棒束。25 个调节棒束编为 A、B、C、D 四个棒组,A、B、C 三个棒组又各分为 1、2 两个子组,D

组只有1个子组;A1、A2、B1、B2、C1、D各含4个棒束,C2只含1个棒束。

同子组棒束在堆内对称布置。正常情况下同子组棒束同时运行,同组的两个子组相差半个周期运行。通过这样的布置和控制,可以避免棒束的运行过度影响功率径向分布。下面还要提到,通过将调节棒束分组,各棒组按一定的顺序重迭运行,可以减小棒束运行引起的轴向功率分布偏差。

1.1.2　控制棒驱动机构

控制棒驱动机构(CRDM)是棒控系统的执行机构。棒控系统向CRDM传送一定时序的电信号,控制控制棒的提升、保持或下插。提升控制棒束,增加反应堆裂变率,并提高了反应堆的产热量;下插控制棒束,反应堆裂变率下降,从而降低了热输出。精确地棒束控制是必要的。

控制棒驱动机构是一种完全防漏磁的磁力提升装置。它有三个电磁极,当按控制顺序对其通电后,将提升、保持、下插控制棒束在堆芯的合适位置。磁极的吸合或断开导致移动或者保持钩爪啮合到CRDM驱动杆环形槽内,或者从其中脱开。驱动杆与控制棒束机械地连接。控制棒的运行是步进式的。

在反应堆或者反应堆厂房条件发生不利的情况下,控制棒能迅速落到堆芯底部而导致停堆。这是靠切断CRDM的电源来实现,这时所有钩爪从驱动杆里脱开,依靠重力作用,驱动杆带着控制棒束一起下落并使所有控制棒束插入堆芯底部。停堆信号可以手动触发,或者由反应堆保护系统自动触发。

1.1.3　控制模式(A模式)

控制模式是反应堆操作时的一种方案,按照这种方案,操纵人员在确保整个装置安全运行在允许范围内的同时,使机组输出功率很好地适应电网需要。

压水堆核电站在发展初期,是作为带基本负荷的电厂运行的,即连续以可靠的最大功率运行,所考虑的控制模式是采用强吸收中子的调节棒束——黑棒束,其功率能以较大的变化速度进行调节,但引起的通量密度畸变也很大,这种控制模式称为A模式。

通过平均温度控制系统使棒束型控制棒组件以自动的方式移动,保持反应堆处于临界。同时,为了限制功率分布的轴向偏差,运行人员采用手动操作方式来改变硼浓度,以限制调节棒的移动。改变硼浓度是为了补偿燃耗、由氙引起的反应性变化,在功率变化很大的过程中补偿功率效应。

应用A控制模式,主要优点如下。

1) 运行简便,只有一个调节回路,正常运行时只需改变硼浓度。

2) 控制棒组件的插入数量少,径向和轴向的燃耗都相当均匀,通过标准的操作程序可极方便地保证停堆深度。

A控制模式的缺点是:由于控制棒组件的插入很少,当要增加功率时就要投入化学和容积控制系统,功率提升速度随燃料循环而有规律地下降,另外,这一运行模式只能满足±5%Pn/min线性和±10%Pn阶跃的功率变化。

一般来说,以A模式运行的核电厂不进行负荷跟踪,但是为了满足核电厂功率变化机动性要求,因而要求其具有一定的负荷跟踪能力。要求在80%循环长度内能进行功率变化形式为

12-3-6-3 的日负荷跟踪，即反应堆在 12 h 满功率运行后在 3 h 内功率以线性变化降到 50%FP，在 50%FP 下运行 6 h 后又在 3 h 内功率线性增长到满功率水平，以适应电网日负荷变化的要求。负荷跟踪还应具有 5%FP/min 线性功率变化及 10%FP 阶跃功率变化的调节能力。负荷跟踪是通过改变功率调节棒束的位置和可溶硼浓度实现的，其棒位由反应堆输出电功率来确定，即不同功率水平时的棒位依据控制棒刻度曲线来实现，刻度曲线是随燃耗的变化而变化的。

1.1.4　与其他系统的联系

RAM：棒电源机组，向电源拒和控制逻辑拒提供 AC 260 V 控制电源，以及三相 AC 260 V 动力电源。

RRM：CRDM 通风系统，通过 RRM 001 ID 得到 CRDM 的环境温度。

KIT：RGL 向 KIT（电站计算机）提供故障信息，控制棒测量位置等数据。

RPR：反应堆保护系统。电动-发电机机组（RAM）通过 2 个冗余的反应堆停堆断路器给 CRDMs 供电。在事故下断路器中断供电，使所有的棒束靠重力掉入堆芯。

中间区中子注量率测量通道 1 和 2 旁通时，经 RPR 向 RGL 中继电路传输两个信号，这些信号解除由 Cl 产生的禁止控制棒提升。

RPR 发出一个信号，指示通道 1 和 2 手动禁止，解除由 Cl 产生的禁止控制棒提升。

RCP：RCP 系统给 RGL 系统传送一回路温度信号，在自动方式运行时，这个信号用于棒运动速度和方向选择控制。该信号是二条环路的平均温度高选信号。

RCP 给 RGL 仪表设备传输数据，这些数据用于计算控制棒插入限制。它包括：

1）二条环路冷却剂最高的平均温度；

2）二条环路冷却剂最高的ΔT（热端与冷端之间的温差）。

RCP 给 RGL 中继电路传送控制棒禁止提升的信号，这些信号是：

1）超温信号ΔT（每条环路二个）C3；

2）超功率信号ΔT（每条环路二个）C4。

GRE：GRE 给 RGL 传送数据，此数据用于 CRDM 控制的自动调节。这些数据是汽机一级压力数据，它代表汽机功率。

RGL 系统把汽机降负荷信号传送给 GRE 系统，此信号由 C3、C4、C21、C22 信号的一个来触发。

RPN：RPN 给 RGL 过程仪表柜传送数据，在自动运行时，这些数据用于调节棒位。

RPN 给 RGL 中继电路传送禁止控制棒提升有关信号。这些信号是：

1）中间区中子注量率高（通道 1 和通道 2 各一个）；

2）功率区中子注量率高（4 个通道各一个）。

RGL 接收来自 RPN 的功率水平通道闭锁信号（4 个）。

LNE：向棒位位置测量柜和处理柜提供 AC 220 V 控制电源。

LMA：向电源柜和控制逻辑柜提供 AC 220 V 控制电源。

LCA：向仪器仪表和中继电路柜提供 DC 48 V 控制电源。

1.1.5　棒控系统

棒控系统主要由控制逻辑柜（UP）、电源柜（EEC）、中继电路、控制棒驱动机构（CRDM）

和主控室的操作开关、指示灯组成。

1) 控制逻辑柜(UP)

控制逻辑柜接受来自控制室和功率调节系统的动棒指令和自动棒速信号，并接受来自中继电路的提棒允许信号连锁。逻辑柜根据内部逻辑判断控制室指令是否符合动棒程序，并向棒控电源柜输出控制棒移动指令，电源柜完成移动时序后向逻辑柜返回“已执行”信号(循环在进行)。

控制逻辑柜主要由输入输出接口卡件、一套有两台互为备用的CPU机架的PLC设备和带有监控界面的工控机组成。由PLC设备完成逻辑柜的逻辑功能。

2) 棒组运行方式

堆芯布置的33束控制棒分为停堆棒束(8束)和调节棒束(25束)，停堆棒束定义为SA组；而调节棒束分为A、B、C、D四个棒组。停堆棒组运行方式有三种：手动、失步校正1、失步校正2；调节棒组运行方式有四种：自动、手动、失步校正1、失步校正2。

① 正常运行过程

为了防止卡棒，当反应堆停堆断路器闭合后，所有控制棒被提升至5步。而插入控制棒时，当控制棒插入到5步后自动停止。所以，下面的控制棒运行过程的叙述，是基于所有控制棒均已经提升至5步的前提下的。

在正常运行期间，停堆棒组以单独方式运行。停堆棒组按照预定的速度手动运行，运行方向由操纵员控制。

在正常运行期间，停堆棒组提升至堆顶(225步)后，控制棒组才能提升。控制棒组A、B、C、D是以重迭方式运行的。提升时按照A、B、C、D的顺序进行，在A棒组提升至一定位置后，B组与A组同时提升，A组到达225步自动停止后B组继续提升。C组、D组同样按照前面的程序进行。在插入过程中按相反的顺序进行。

控制棒组手动方式运行的速度在控制逻辑柜的“速度调整”组件上调整，一般情况下为“48步/分”。在自动运行方式下，速度和方向由功率调节系统确定。所有控制棒运行指令受连锁信号控制。

D棒组的提升上限为C11，现设定为224步。

功率控制棒组运行方式转换为“自动”的前提条件是堆功率＞15%FP(C20信号不出现)。

② 失步校正运行方式

失步校正运行不受重叠步运行程序的控制。该运行方式只与一个棒组有关，其余的棒组保持在原位不动。棒的移动命令由操纵员给出，移动速度是预定的，可以在控制逻辑柜上对其调整。移动指令受连锁信号控制。

失步校正分为两种：失步校正1、失步校正2。

失步校正1为相对子组来校正某个单棒的位置，而整个棒组的给定位置计数器保持不变。

失步校正2是相对某个棒束校正棒组的位置，失步校正操作的同时给定位置计数器同时增减。

失步校正运行方式有一专用的计数器，该计数器显示棒的失步校正运行步数，并设有“复位”开关。

失步校正1方式也用于控制棒的定期试验。

失步校正2方式是控制棒由0步提升至5步的运行方式

3）棒组运行顺序

一旦反应堆停堆断路器闭合，只要逻辑柜和电源柜具备运行条件，就应将所有棒组以失步校正方式 2 提升到 5 步（到 5 步自动停止）；从 5 步插入到 0 步，只能通过打开反应堆停堆断路器，切断驱动机构的动力电源才能实现。这是为了防止控制棒被卡在堆底（缓冲段内）。

启堆时，首先将停堆棒组提升到堆顶（225 步）。在正常的功率运行期间，需对其进行定期试验，以失步校正 2 方式插入几步后再返回到 225 步；在其他时候它一直保持在 225 步位置。如果 A 组调节棒没有插到 5 步，就不能以手动方式插入停堆棒组。

在堆功率小于 15%FP 时，功率调节棒组只能以手动或失步校正方式运行。

要以非失步校正 1 方式将调节棒组从 5 步开始提升，只有在停堆棒组完全提升后才能进行。从 5 步到 225 步，调节棒组按重迭程序运行。

调节棒的提升和下插顺序为重叠方式进行。提升时以 A，B，C，D 的顺序提升，重叠步数为 95，95，95。插入顺序为 D，C，B，A。重叠步数也为 95 步。叠步的目的是减少堆芯轴向功率分布扰动，提高微分价值。

调节棒组的提升前提是停堆棒组已提升至 225 步位置（到顶）。A 组开始提升，A 组提升 125 步（到达 130 步）后 B 组开始同时提升；A 组到达提升上限（225 步）后自动停止，B 组则继续提升；B 组提升 125 步（到达 130 步）后 C 组开始同时提升；B 组到达提升上限（225 步）后自动停止，C 组则继续提升；C 组提升 125 步（到达 130 步）后 D 组开始同时提升；C 组到达提升上限（225 步）后自动停止，D 组则继续提升；D 组到达 C11 定值（224 步）后自动停止。而插入过程相反。

4）逻辑柜外部信号概述

① 来自控制室的信号

主控室发出的运行指令是通过操作选择开关而进行的，在控制室的开关和输出信号。

棒组	开关号	中文名称	信号名称
停堆棒	RGL 001 CC	停堆棒组运行方式选择开关	手动
			失步校正 1
			失步校正 2
	RGL 002 CC	停堆棒组升/降选择开关	提升
			插入
	RGL 003 CC	停堆棒组选择开关	SA
			空
调节棒组	RGL 004 CC	控制棒组运行方式选择开关	手动
			自动
			失步校正 1
			失步校正 2

续表

棒组	开关号	中文名称	信号名称
调节棒组	RGL 005 CC	控制棒组升/降选择开关	提升
			插入
	RGL 006 CC	控制棒组选择开关	A
			B
			C
			D

② 来自中继电路的棒束运行联锁信号

棒束运行联锁信号主要指来自中继电路的棒停止联锁信号：

“停堆棒组手动提升允许”；

“调节棒组手动提升允许”；

“调节棒组自动提升允许”。

广义的联锁信号还包括位置联锁信号：在棒控逻辑柜内部产生的C11——D棒组达到运行上限(224 步)，和为实现运行顺序而设置的停堆棒、调节棒之间以及调节棒各棒组之间的位置关系。

如果停堆棒组没有提升到225步，将禁止以手动、自动或失步校正2方式提升调节棒组；如果A组调节棒没有插到5步，将禁止以手动方式插入停堆棒组。

③ 关于电源柜运行状况的信号

九个电源柜的“控制电源故障”信号(常闭触点)串联送给逻辑柜；电源柜发生控制电源故障并不影响逻辑柜向其发送运行指令，有控制电源故障的棒组仍能移动。控制停堆棒运行的某个电源柜(011AR或012AR)发生紧急故障时，所有停堆棒束不能移动；控制调节棒运行的某个电源柜(013-019AR)发生紧急故障时，所有调节棒束不能移动。操作相应电源柜上的“故障禁止开关”可以允许无故障的棒组运行，但故障棒组的两个子组仍不能移动，直到故障源消失。例如：A1 电源柜发生紧急故障后所有调节棒束都不能移动，013AR 故障禁止后，B、C、D组棒束可以移动，但A1、A2棒束仍不能移动。

5) 动棒联锁控制——中继电路

RGL中继电路从RPR、RPN、RCP等系统接受反应反应堆运行状况的信号，堆运行状况有恶化或不可控的趋势时，产生信号禁止棒束提升、启动汽机降负荷；另外，它还与 RRC 中最终功率定值形成逻辑有关。

6) 中继电路中涉及的信号

C1：中间量程中子注量率高(RPN，20%FP)，二取一信号，禁止手动和自动提升控制棒。

C2：功率量程中子注量率高(RPN，103%FP)，四取一信号，禁止手动和自动提升控制棒。

C3：超温ΔT超过定值(RCP，2/4)，禁止手动和自动提棒，汽机快速降负荷。

C4：超功率ΔT超过定值(RCP，2/4)，禁止手动和自动提棒，汽机快速降负荷。

C20：堆功率＜15%FP，闭锁自动提升调节棒组。

C21:堆轴向功率偏差达到运行区边界,汽机快速降负荷。

C22:反应堆低选平均温度低,汽机快速降负荷。

C1a:中间量程 1 不可用,信号来自 RPR 系统,在 RPN 系统中是中间量程的 REACTOR TRIP BYPASS 信号。

C1b:中间量程 2 不可用,同 C1a。

C1c:中间量程停棒闭锁。C1c 出现后,禁止触发因 C1 信号引起的停棒(ROD STOP)信号;该信号来自 RPR 系统,是在反应堆功率大于 P10(10%FP)后通过 127CC 闭锁中间量程停堆信号而产生的,同时该信号闭锁中间量程停堆。

C8(汽机刹车)与外电网跳闸:信号到 RRC 系统,触发最终功率定值保持功能。

P4:停堆断路器打开。

7) 中继电路送到棒控逻辑柜的信号

停堆棒组手动提升允许:在无 C1、C2、C3、C4、P4 时产生;

调节棒组手动提升允许:在无 C1、C2、C3、C4、P4 时产生;

调节棒组自动提升允许:在无 C1、C2、C3、C4、C20、P4 时产生;

停堆断路器打开:P4。

8) 到 GRE 系统的汽机快速降负荷信号

汽机快速降负荷信号:C3,C4、C21(未禁止)、C22(未禁止)出现时触发。

C21 来自 RPN 系统 RPDM 机柜,运行点达到运行图边缘时产生,RGL201CV 处在“禁止”位置时可以禁止其起作用。

C22 来自反应堆功率调节系统过程仪表,冷却剂平均温度低时产生,RGL202CV 处在“禁止”位置时可以禁止其起作用。

RGL 203 CV 处在“停或试验”位置时可以禁止汽机降负荷信号起作用。降负荷信号出现且未受禁止时汽机降负荷开始。

负荷下降规律是:每 30 s 以 200%FP/分的速度降负荷 1.5 s,停止 28.5 s;直到降负荷信号解除。

在原设计中,中继电路产生降负荷脉冲输出到 GRE 系统。调试期间将此功能更改为电平信号输出,脉冲信号由 GRE 系统中处理。

9) 最终功率定值切换信号

C8(汽机刹车)与外电网跳闸信号送往反应堆功率调节系统,参与最终功率值形成逻辑。输出信号(继电器常开触点)断开时,最终功率定值=Max{汽机功率,P_0(零负荷定值)};输出信号闭合时,闭合时刻的汽机功率 P 被记忆下来,

最终功率定值=Max{汽机功率,Min{P,P_1 定值(20%FP)}}。

信号由记忆继电器输出,汽机跳闸(C8)或 GEC 电路断路器开路时记忆继电器置位,输出触点闭合;RRC 最终功率定值形成电路中“汽机功率”>Min{P,P_1 定值(20%FP)} 时记忆继电器复位,输出触点断开。

1.1.6 CRDM 的供电设备——电源柜

电源柜是 CRDM 线圈的电源控制装置。二期工程电源柜采用两联柜结构,而电路上则采用了“一带一”方式,即一个驱动机构的线圈由一组控制机箱来控制。在其他电站中也使用一种“一带四”的控制方式,一组机箱控制四束控制棒的驱动机构线圈,相对而言,一带四

的方式节省空间和设备费用，一带一则可靠性更高。

电源柜是逻辑柜的执行设备，完成逻辑柜传送的指令。电源柜由一个 PLC 机架、一个 0 号机箱和四组控制机箱组成。PLC 接受到逻辑柜的移动指令，并将移动指令转换成响应的动作脉冲指令传送到控制机箱。在控制机箱中完成逻辑指令到大电流信号的输出。电源机箱接受来自 PLC 的指令，包括大电流、小电流指令，并且按照一定的时序控制。电源柜接到指令后调整成模拟的电压，波形如图 1-1 所示。

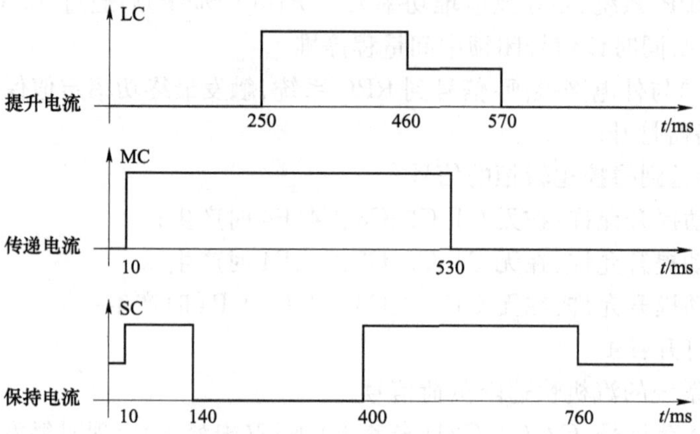

图 1-1 CRDM 提升电流时序

上述电压信号通过转换，转变成控制可控硅的控制脉冲，调节可控硅导通的时间，结果输出到线圈的电流信号如图 1-2。此处应用三相可控硅整流技术。电源采用三相 260 V 交流电源(动力电源)。各线圈电流大小见表 1-1。

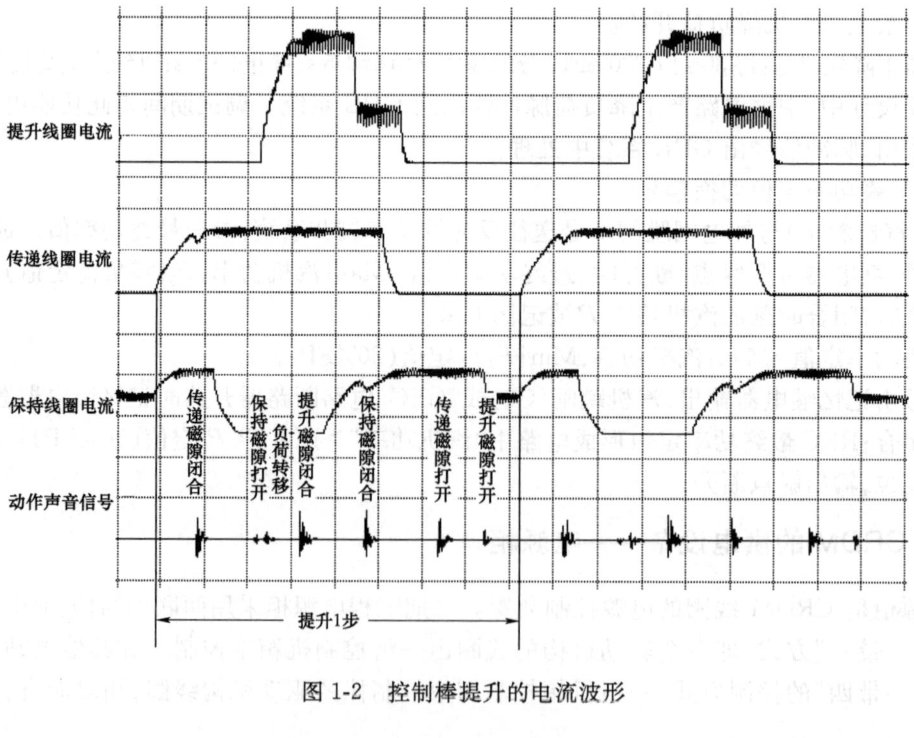

图 1-2 控制棒提升的电流波形

表 1-1　各线圈电流大小

	提升线圈	传递线圈	保持线圈
大电流/A	40±1.6	8±0.3	8±0.3
小电流/A	16±0.6	4.7±0.2	4.7±0.2

提示：我们可以通过波形判断此时的控制棒是在提升还是插入，首先要看提升电流信号出现时传递电流的情况，如果传递电流有，则是提棒动作；否则为插棒动作。当然，这仅仅是一种简单的判断方式，整个动棒过程时序是否正确，要仔细比较才能查看出来。

1.1.7　电源柜设备

首先介绍一下电源柜的设备构成，我们已经知道电源柜有 13 个机箱和一个 PLC 机架，0 号机箱是固定在机柜上的，其他 12 个电源机箱可以拔出更换和维修。

电源柜的控制电源由两路冗余交流电源供电，单相 220 V 和两相 260 V，对应的在电源柜上有两个电源指示灯，灯亮表示电源已经连接到机柜。通过电源开关控制电源柜两侧的电源供电。交流电源在机柜底板内变压、整流后输出 24 V 直流电源，直接输出到各机箱左侧的电源插件，电源插件降压、滤波后输出±15 V、+24 V 直流电源作为整个机箱的工作电源。两路交流电源分别供电至电源插件输出。

电源插件电路中设有电源检测装置，当输出电源出现故障时触发报警信号，机柜左侧的电源故障触发故障综合Ⅰ插件出现非紧急报警指示，同时机柜的非紧急报警指示灯亮。故障综合Ⅱ插件指示右侧电源故障。所有机柜的非紧急报警输出到逻辑柜，逻辑柜输出 RGL 002 AA 报警信号。

电源柜另外设有输出电流的检测装置，为 12 块检测插件。检测输出电流的过大、缺相和保持、传递电流同时过小故障。电源柜另外的插件有定值插件、调节、移相、电流测量等，这里不再另外介绍。

棒控设备的配电

掌握设备供电的电路图是非常必要的。了解各个开关的功能、控制的设备，有利于对设备进行隔离操作。

棒控系统的电源开关柜安装于棒控设备间(W228/W268)，有三种电源：

- 一个二相交流 260 V 控制电源配电柜(RGL004TB)；
- 一个单相交流 220 V 控制电源配电柜(RGL005TB)；
- 一个三相交流 260 V 配电柜(RGL006TB)。此三相电源由电动-发电机组装置提供，并分配给 9 个电源柜(EEC)的每一个。

前两个配电柜为控制逻辑柜和电源柜提供冗余的控制电源。220 V 由 LMA 系统供给，260 V 由电动-发电机装置(RAM)系统供给。

当出现停堆触发信号，停堆断路器(RPA 300 JA、RPB 300 JA)打开，所有控制棒束的动力电源丧失，控制棒受重力作用落入堆芯。如果两种冗余的控制电源都丧失，同样动力电源的整流无法完成，控制棒也会坠落。

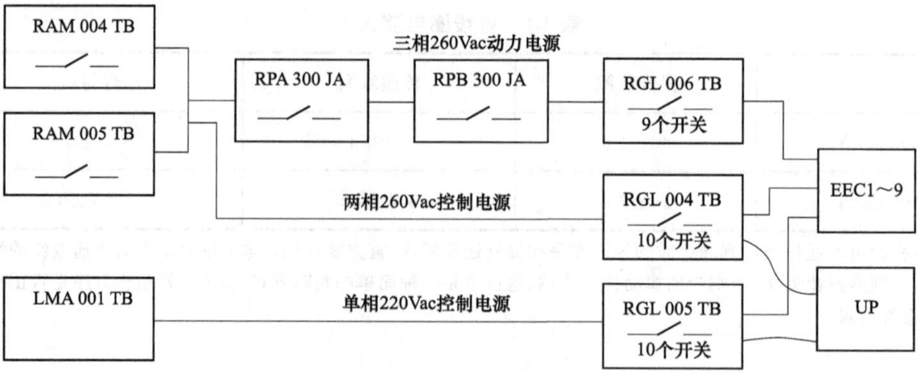

图 1-3 棒控系统电路图

1.1.8 电源柜的故障监测

电源柜是 CRDM 线圈的电源控制装置,电源柜向控制棒驱动机构送出电流信号。当输出电流过大且时间较长时,会影响 CRDM 的设备性能,严重时会损坏线圈。而电流变小后可能产生抓力不够而使控制棒滑落。所以对输出到 CRDM 线圈的电流进行监测是必要的。在电源柜中设置有以下故障检测。

提升机箱:提升电流过大报警、电流缺相报警、插件拔出报警;

传递机箱:传递电流过大报警、电流缺相报警、插件拔出报警;

保持机箱:保持电流过大报警、电流缺相报警、保传为零、插件拔出报警;

熔断器烧毁报警。

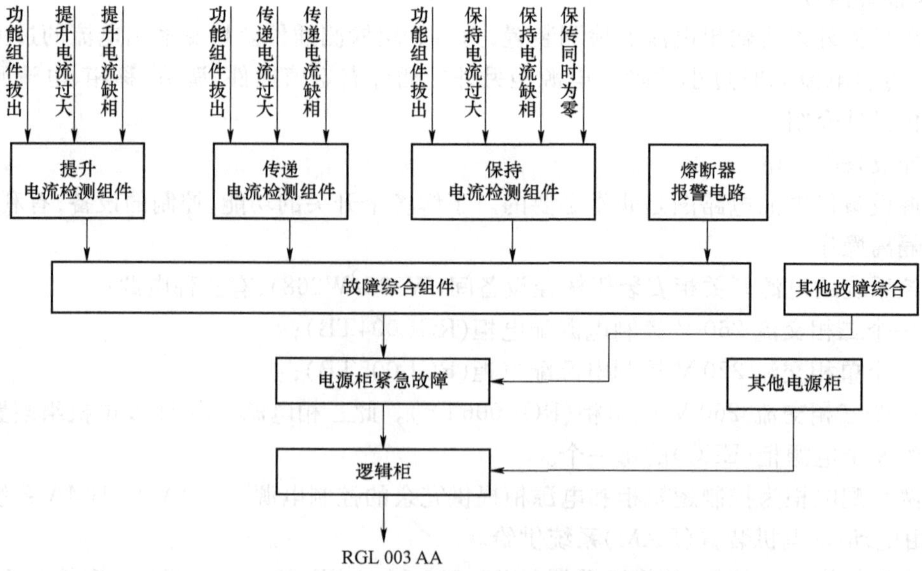

图 1-4 RGL 003 AA 故障信号的形成

上面叙述的是电源柜的紧急故障。图 1-4 中为一套电源机箱的故障检测。整个电源柜包括四套相同的电源机箱,他们的报警也是一样的。

需要强调的是，避免提升线圈长时间通电流。而提升线圈通大电流的时间限制为 3 s。电源柜的紧急故障触发主控室的 RGL 003 AA 指示灯。另外，电源柜还设有非紧急报警装置，主要检测控制电源的状态正常。

1）电源柜紧急故障的保护

在电源柜紧急故障状态下，为了防止控制棒的意外落棒，在紧急故障的响应中设置双重保持功能。

一旦电源柜出现紧急故障，程序自动触发双重保持功能，保持、传递线圈同时通大电流 300 ms，然后同时通小电流，直至紧急故障解除并经过操作人员的确认。

2）棒控系统报警信号

棒控系统向控制室传送 4 个报警信号。其中 RGL 002 AA(棒控系统控制电源或其他次要故障)报警不影响控制棒的可控性。RGL 001 AA(停堆棒组逻辑故障)报警信号出现将禁止停堆棒组移动，RGL 003 AA(控制棒组逻辑故障)报警信号出现将禁止有故障的控制棒组移动。

1.1.9 棒位测量系统

棒位测量系统用来获得棒束的实际位置、监视棒控系统的运行状况、完成控制棒束的精确定位。

棒位测量系统不用于产生保护或控制信号，其功能是向操纵员提供棒束位置信息；但是如果控制棒束有 25%以上发生位置故障，则要求操纵员降低反应堆功率并使反应堆处于热停堆状态。

棒位系统设备属于非核安全级。

秦山二期棒位系统设备包括 33 个棒位探测器，2 个测量柜，1 个分线柜，1 个处理柜和 1 个棒位显示屏(内含 33 个棒位显示模块)。测量柜用于提供、调节探测器原边线圈激磁电源，并对测量线圈感应电压信号进行处理，得到棒位格莱码信号，一方面送处理柜进行比较、处理，另一方面经光电隔离送主控室显示。

测量柜与处理柜之间的信号传送是分时进行的。处理柜每次选通一个子组，读取 4 个棒束(C2 子组只一束)的测量位置；将读取的测量位置进行相互比较，与低位、高位阈值及子组给定位置进行比较，棒束定位异常时触发报警。

1）测量原理

棒位探测器是利用电磁感应原理工作的。它主要包括原边线圈、测量线圈、辅助线圈、线圈骨架、密封壳及外套管，全长为 4 006 mm，内径 154 mm，外径 300 mm。原边线圈为一长螺线管，约 2 000 匝，线径 1.97 mm，沿整个行程绕制。测量线圈和辅助线圈都是副边线圈，每个 1 700 匝，宽 2 cm，线径 0.23 mm，与原边线圈共轴。原边线圈用于产生交变磁场，测量线圈用于形成棒位编码，辅助线圈用于原边电流调节。

工作时原边线圈由 50 Hz 的交流电源激励($i=I\cdot\sin\omega t$)，在探测器内部产生交变磁场($\phi=M\cdot i=k\cdot\mu\cdot I\cdot\sin\omega t$)，这一磁场使副边线圈中产生感应电压。

驱动轴由磁性材料制造，磁导率很大；而探测器密封壳、骨架、外套管以及探测器内的其他介质磁导率很低，这样测量线圈中有无驱动轴穿过感应出的电压(有效值)相差很大，通过监测某一位置的测量线圈感应电压即可获知驱动轴顶端在其上面还是在其下面。只要设置足够数量的测量线圈，监测各线圈的感应电压信号，就可以大致确定驱动轴——控制棒的位置。

2）测量线圈分组

为了大致确定控制棒的位置，必须设置足够数量的测量线圈。测量线圈的个数和间距要根据驱动轴行程的长度和希望达到的分辨率来确定。为了减少探测器与信号处理通道之间接线的数量，减少信号处理设备的数量，还必须对测量线圈进行分组。

秦山二期控制棒驱动轴每个机械步长度为 15.875 mm，全行程为 228 步。探测器分辨率为 8 步(127 mm)，测量线圈 31 个，分成 A、B、C、D、E 五个组，整个测量行程为 232 机械步。测量线圈分组是怎样进行的呢？

线圈按照位置从低到高编号，则各组线圈编号为：

E 组(第一组)线圈　16

D 组(第二组)线圈　8　24

C 组(第三组)线圈　4　12　20　28

B 组(第四组)线圈　2　6　10　14　18　22　26　30

A 组(第五组)线圈　1　3　5　7　9　11　13　15　17　19　21　23　25　27　29　31

3）格莱码

棒位编码方式基本上由线圈分组方式确定。A、B、C、D、E 五组线圈输出电压经过整形后成为五个电平信号 a、b、c、d、e，令 e、d、c、b、a 分别为 g4、g3、g2、g1、g0，组成编码 g=g4g3g2g1g0，作为对棒位的一种编码。因为棒束从一个区间移到相邻区间只有一个(组)线圈输出电压发生变化，所以相邻编码之间只有一位不同。具有这种性质的编码称为格莱码(GRAY 码)。

4）棒位格莱码与棒位指示灯、测量位置及标定区间

31 个测量线圈将整个测量行程分为 32 个区间：[0,8)、[8,16)、[16,24)、…、[248,256)，将它们从低到高编号为 0、1、2、…、31。

因为驱动轴实际行程只有 228 步，只需占用 30 个棒位区间，所以安装探测器时通常让探测器初始位置(驱动轴顶端)位于第一个区间——[8,16)，并将此区间定为探测器第 1 步；另外，即使棒束提升 228 步，也不会到达第 31 个区间——[248,256)，所以对应每个探测器，主控室棒位显示屏上只需设置 30 个指示灯，每个指示灯对应一个棒束可能达到的区间。将指示灯从下到上编号为 1、2、…、30，第 n 个指示灯亮表示棒束位于第 n 个测量区间(探测器步)。

棒束初始位置有关，所以棒位显示屏的标定也应该根据棒束初始位置进行。

如果棒束在底部时驱动轴顶端在第二个线圈(中点)以下 T_0 步的位置，则探测器理论界点为 $T_n = T_0 + (n-2) \times 8$，$n = 1$、2、…、31，第 n 个测量区间为 $[T_n, T_n+8)$，从而 Mn 应该标定为 T_n+4 步。

5）二进制码与格莱码之间的转换

将(E、D、C、B、A)看作对棒位灯号的一种编码令 e、d、c、b、a 分别为 g4、g3、g2、g1、g0，组成格莱码 g=g4g3g2g1g0。

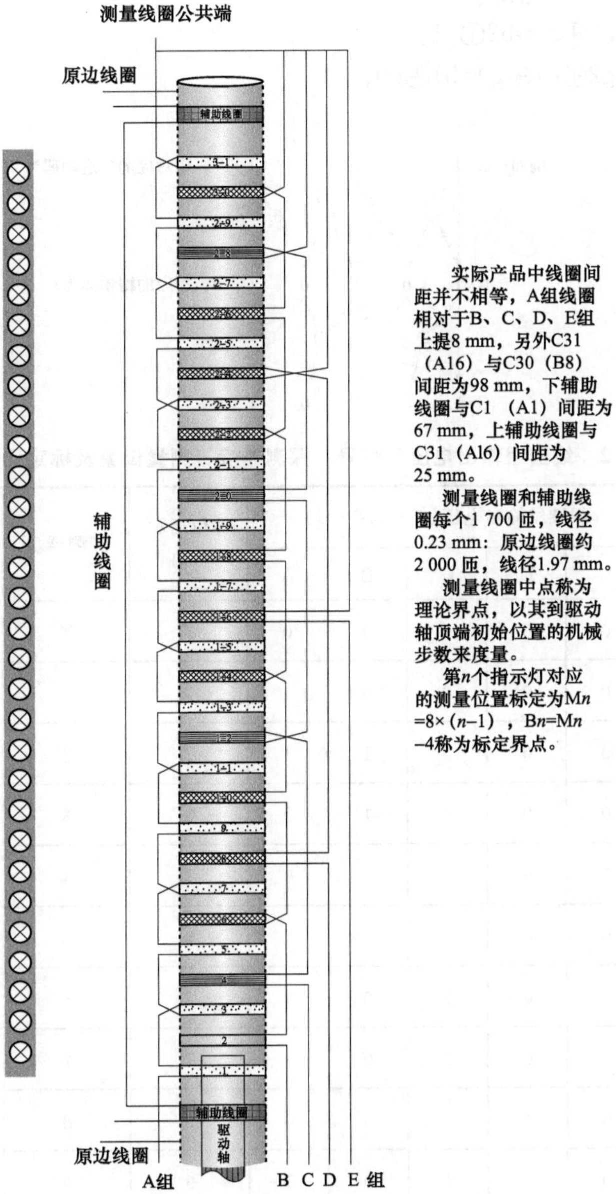

图 1-5 线圈

表中线圈输出电压与灯号二进制码之间的对照关系看作 $g_i(i=0,1,2,3,4)$ 与 b_4、b_3、b_2、b_1、b_0 之间的真值表，根据此真值表可以得出：

$g_4=b_4$，$g_i=b_{i+1}\oplus b_i$，$i=0,1,2,3$；

表中线圈输出电压与灯号二进制码之间的对照关系看作 $b_i(i=0,1,2,3,4)$ 与 g_4、g_3、g_2、g_1、g_0 之间的真值表，根据此真值表可以得出：

$b_4=g_4$，

$b_3=g_4\oplus g_3=b_4\oplus g_3$，

$b2=g4\oplus g3\oplus g2=b3\oplus g3$,

$b1=g4\oplus g3\oplus g2\oplus g1=b2\oplus g1$,

$b0=g4\oplus g3\oplus g2\oplus g1\oplus g0=b1\oplus g0$,

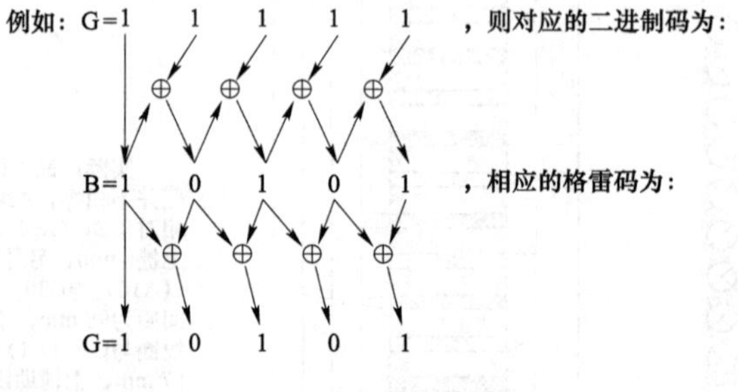

表 1-2 线圈组输出电压与灯号、探测器步、测量位置及标定区间对照表

棒位区间	线圈组输出电压(低→0,高→1)					棒位指示灯号	探测器步	测量位置	标定区间
	E	D	C	B	A				
[0,8)	0	0	0	0	0	×	×	×	×
[8,16)	0	0	0	0	1	1	1	0	[−4,4)
[16,24)	0	0	0	1	1	2	2	8	[4,12)
[24,32)	0	0	0	1	0	3	3	16	[12,20)
[32,40)	0	0	1	1	0	4	4	24	[20,28)
[40,48)	0	0	1	1	1	5	5	32	[28,36)
[48,56)	0	0	1	0	1	6	6	40	[36,44)
[56,64)	0	0	1	0	0	7	7	48	[44,52)
[64,72)	0	1	1	0	0	8	8	56	[52,60)
[72,80)	0	1	1	0	1	9	9	64	[60,68)
[80,88)	0	1	1	1	1	10	10	72	[68,76)
[88,96)	0	1	1	1	0	11	11	80	[76,84)
[96,104)	0	1	0	1	0	12	12	88	[84,92)
[104,112)	0	1	0	1	1	13	13	96	[92,
[112,120)	0	1	0	0	1	14	14	104	[100,
[120,128)	0	1	0	0	0	15	15	112	[108,

续表

棒位区间	线圈组输出电压(低→0,高→1)					棒位指示灯号	探测器步	测量位置	标定区间
	E	D	C	B	A				
[128,136)	1	1	0	0	0	16	16	120	[116,
[136,144)	1	1	0	0	1	17	17	128	[124,
[144,152)	1	1	0	1	1	18	18	136	[132,
[152,160)	1	1	0	1	0	19	19	144	[140,
[160,168)	1	1	1	1	0	20	20	152	[148,
[168,176)	1	1	1	1	1	21	21	160	[156,
[176,184)	1	1	1	0	1	22	22	168	[164,
[184,192)	1	1	1	0	0	23	23	176	[172,
[192,200)	1	0	1	0	0	24	24	184	[180,
[200,208)	1	0	1	0	1	25	25	192	[188,
[208,216)	1	0	1	1	1	26	26	200	[196,
[216,224)	1	0	1	1	0	27	27	208	[204,
[224,232)	1	0	0	1	0	28	28	216	[212,
[232,240)	1	0	0	1	1	29	29	224	[220,
[240,248)	1	0	0	0	1	30	30	232	[228,
[248,256)	1	0	0	0	0	×	×	×	×

1.1.10 棒位测量柜

棒位测量柜采用的是两联柜结构，左右两边分别称为 A 柜、B 柜，分别装有 6 只测量机箱。测量柜的功能包括向棒位探测器的原边绕组供电，并把探测器的副边绕组信号编码输出。测量柜包括 33 个通道的棒位测量设备，每个通道包括 1 个原边线圈供电设备——MCP10 卡件和格莱码编码整形组件——MCP22 卡件。

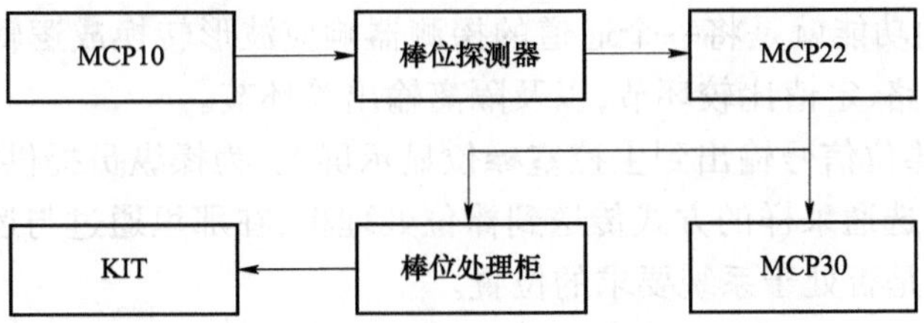

1) MCP10 卡件

MCP10 的功能是向棒位探测器原边线圈输出大约为 1.5 A、50 Hz 的交流电流，使探测器副边线圈存在于恒定的电磁场空间内。

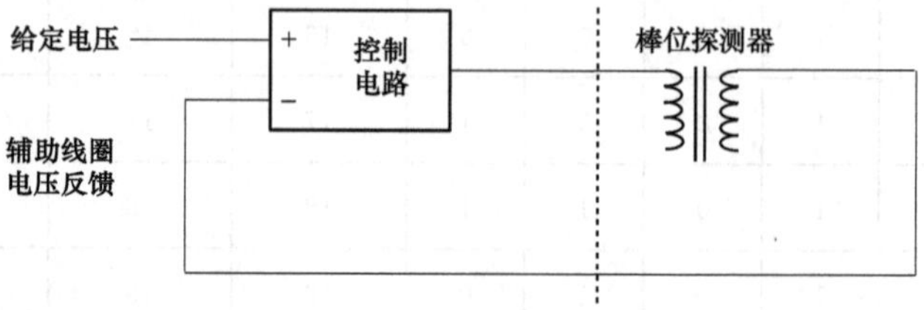

图 1-6 MCP10 简化示意图

MCP10 是一个较复杂的电源组件，输出电流的频率是由正弦波发生器电路控制的，可以保证输出电流的频率稳定；电流幅值采用闭环电压反馈的方式控制。由上图可以发现该控制方案可以使辅助线圈的感应电压保持恒定，从而保证棒位探测器处于一个稳定的电磁场内。

2) MCP22 卡件

MCP22 卡件处理来自棒位探测器副边线圈的感应电压信号。根据控制棒驱动杆在探测器中的位置，在棒位探测器的副边线圈上产生不同的电压。下图 1-7 是控制棒由 0 步位置到 225 步的棒位探测器实际测量测量信号，时间长度大致 3.5 min。信号是不同幅值的交流电压，频率与原边电流频率一致，为 50 Hz。图 1-7 中由上至下分别为 A 码、B 码、C 码、D 码、E 码的响应波形。

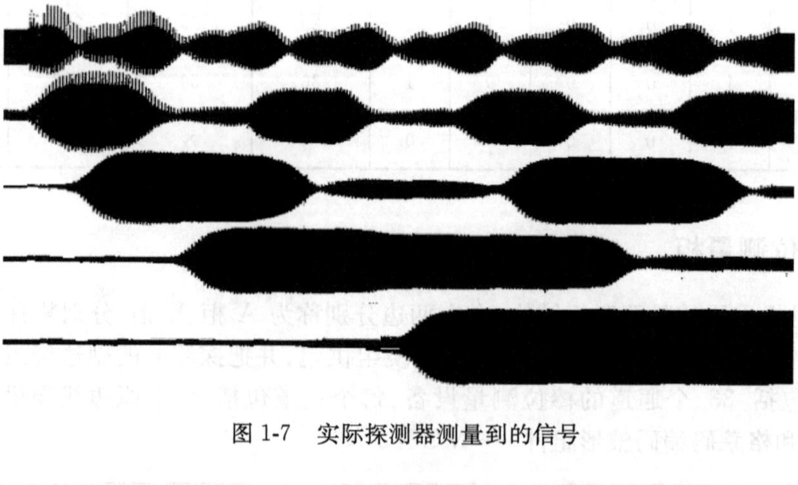

图 1-7 实际探测器测量到的信号

MCP22 卡件的功能就是将一个通道的探测器响应波形转换成逻辑电平信号。包括全波整流电路、滤波电路、定值比较环节，以及隔离输出等环节。

得到的格莱码棒位信号输出到主控室棒位显示屏上，为操纵员提供控制棒的测量位置。另外，该信号还通过选通采样的方式传送到棒位处理柜，在那里通过与逻辑柜的给定棒位进行比较，检验控制棒是否处于系统要求的位置。

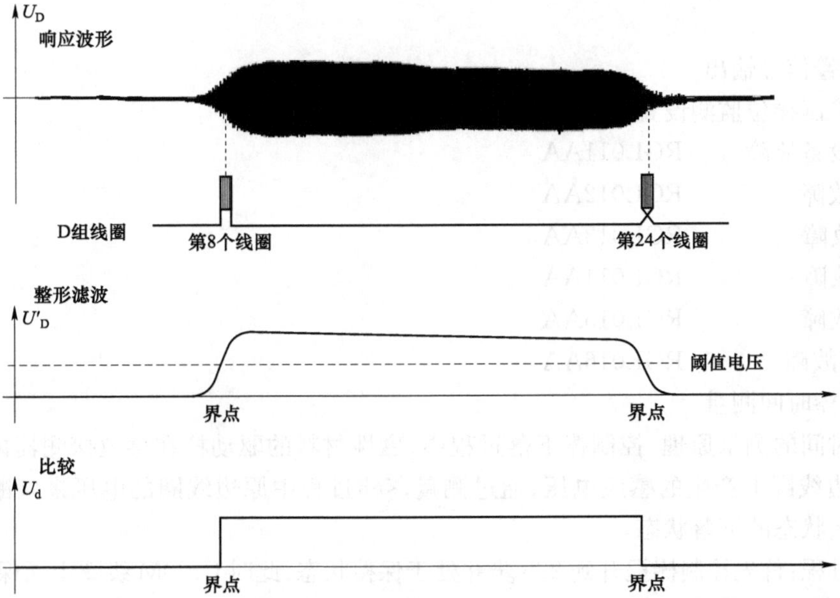

图 1-8　棒位测量信号的整形

1.1.11　棒位处理柜监视目标

处理柜通过选通采样的方式采集来自测量柜的棒位信号。另外,处理柜还接受来自逻辑柜的各子组给定棒位信号。在下述任何异常状况下,给操纵员发出报警:

(1) 同一组内各棒束之间的测量位置超差;

(2) 任何一束棒的给定位置与测量位置之间超差;

(3) 一束棒偶然降落(测量位置与低位设定值比较);

(4) 停堆棒束偏离全提出的位置(测量位置与高位设定值比较)。

1) 棒位处理柜监视项目

监视项目的选取是根据监视目标确定的。

要完成棒束的精确定位,需要监视给定位置与测量位置之间的偏差;但是因为棒束位置测量精度不高,棒位测量通道响应时间较长,所以仅仅设置"给定位置/测量位置"监视是不够的。秦山二期工程 RGL 设置以下棒位监测项目。

故障 1:棒/组失步

故障 1 监测测量棒位与给定棒位之间的差值,其差值大于给定定值触发报警。现设定定值为 10 步。

故障 2:棒/棒失步

故障 2 监测一个棒组内部测量棒位最大值与最小值之间的差值,其差值大于定值触发报警信号。现设定定值为 12 步。

故障 3:棒在低位

故障 3 指示控制棒束低于 5 步。测量棒位在小于 8 步时触发该报警信号。

故障 4:棒偏离高位(停堆棒组有此报警)

故障 4 指示控制棒束低于 225 步。实际应用中测量棒位在小于等于 216 步时触发该报警信号。

2）报警信号输出

在主控制棒位监测设置下列报警信号：

棒位设备故障 RGL011AA

A 组故障 RGL012AA

B 组故障 RGL013AA

C 组故障 RGL014AA

D 组故障 RGL015AA

SA 组故障 RGL016AA

3）落棒时间测量

落棒时间的测量原理：控制棒下落过程中，磁性材料的驱动杆在棒位探测器内部快速移动而在原边线圈上产生的感应电压，通过测量落棒过程中原边线圈的电压来判断控制棒处于一个什么状态的下落状态。

测量过程：首先控制棒提升到 225 步并处于保持状态，此时 CRDM 线圈中通保持小电流。我们将保持电流信号、原边线圈两端的感应电压信号接入记录仪，断开停堆断路器，控制棒保持线圈失电，控制棒依靠重力作用落入堆芯。落棒时间测量的记录信号波形如图 1-9 所示。

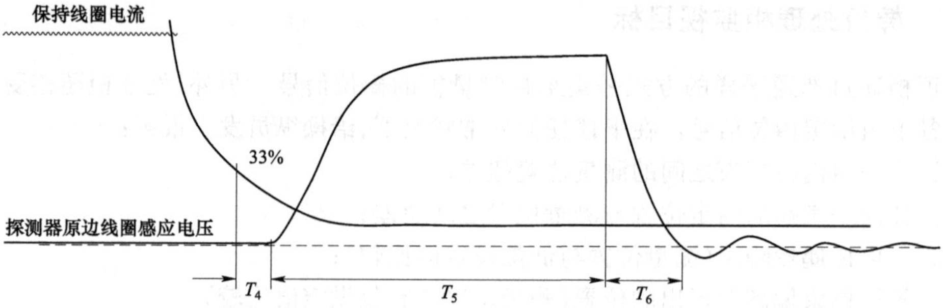

图 1-9 落棒时间测量

图 1-9 中：

T_4=从保持线圈电流降到 33%额定值到棒束开始降落之间的时间；

T_5=从棒束开始降落到进入缓冲段之间的时间；

T_6=从棒束进入缓冲段到其到达缓冲段底部的时间。

验收准则：

热停堆工况下，T_5 应小于 2.4 s；

T_4 应小于 150 ms；

T_5+T_6 应小于 3.2 s。

4）控制棒失步的处理

在控制棒出现失步情况，将触发棒组故障信号。首先，需要确认是真正失步还是棒位测量故障。真正失步情况则采用故障处理程序对故障棒组进行重新同步操作。在操作中，注意维持一回路平均温度与参考温度一致和运行点处于运行带以内，这里主要采用改变硼浓度的方式进行。如果失步棒组不是 D 组，可以采用手动调节 D 组棒位的方式进行。

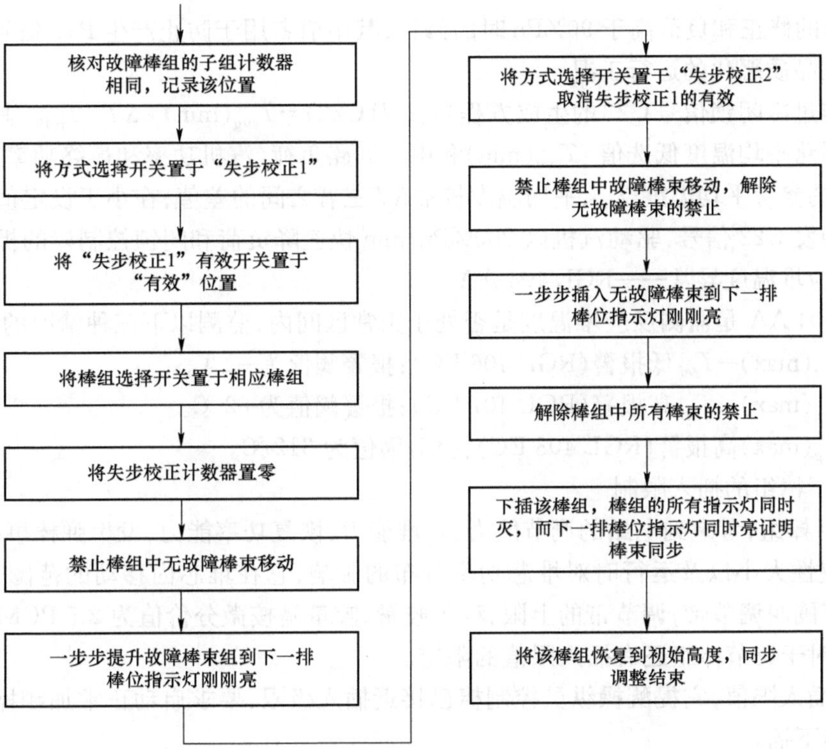

图 1-10　控制棒失步操作

1.1.12　控制棒移动试验

控制棒移动试验是为了验证长期位于堆顶位置的控制棒的可移动性，未出现卡棒等不可移动的故障。该试验每月进行一次。在一个月内曾经移动的控制棒组不用进行这项试验。

试验采用失步校正 1 方式分子组进行。在对子组 2 进行试验时，在电源柜上将子组 1 的棒束置于校正状态；同样，对子组 1 进行试验时，需要将子组 2 置于校正状态。在主控室用失步校正 1 方式下插试验棒组，同时注意观察棒位指示屏，当试验子组的所有棒束的下一排指示灯都亮时，停止插棒。检查相关的报警指示，完成后提升试验棒组到初始位置。

试验期间注意观察一回路温度的变化、温度偏差信号；当温度偏差达到 1 ℃左右时，手动调节 D 棒组棒位，使温度偏差恢复到较低的水平。

1.1.13　报警信号介绍

1）反应堆温度过冷信号 RGL 405 AA 和 C22

当反应堆低选的平均温度低于某一定值时，则产生报警信号提醒操纵员，表明此时反应堆温度过冷，已跟不上负荷的需求。若平均温度继续降低到界限值，产生 C22 信号，启动汽机降负荷。在主控室 P7 台上设有 C22 闭锁开关。

作为和低选平均温度相比较的参考温度，其定值既要保证在低负荷时要大于 P12 定值(284 ℃)，而在高负荷时(90%FP)又不能太低，以保证蒸汽品质。

基于以上考虑，C22 设定为平均温度比整定值低 10 ℃时产生，但有两点修正，负荷低于

41.7%Pn时的修正和负荷高于90%Pn时的修正，其中前者用于防止产生P12信号，后者用于防止主蒸汽品质恶化的运行工况。

反应堆过冷闭锁信号C22的生成方程是：$\Delta T(C22)=T_{avg}(min)+\Delta T-T_{ref}$。其原理是：两环路的一回路平均温度低选值 $T_{avg}(min)$和由二回路负荷（汽机功率和最终功率整定值的高选值）产生的参考平均温度 T_{ref}、平均温度校准ΔT三者之间的差值，在小于设定值（0 ℃）时继电器动作触发C22信号，驱动汽机以200%Pn/min快速降负荷和闭锁控制棒的提升。

2）反应堆温度异常——RGL 404 AA

RGL 404 AA是监测反应堆温度是否处于正常区间内，监测以下三种情况的异常：

① $T_{avg}(max)-T_{ref}$低报警（RGL 406 EC）；报警阈值为−2 ℃。

② $T_{avg}(max)-T_{ref}$高报警（RGL 407 EC）；报警阈值为+2 ℃。

③ $T_{avg}(max)$高报警（RGL 408 EC）；报警阈值为312 ℃。

3）关于棒组的插入限制

对于D棒组，考虑到电站的调节能力，停堆能力，恢复功率能力，发生弹棒事故时可能引入的正反应性大小以及运行时对堆芯功率分布的影响，它在堆芯内移动的范围有一定的限制。这个范围叫调节带，调节带的上限，称为咬量，咬量是按微分价值为2.5 PCM/步确定。

此外，对于调节棒组还有插入限值的限定。

① 低插入限值，它提醒操纵员控制棒已接近插入极限，要求启动正常加硼操作，制止控制棒进一步下插。

② 低-低插入限值，它要求操纵员紧急加硼，使控制棒离开插入极限。

对应于A、B、C、D各棒组，分别为：

A棒组设有低位限制；

B棒组设有低位、低低位限制；

C棒组设有低位、低低位、低低低位限制；

D棒组设有低位、低低位限制；

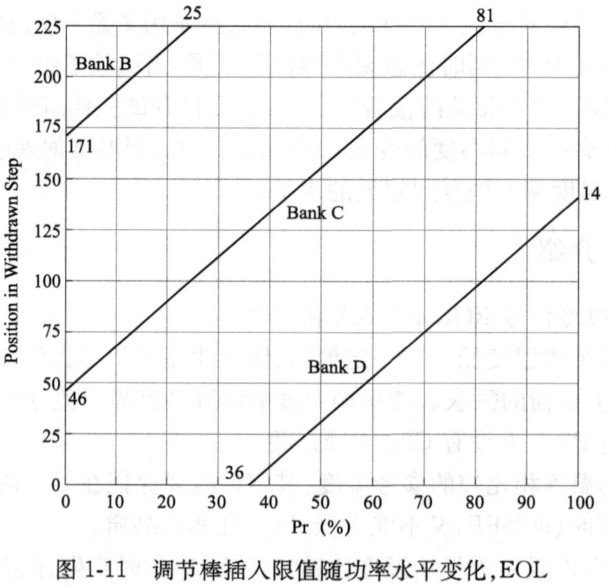

图1-11　调节棒插入限值随功率水平变化，EOL

限制主调节棒的插入限值是为了满足下列要求：

——停堆裕度的要求，在HZP时，满足卡棒准则的同时，在BOL和EOL的停堆裕度分别不得小于1 000 pcm和2 000 pcm。

——弹棒事故安全准则。

——焓升因子不得超过设定限值。

1.2　工器具准备

工器具准备见表1-3。

表1-3　工器具准备

工器具名称	规格型号	数量	用途
万用表	FLUKE179	2	测量端子的通断
一字/十字螺丝刀		2	端子接线的拆卸与恢复
系统安装图纸			
系统安装手册			

1.3　模拟体准备

无。

1.4　辐射防护准备

无。

1.5　工业安全准备

无。

1.6　配合人员准备

无。

1.7　场地准备

现场铺设白布用于摆放工器具；铺设橡胶板，合理分配场地，确保工具、设备的合理分布，方便检修；在场地外围布置警示带。

第二章　操作实施

2.1　电缆桥电缆解列、重接与连接状态检查

项目目的：适用于反应堆开盖前，在 RGL 电缆连接板(RX20)上解开 CRDM 线圈电缆和棒位探测器电缆，并检查电缆连接器(插头/插座)及其他相关设施的状态；也用于反应堆扣盖后，在 RGL 电缆连接板上检查并重接上述电缆。

风险分析

1）因工作地点靠近换料水池，工作地点上方常有吊装作业，应注意高空坠落以及重物坠落砸伤风险，应采取适当的措施固定和放置随身携带的工具、物品、防止意外落入换料水池；

2）作业中因操作不当可能损坏电缆连接器；开工前应确定棒控棒位系统的相关电源已经隔离。

表 2-1　维修方法

序号	操作步骤	操作要求	工器具	测评标准
1	隔离电源	1. 在 RGL009 AR(测量柜)上，将各 MCP10 模块上电源开关打到 OFF 位，将各机箱电源打到 OFF 位，将机柜 A、B 电源开关切换到 OFF 位。 2. 在 RGL006 TB(三相 260 V 动力电源柜)上，将各 EEC 动力供电开关拉出	无	遗漏步骤或工作小组未进行互检“-1”分
2	电缆解列	1. 将控制电缆(蓝色)和测量电缆(白色)从电缆板上拆下。 2. 将电缆平放在电缆桥上(电缆头朝反应堆顶盖)	无	遗漏步骤或工作小组未进行互检“-1”分
3	电缆及连接器检查	1. 电缆包皮及柔性完好，标牌完整且绑扎完好。 2. 电缆插头无点火花灼痕，无变形，无松动。 3. 电缆插座四角固定完好，插孔无电火花灼痕，插孔内簧爪无变形、断裂或松动。 4. 连接螺纹部(包括插头和插座部分)无裂纹，破损或滑丝	无	遗漏步骤或工作小组未进行互检“-1”分
4	电缆及连接器保护	1. 在电缆连接板插座和电缆插头上安装配备的塑料封头，防止灰尘和水浸入。 2. 将电缆插头适当分组，然后用专用绑扎带绑扎	无	遗漏步骤或工作小组未进行互检“-1”分
5	电缆桥接地解列	解开电缆桥的接地裸铜线，检查与电缆桥有关的电缆全部解下	无	遗漏步骤或工作小组未进行互检“-1”分

2.2　CRDM 线圈绝缘检查与电阻测量

试验目的：本试验用于机组停机期间 CRDM 线圈绝缘检查和 CRDM 线圈电阻测量。

注意事项：

1）测量绝缘之前，必须确认 RGL 004TB、005TB 和 006TB 已实施隔离；并从被测电源柜上抽出所有 SC、MC、LC 机箱。

2）测量绝缘电阻之后，若放电不充分，残余电荷可能损坏可控硅等部件；在进行电阻测量之前，必须用短路线将线圈对地放电，若在此之前测量过线圈绝缘，则更应注意充分地放电。

机组和系统状态：

1）换料大修期间，绝缘检查分两次进行：RGL 电缆桥电缆解列之前，反应堆处于热停堆或冷停堆；RGL 电缆桥电缆重接之后，反应堆处于冷停堆。

2）CRDM 线圈电阻测量进行一次：RGL 电缆桥电缆重接之后，反应堆处于冷停堆。

3）RGL 系统控制电源和动力电源已隔离(RGL004/005/006TB 断开)。

表 2-2　维修方法

序号	操作步骤	操作要求	工器具	测评标准
1	绝缘电阻测量	1. 检查 RGL 系统控制电源和动力电源已隔离(RGL004/005/006TB 断开)； 2. 从被测机柜上抽出 SC、MC、LC 机箱； 3. 用短路线将 SC、MC、LC 线圈“+”端子对地放电； 4. 将电子兆欧表接于“+”端子与地(机柜接地点)之间，测量 SC、MC、LC 线圈对地绝缘电阻 R，应有 R≥20 MΩ/500 VCD/10 s，将 R 计入附件 10.7； 5. 将电子兆欧表接于 SC、MC、LC 线圈“+”端子之间，测量 SC、MC、LC 线圈之间绝缘电阻 R，应有 R≥20 MΩ/500 VCD/10 s，将 R 计入附件 10.8； 6. 将短路线接于“+”端子与地之间，使线圈对地放电； 7. 如果需要测量线圈电阻，可保持设备现状不变，否则将被测机柜的各机箱推回原位，拧紧固定螺丝； 8. 对其余 EEC 柜，重复以上第 3 至第 7 步	电子兆欧表	遗漏步骤或工作小组未进行互检“−1”分
2	线圈电阻测量	1. 从主控室 RRM 001 ID 读取 CRDM 线圈环境温度； 2. 检查 RGL 系统控制电源和动力电源已隔离(RGL004/005/006TB 断开)； 3. 从被测机柜上抽出 SC、MC、LC 机箱； 4. 将线圈电缆“+”端接到 FLUKE179 的红测试笔； 5. 将线圈电缆“−”端接到 FLUKE179 的黑测试笔，测得 Rt； 6. 对每个 EEC 柜，每个 CRDM 线圈重复上述测量过程； 7. 若需检查线圈绝缘，可保持设备状态不变，否则将被测机柜的机箱推回原位，拧紧固定螺丝	FLU KE1 79	遗漏步骤或工作小组未进行互检“−1”分

2.3　棒位探测线圈绝缘检查与电阻测量

概述:本试验用于 RGL 电缆解列前和重接后对棒位探测器线圈进行绝缘和电阻特性以及电缆连接状态检查,旨在发现棒位探测器线圈的性能下降,及时处理必要时更换探测器。

注意事项:

1）测量绝缘电阻之前必须确认该通道的供电模块 MCP10 的电源开关已断开,否则将损坏 MCP10 模块。

2）绝缘测试过后应保证线圈对地充分放电,避免因残存静电损坏通道内其他电子部件,这就要求专用试验盒应有良好的接地,以保证充分放电。

电缆连接器件检查:将探测器电缆插头从机箱连接的插座上卸下,目视检查电缆及连接状态:插头无电火花灼痕,无变形,无松动。

表 2-3　维修方法

序号	操作步骤	操作要求	工器具	测评标准
1	电缆连接器件检查	1. 用万用表交流电压档测量 220 VAC 电源,确认机柜上游电源已断开; 2. 分别断开 33 个 MCP10 的电源开关; 3. 在机柜后面分别断开 12 个测量机箱的电源开关和 4 个通风单元的电源开关; 4. 在端子排上断开 A、B 柜的 K1(测量机箱电源)、K2(24 V 电源模块)、K3(通风单元电源)空气开关; 5. 将探测器电缆插头从机箱连接的插座上卸下(MCP22 组件安装在机箱中,机箱安装在机柜中)	万用表	遗漏步骤或工作小组未进行互检"−1"分
2	目视检查电缆及连接状态	1. 电缆状况完好,标牌绑扎牢固; 2. 插头无电火花灼痕,无变形,无松动; 3. 插头座牢固,无松动,无变形,无裂纹,无电火花灼痕; 4. MCP22 上标牌牢固固定	无	遗漏步骤或工作小组未进行互检"−1"分
3	绝缘检查	1. 从主控室 RRM001ID 读取探测器环境温度; 2. 在测量柜背后将测量电缆从机架上卸下,接到试验盒插座上; 3. 用短路线分别在所有线圈与地之间短接,使线圈对地放电; 4. 兆欧表选择 500 VDC; 5. 用兆欧表分别测量全部线圈对地、初级线圈对辅助线圈、初级线圈对次级线圈、辅助线圈对次级线圈的绝缘电阻应≥20 MΩ(500 V/10 s); 6. 测量绝缘电阻之后,再次对地放电,否则残余电荷可能损坏卡件	兆欧表	遗漏步骤或工作小组未进行互检"−1"分
4	电阻测量	1. 从主控室 RRM001ID 读取探测器环境温度; 2. 分别测量初级(原边)线圈,辅助线圈和次级(副边)线圈(A、B、C、D、E)的电阻 Rt; 3. 线圈温度为 25 ℃时,线圈电阻 R25 应为: 2.1.1 初级线圈:7.5±2 Ω	万用表	遗漏步骤或工作小组未进行互检"−1"分

续表

序号	操作步骤	操作要求	工器具	测评标准
4	电阻测量	2.1.2 辅助线圈：625±125 Ω 2.1.3 次级线圈 E：312±62 Ω 2.1.4 次级线圈 D：625±125 Ω 2.1.5 次级线圈 C：1 250±250 Ω 2.1.6 次级线圈 B：2 500±500 Ω 2.1.7 次级线圈 A：5 000±1 000 Ω	万用表	遗漏步骤或工作小组未进行互检"-1"分

2.4　RGL 系统电源柜和电子插件性能检查

工作内容及关键点

1）系统上电前，应先对系统的上游电源进行上电。上电的顺序为由上游开关向下游开关依次上电。进行电气检查时，谨防误碰柜内带电部件而触电。

2）电气及插件检查的项目包括：机柜 220 V/260 V 供电状态显示信号检查，电源柜电源组件 A、B 检查，逻辑柜处理柜 I/O 插件检查以及处理柜的通讯功能检查工作。控制棒移动试验是为了验证长期位于堆顶位置的控制棒的可移动性，未出现卡棒等不可移动的故障。该试验每月进行一次。在一个月内曾经移动的控制棒组不用进行这项试验。

表 2-4　维修方法

序号	操作步骤	操作要求	工器具	测评标准
1	220 V/260 V 控制电源电压检查	1. 在电源柜端子排 105BN 的 2,3 之间，测量 220 V 交流电压(LNE)，其值应为：220±33 V； 2. 在电源柜端子排 105BN 的 5,6 之间，测量 260 V 交流电压(RAM)，其值应为：260±33 V； 3. 在电源柜后面的铜排上测量每项的项电压	万用表	遗漏步骤或工作小组未进行互检"-1"分
2	220 V/260 V 控制电源供电状态显示信号检查	1. 在电源柜前面板上，确认下列指示灯正常发光； 2. 在电源柜的前面板上，闭合 220 VAC 电源开关(开关有两个)，确认该电源柜上 12 个电源组件 A 插件上绿色电源指示灯亮； 3. 在电源柜的前面板上，闭合 260 VAC 电源开关(开关有两个)，确认该电源柜上 12 个电源组件 B 插件上绿色电源指示灯亮	无	遗漏步骤或工作小组未进行互检"-1"分
3	电源组件 A、B 检查	用万用表分别测量电源组件的"DC+24 V""+15 V""-15 V"电源电压输出稳定，并满足下列要求： 1) +24 V±10%　即：+21.6～26.4 V； 2) +15 V±10%　即：+13.5～16.5 V 3) -15 V±10%　即：-16.5～13.5 V	万用表	遗漏步骤或工作小组未进行互检"-1"分
4	波形测量组件检查	在定值组件上选择开关输出大小电流，验证测量组件前面板"波形"输出电压为： 1) 提升大电流 4.0±0.2 V　小电流 1.6±0.08 V； 2) 传递大电流 4.0±0.2 V　小电流 2.35±0.1 V； 3) 保持大电流 4.0±0.2 V　小电流 2.35±0.1 V	万用表	遗漏步骤或工作小组未进行互检"-1"分

2.5 控制棒驱动机构性能再鉴定

概述：本试验用于机组大修期间，与CRDM相关的检修活动结束之后，对CRDM性能进行再鉴定。再鉴定内容包括：CRDM 静态电流调整(热停堆工况下进行)；CRDM 动态电流波形检查。

机组和系统状态：机组和系统状态：机组处于大修后冷停堆(一回路压力 2.5 MPa，温度 40～70 ℃)或热停堆(一回路压力 15.5 MPa，温度 290 ℃)期间；RGL 系统可用并且 CRDM 通风系统 RRM 和动力电源 RAM 投运。

表 2-5 维修方法

序号	操作步骤	操作要求	工器具	测评标准
1	220 V/260 V 控制电源电压检查	1. 在电源柜端子排 105BN 的 2,3 之间，测量 220 V 交流电压(LNE)，其值应为：220±33 V； 2. 在电源柜端子排 105BN 的 5,6 之间，测量 260 V 交流电压(RAM)，其值应为：260±33 V； 3. 在电源柜后面的铜排上测量每项的项电压	万用表	遗漏步骤或工作小组未进行互检“-1”分
2	LC 电流测量	1. 确认相应 SC 已通电，并且 MC 未通电； 2. 将万用表接到波形测量组件前面板“波形”测孔上； 3. 将调节组件上“S1”开关置于开环，在定值组件上应用试验开关产生大电流、小电流，读取万用表读数； 4. 将调节组件上“S1”开关置于闭环，在定值组件上应用试验开关产生大电流、小电流，读取万用表读数	万用表	遗漏步骤或工作小组未进行互检“-1”分
3	MC 电流测量	1. 确认相应 SC 已通电； 2. 将万用表接到波形测量组件前面板“波形”测孔上； 3. 将调节组件上“S1”开关置于开环，在定值组件上应用试验开关产生大电流、小电流，读取万用表读数； 4. 将调节组件上“S1”开关置于闭环，在定值组件上应用试验开关产生大电流、小电流，读取万用表读数	万用表	遗漏步骤或工作小组未进行互检“-1”分
4	SC 电流测量	1. 确认相应 MC 已通电； 2. 将万用表接到波形测量组件前面板“波形”测孔上； 3. 将调节组件上“S1”开关置于开环，在定值组件上应用试验开关产生大电流、小电流，读取万用表读数； 4. 将调节组件上“S1”开关置于闭环，在定值组件上应用试验开关产生大电流、小电流，读取万用表读数	万用表	遗漏步骤或工作小组未进行互检“-1”分
5	恢复	测量后，把电源柜的故障禁止开关打到工作状态		

2.6 RGL 系统功能试验

概述：本实验用于机组大修期间 RGL 系统主要的预防性维修活动完成后，下述 RGL 系统功能的再鉴定：棒控棒位设备在主控室报警功能正常；CRDM 定址与闭锁功能。

机组和系统状态：机组和系统状态：机组处于大修后冷停堆和热停堆期间；停堆断路器闭合；RGL 系统可用并且 CRDM 通风系统 RRM 和动力电源 RAM 投运。

表 2-6　维修方法

序号	操作步骤	操作要求	工器具	测评标准
1	MCR(主控室)报警功能检查	试验初始状态： 1) 棒控棒位设备可用； 2) 所有棒束提至 5 步	无	遗漏步骤或工作小组未进行互检"−1"分
2	棒控报警检查	1. 在棒控电源柜 RGL011AR 或 RGL012AR 上任意拔出一移相卡件，触发 RGL001AA 和 RGL001EC 报警，在主控室 P8 盘上和 KIT 中确认该报警出现，恢复该卡件，验证该报警消失； 2. 在棒控电源柜 RGL011AR-RGL019AR 上任意关闭一路 220 V 或 260 V 电源开关，触发 RGL002AA 和 RGL002EC 报警，在主控室 P8 盘上和 KIT 中确认该报警出现，恢复该开关，验证该报警消失； 3. 在棒控电源柜 RGL013AR-RGL019AR 上任意拔出一移相卡件，触发 RGL003AA 和 RGL003EC 报警，在主控室 P8 盘上和 KIT 中确认该报警出现，恢复该卡件，验证该报警消失	无	遗漏步骤或工作小组未进行互检"−1"分
3	棒位报警检查	1. 在逻辑柜界面-参数设置-UP 参数上设置 A1 组给定棒位，使该组棒束测量位置与该子组的给定位置的差值的绝对值超过棒组静态失步阈值(8 步)，从而触发 RGL012AA 和 RGL012EC 报警，在主控室 P8 盘上和 KIT 中确认该报警出现，在逻辑柜上恢复该子组原来的值(参照 A2 子组)，验证该报警消失； 2. 在逻辑柜界面-参数设置-UP 参数上设置 B1 组给定棒位，使该组棒束测量位置与该子组的给定位置的差值的绝对值超过棒组静态失步阈值(8 步)，从而触发 RGL013AA 和 RGL013EC 报警，在主控室 P8 盘上和 KIT 中确认该报警出现，在逻辑柜上恢复该子组原来的值(参照 B2 子组)，验证该报警消失； 3. 在逻辑柜界面-参数设置-UP 参数上设置 C1 组给定棒位，使该组棒束测量位置与该子组的给定位置的差值的绝对值超过棒组静态失步阈值(8 步)，从而触发 RGL014AA 和 RGL014EC 报警，在主控室 P8 盘上和 KIT 中确认该报警出现，在逻辑柜上恢复该子组原来的值(参照 C2 子组)，验证该报警消失； 4. 在逻辑柜界面-参数设置-UP 参数上记录 D 组参数，后再设置 D 组给定棒位，使该组棒束测量位置与该组的给定位置的差值的绝对值超过棒组静态失步阈值(8 步)，从而触发 RGL015AA 和 RGL015EC 报警，在主控室 P8 盘上和 KIT 中确认该报警出现，在逻辑柜上恢复该组原来的值(D 组记录值)，验证该报警消失； 5. 在逻辑柜界面-参数设置-UP 参数上设置 SA1 组给定棒位，使该组棒束测量位置与该子组的给定位置的差值的绝对值超过棒组静态失步阈值(8 步)，从而触发 RGL016AA 和 RGL016EC 报警，在主控室 P8 盘上和 KIT 中确认该报警出现，在逻辑柜上恢复该子组原来的值(参照 SA2 子组)，验证该报警消失；	万用表	遗漏步骤或工作小组未进行互检"−1"分

续表

序号	操作步骤	操作要求	工器具	测评标准
3	棒位报警检查	6. 在棒控逻辑柜上关掉柜顶的 48 V 电源开关，触发 RGL641AA 和 RGL641EC 报警，在主控室 P8 盘上和 KIT 中确认该报警出现，在逻辑柜上恢复该电源开关，验证该报警消失； 7. 在棒位处理柜上关掉柜顶的 48 V 电源开关，触发 RGL651AA 和 RGL651EC 报警，在主控室 P8 盘上和 KIT 中确认该报警出现，在处理柜上恢复该电源开关，验证该报警消失； 8. 读取 KIT 中 RCP 模拟量中四个温差信号的最大值(温差信号为：RCP403ZO，RCP409ZO，RCP415ZORCP421ZO)，若 KIT 中显示为无效信号则到 KRG143AR 的 RGL406MR 测量 1+，1−电压值，根据此电压值计算温差信号最大值，对应关系为 0～10 V 对应 0～159%FP。根据此最大值和附件 10.4 计算出各棒束插入限值，将各插入限值填入附件 10.5 理论值中； 9. 在处理柜主界面上按停止采集按钮，在逻辑柜界面-参数设置-UP 参数上设置 A1 组给定位置为控制棒 A 插入低限值附近，并在主控室 P8 盘上和 KIT 中确认 RGL671AA 和 RGL671EC 报警出现，并将出现报警和报警消失时的给定位置记入附件 10.5，恢复原状态，报警消失； 10. 在逻辑柜界面-参数设置-UP 参数上设置 B1 组给定位置为控制棒 B 插入低限值附近，并在主控室 P8 盘上和 KIT 中确认 RGL673AA 和 RGL673EC 报警出现，并将出现报警和报警消失时的给定位置记入附件 10.5；将 B1 组给定位置为控制棒 B 插入低-低限值附近，并在主控室 P8 盘上和 KIT 中确认 RGL672AA 和 RGL672EC 报警出现，并将出现报警和报警消失时的给定位置记录，恢复原状态，报警消失； 11. 在逻辑柜界面-参数设置-UP 参数上设置 C1 组给定位置为控制棒 C 插入低限值附近，并在主控室 P8 盘上和 KIT 中确认 RGL675AA 和 RGL675EC 报警出现，并将出现报警和报警消失时的给定位置记入附件 10.5；将 C1 组给定位置设为控制棒 C 插入低-低限值附近，并在主控室 P8 盘上和 KIT 中确认 RGL674AA 和 RGL674EC 报警出现，并将出现报警和报警消失时的给定位置记入附件 10.5；将 C1 组给定位置设为控制棒 C 插入低-低-低限值附近，并在主控室 P8 盘上和 KIT 中确认 RGL670AA 和 RGL670EC 报警出现，并将出现报警和报警消失时的给定位置记入附件 10.5，恢复原状态，报警消失； 12. 在逻辑柜界面-参数设置-UP 参数上设置 D 组给定位置为控制棒 D 插入低限值附近，并在主控室 P9 盘上和 KIT 中确认 RGL402AA 和 RGL402EC 报警出现，将出现报警和报警消失时的给定位置记入附件 10.5；在逻辑柜界面-参数设置-UP 参数上设置 D 组给定位置为控制棒 D 插入低-低限值附近，并在主控室 P9 盘上和 KIT 中确认 RGL401AA 和 RGL401EC 报警出现，将出现报警和报警消失时的给定位置记入附件 10.5，恢复原状态，报警消失；	万用表	遗漏步骤或工作小组未进行互检“−1”分

续表

序号	操作步骤	操作要求	工器具	测评标准
3	棒位报警检查	13. 在主控室P8盘的RGL402RC上,确认D咬量设定为215步,在逻辑柜界面-参数设置-UP参数上设置D组给定位置为215步左右,并在主控室 P9 盘上和 KIT 中确认 RGL403AA 和RGL403EC 报警出现,将出现报警和报警消失时的给定位置记入附件10.5,恢复原状态,报警消失; 14. 在逻辑柜界面-参数设置-UP参数上设置D组给定位置为224步左右,并在主控室 P8 盘上和 KIT 中确认 RGL024AA 和RGL024EC 报警出现,将出现报警和报警消失时的给定位置记入附件10.5中,恢复原状态,报警消失	万用表	遗漏步骤或工作小组未进行互检"-1"分
4	停堆棒 CRDM 定址与闭锁功能检查	1. 试验初始状态: 1) 停堆棒束位于5步; 2) 所有停堆棒束失步校正开关处于闭锁位置; 2. 在主控室: 1) 将RGL失步校正1有效开关RGL001CV打到"有效"位置; 2) 将RGL001CC切换到失步校正1位置; 3) 将棒组选择开关RGL003CC打到SA; 4) 将RGL015QM手动复位到零; 5) 在EEC1上,将E3(SA1-1)的失步校正开关打到正常位置; 6) 用RGL002CC提棒10步; 7) 主控室MCP30显示:只有E3(SA1-1)的棒位上升到16步; 8) 只有RGL015QM计数到10步,其余各棒位计数器读数不变。 3. 用RGL002CC插棒10步,检查: 1) MCP30显示:只有E3(SA1-1)的棒位由16步下降到8步; 2) 只有RGL015QM计数到零,其余各棒位计数器读数不变; 3) 重新闭锁E3(SA1-1),解除对L5(SA1-2)的闭锁; 4) 对L5(SA1-2)提升/插入各10步,做与E3(SA1-3)同样的检查; 5) 将各停堆棒束的失步校正开关恢复到正常位置; 6) 在主控室,将RGL001CV切换到OFF位置,将RGL001CC切换到失步校正方式2,将RGL003CC打到空	万用表	遗漏步骤或工作小组未进行互检"-1"分
5	功率调节棒组 CRDM 定址与闭锁功能检查	1. 试验初始状态:所有功率调节棒组位于5步。 在EEC3到EEC9机柜上将所有功率调节棒束的失步校正开关打到闭锁位置。 2. 在主控室: 1) 将功率调节棒组失步校正1有效开关RGL002CV达到"有效"位置; 2) 将RGL004CC切换到失步校正方式1; 3) 将RGL006CC切换到对应的棒组,EEC3和EEC4对应A组,EEC5和EEC6对应B组,EEC7和EEC8对应C组,EEC9对应D组; 4) 将RGL016QM手动复位到零;	万用表	遗漏步骤或工作小组未进行互检"-1"分

续表

序号	操作步骤	操作要求	工器具	测评标准
5	功率调节棒组CRDM定址与闭锁功能检查	5）从棒束 F2 起，对各功率调节棒束做与停堆棒束相同的检查，注意此时棒位计数器为 016QM。各棒束对应的失步校正开关见下面表格； 6）将各棒束失步校正开关打到正常位置； 7）在主控室，RGL002CV 切换到 OFF 位置，RGL004CC 切换到失步校正方式 2 位置	万用表	遗漏步骤或工作小组未进行互检“-1”分
6	电源柜(RGL011AR—RGL019AR)控制电源冗余检查	试验初始状态：所有棒组位于 5 步。 1）断开 RGL005TB 上的开关抽屉 RGL511 JA，RGL 512 JA，RGL 513 JA，RGL 514 JA，RGL 515 JA，RGL 516 JA，RGL 517 JA，RGL 518 JA，RGL 519 JA。 2）在 RGL003AR 上验证不存在落棒的棒束。 3）闭合 RGL005TB 上的开关抽屉 RGL 511 JA，RGL 512 JA，RGL 513 JA，RGL 514 JA，RGL 515 JA，RGL 516 JA，RGL 517 JA，RGL 518 JA，RGL 519 JA。 4）断开 RGL004TB 上的开关抽屉 RGL 411 JA，RGL 412 JA，RGL 413 JA，RGL 414 JA，RGL 415 JA，RGL 416 JA，RGL 417 JA，RGL 418 JA，RGL 419 JA。 5）在 RGL003AR 上验证不存在落棒的棒束。 6）闭合 RGL004TB 上的开关抽屉 RGL 411 JA，RGL 412 JA，RGL 413 JA，RGL 414 JA，RGL 415 JA，RGL 416 JA，RGL 417 JA，RGL 418 JA，RGL 419 JA	万用表	遗漏步骤或工作小组未进行互检“-1”分

第三章　故障检查和处理

故障检查和处理见表 3-1。

表 3-1　故障检查和处理

故障描述	故障现象	风险或潜在影响	处理方向
逻辑柜 PLC 的 SRM 备用模块偶发故障	主 1757-SRM 模块工作正常，但热备 1757-SRM 模块“OK”状态指示灯“红色”常亮，故障代码显示为：E054-COMM-ERR-PRT1，同时，PLC 框架 0 号槽位上的 CPU 模块（1756-L61/B）“RUN”状态指示灯“绿色”闪烁，1 号和 2 号槽位上的网络通讯模块（1756-CNBR）“OK”指示灯“绿色”闪烁。正常状态下，以上所有模块指示灯均为“绿色”常亮	PLC 完成逻辑控制和指令处理功能，冗余系统故障的产生直接导致丧失备用功能，若主从 PLC 框架模块均故障，将导致所有控制棒组不能正常提升和下插，一旦遇到机组瞬态工况，将直接导致一回路不能通过移动控制棒束补偿二回路功率变化，影响核安全和机组稳定运行	在大修期间对棒控逻辑柜中的 ControlLogix 冗余系统固件版本进行升级，由目前的 15.60 版本升级到 15.61 版本
计数器 RGL081ID 偶发计数不准确现象	RGL 系统扩建 2 个机组重叠步计数器 RGL081ID 自运行以来一直存在计数偶发不准确的现象，影响运行人员对棒组重叠步的判断	现场干扰源不明确，干扰源位置、频率、电压等级等均未知。影响运行人员对棒组重叠步的判断	进行设计变更，将计数器的“减”信号（电缆 RGL M250 的 IV 线）与“复位”信号（电缆 RGL M251 的 R 线）进行交换，使“加”信号与“减”信号不在同一条电缆中，从而降低“加”“减”两个信号之间的互感电压。对“加”信号与“减”信号端增加 10 000 pF 电容和 1 kΩ 电阻并联的滤波电路

第四章 操作结束

4.1 总结培训过程

工作结束后，做到工完料尽场地清。工具整理并与工具清单进行对比，确保工具无缺失，并检查工具的可用性，记录损坏情况并汇报。

4.2 评判

学员对解体过程进行阐述，并说明其中的关键点以及注意事项。教员对学员的陈述简要记录，根据阐述评判学员的掌握情况。教员指出学员阐述过程中的错误以及需要注意的事项，并且依据评判表，对学员的学习情况做出整体评判。

4.3 清理现场

工作结束后，做到工完料尽场地清。工具整理并与工具清单进行对比，确保工具无缺失，并检查工具的可用性，记录损坏情况并汇报。对更换的领料物资与领料单进行核实，确保所有可更换的物资已更换。清理工作过程中的耗材，进行分类处理，放置到对应的塑料袋中。清理现场的塑料布、橡胶板，必要时用白布清理现场。

4.4 工后会

工后会是对整个工作的过程的回顾以及必要的经验反馈。

回顾工作过程：工作许可证已归还，场地已清理，设备标牌完好，对检修任务进行评价，是否达到预期的目的，试验设备与工器具已经归还。

第五章 经验反馈

1号主控制室插入D棒组时触发1RGL003AA报警。

状态描述：

2002年7月25日，现场发现1号机组1RGL019AR电源柜上有紧急报警指示灯，故障综合卡件上第一二三四指示灯全亮。

1号主控制室插入D棒组时触发1RGL003AA报警。

后果及潜在后果：

1RGL D棒组无法插入，影响功率调节。

已采取行动：

检查CRDM在线监测系统，发现D-4保持电流在0时10分插入动作时发生下降沿缺相报警，测量该机箱各参数，发现B相偏置为−7.28 VDC，正常应该为−7.00 VDC左右，将D棒4束棒双重保持后，复位各个棒束，报警依次全部消失。为了保险起见，我们用备件更换了该曾出现过缺相的卡件，恢复正常后通知主控做手动提升插入动作两遍，没有再出现异常。

第六章　习　题

6.1　选择题(多选)每题5分

1. 停堆棒组运行方式(ABC)。

A. 手动　　B. 失步校正1　　C. 失步校正2

2. 调节棒组运行方式(ABCD)。

A. 自动　　B. 手动　　C. 失步校正1　　D. 失步校正2

3. 棒控系统功能(ABC)。

A. 驱动控制棒按照程序移动,进而参与反应堆功率控制

B. 控制棒的移动是反应堆功率控制的主要手段

C. 控制棒落入堆芯实现紧急停堆

6.2　判断题(每题5分)

1. 棒控系统向CRDM传送一定时序的电信号,控制控制棒的提升、保持或下插。(√)

2. 电源机箱接受来自PLC的指令,包括大电流、小电流指令,并且按照一定的时序控制。(√)

3. 逻辑柜的功能在于逻辑信号的处理,接受来自主控室、继电器机架的逻辑信号。(√)

6.3　简答题(每题5分)

简述控制棒驱动机构(CRDM)功能。

答:控制棒驱动机构(CRDM)是棒控系统的执行机构。棒控系统向CRDM传送一定时序的电信号,控制控制棒的提升、保持或下插。提升控制棒束,增加反应堆裂变率,并提高了反应堆的产热量;下插控制棒束,反应堆裂变率下降,从而降低了热输出。精确地棒束控制是必要的。

控制棒驱动机构是一种完全防漏磁的磁力提升装置。它有三个电磁极,当按控制顺序对其通电后,将提升、保持、下插控制棒束在堆芯的合适位置。磁极的吸合或断开导致移动或者保持钩爪啮合到CRDM驱动杆环形槽内,或者从其中脱开。驱动杆与控制棒束机械地连接。控制棒的运行是步进式的。

6.4　实操题(15 分)

鉴定点:CRDM 线圈绝缘电阻测量

试题 1:CRDM 线圈绝缘电阻测量

1. 准备要求

考场准备:

(1) 试题名称:CRDM 线圈绝缘电阻测量

(2) 本题分值:15

(3) 考核时间:20 min

(4) 考核形式:实操

(5) 设备设施准备

序号	名称	规格	单位	数量	备注
1	兆欧表	100 MΩ/500 VDC	台	2	测量线圈绝缘
2	短接线	无	把	若干	线圈放电
3	万用表	FLUKE179	台	2	测量线圈电阻

考生准备:

(1) 试题名称:CRDM 线圈绝缘电阻测量

(2) 本题分值:15

(3) 考核时间:20 min

(4) 考核形式:实操

(5) 工具及其他准备:无

2. 考核要求

(1) 本题分值:15

(2) 考核时间:5 min

(3) 考核形式:实操

(4) 具体考核要求:根据测量要求,熟悉其关键点,掌握 CRDM 线圈绝缘电阻测量具体步骤

(5) 否定项说明:无

3. 配分与评分标准

序号	考核内容	考核要点	配分	评分标准	扣分	得分
1	测量前准备	检查 RGL 系统控制电源和动力电源已隔离(RGL004/005/006TB 断开)	1	未模拟检查隔离状态扣 1 分	1	1
2	操作步骤	从被测机柜上抽出 SC、MC、LC 机箱	2	未操作扣 2 分	2	2

续表

序号	考核内容	考核要点	配分	评分标准	扣分	得分
3	操作步骤	用短路线将 SC、MC、LC 线圈“+”端子对地放电	2	未放电扣 4 分	2	2
4	操作步骤	将电子兆欧表接于“+”端子与地(机柜接地点)之间,测量 SC、MC、LC 线圈对地绝缘电阻 R,应有 R≥20 MΩ/500 VCD/10 s,将 R 计入记录单	2	操作错误扣 4 分	2	2
5	操作步骤	将电子兆欧表接于 SC、MC、LC 线圈“+”端子之间,测量 SC、MC、LC 线圈之间绝缘电阻 R,应有 R≥20 MΩ/500 VCD/10 s,将 R 计入记录单	2	操作错误扣 4 分	2	2
6	操作步骤项	将短路线接于“+”端子与地之间,使线圈对地放电	2	未操作扣 2 分	2	2
7	操作步骤项	对其余 EEC 柜,全部操作结束	2	未操作扣 2 分	2	2
8	操作恢复	将被测机柜的各机箱推回原位,拧紧固定螺丝	2	未操作扣 2 分	2	2

否定项:零部件损坏

评分人: 年 月 日 核分人: 年 月 日

第八部分 DCS系统试验操作

第一章 操作准备

1.1 原理描述

1.1.1 系统功能概述

秦山二期1、2号机组的KIT/KPS、DCS控制系统，均采用HS2000CAS系统对生产过程进行自动控制。其中现场控制站完成信号数据的采集和交换、控制功能；操作员站进行工作的监视和管理。HS2000CAS现场控制站是HS2000CAS综合自动化系统中承担现场信号的采集与转换、完成连续控制、逻辑与顺序、批量控制等运算并对现场设备或装置进行直接数字控制的网络节点。通过系统网络，现场控制站可与操作员站与工程师站双向通讯，它是综合自动化系统现场信息的直接来源。

作为现代化的过程控制设备，现场控制站可根据不同的需求灵活配置，实现以下单一或多种综合功能：

以连续生产对象为主，实现以PID调节为核心的各种常规和高级控制、模糊及PID自整定算法等智能控制；

完成以逻辑关系运算为主的逻辑控制和以控制动作执行顺序为主的顺序控制和批量控制；

可同时以多种周期，对各种类型的过程信号进行大批量采集，形成功能强大的采集站；

完成与其他现场智能设备如PLC、智能仪表、智能调节器等的通讯，实现不同设备之间的数据交换。

1.1.2 系统功能简图

1.1.3 硬件构成

1) 主控单元

主控单元是现场控制站的中央处理单元，主要承担本站的部分信号处理、控制运算、与上位机及其他单元的通讯等任务。它是一个与PC兼容的高性能的工业级中央处理单元，采用模块化结构，机壳内部包括OEM集成的CPU卡、电源卡和多功能接口卡。主控单元的

CPU卡上内嵌实时监控软件，构成一个具有很强实时处理功能的系统平台，多功能接口卡装有应用系统软件，完成本站的控制运算。

主控单元上有多种网络接口，具有强大的网络通信能力。现场控制站通过主控单元的系统网络接口与系统服务器相连，通过服务器再与操作员站、工程师站、打印站相连，形成系统网络，把现场数据传给上位机，同时把上位机指令通过服务器传到本站；通过控制网络接口，主控单元又与过程I/O单元连接起来，与各单元交换数据。主控单元还提供了串行接口，用于实现与其他系统的互连，增强系统的开放性。

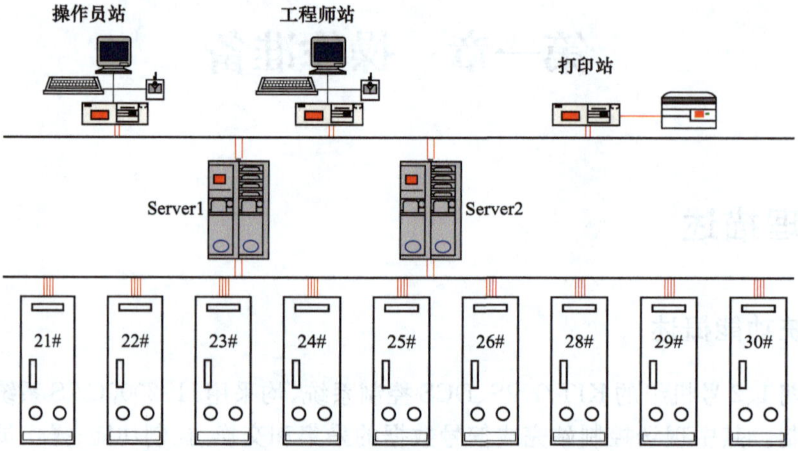

图 1-1 系统体系结构图

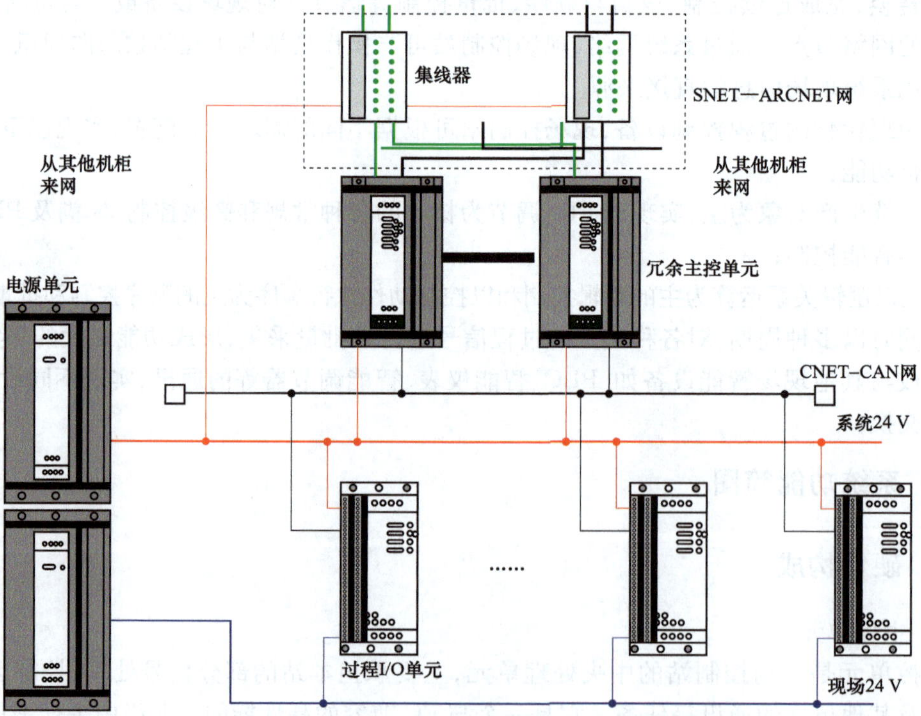

图 1-2 柜内体系结构图

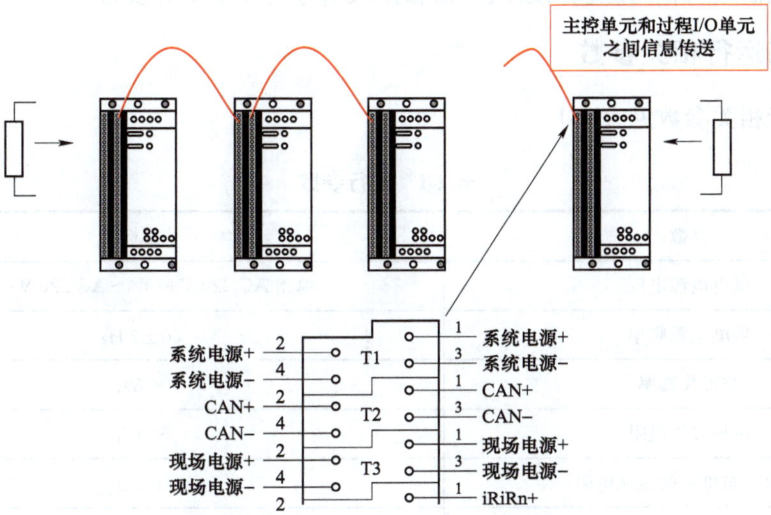

图 1-3　CAN 网连接方式图

为满足生产过程的不间断要求,保证现场控制站可靠性,主控单元可以热备份方式冗余使用。

2) I/O 过程单元

过程输入输出单元(I/O 单元)是完成与现场信号的连接、对输入信号进行的采集与转换、对输出信号进行限幅等处理的智能单元。输入输出单元均采用模块化结构,通常由底座和模块主体两部分组成。底座上有一块无源底板,上面有 I/O 接线端子及其他连接件,模块主体内部一般为功能板,模块主体通过连接器与底座相连,可方便地插拔。

过程输入输出单元都带有微处理器 CPU 和 CAN 通信控制器,可通过控制网络与主控单元相连。各单元在现场控制站启动时从主控单元中获得初始化数据,然后运行固化在单元内部的程序。

过程输入输出单元根据功能分为模入、模出、开入、开出和脉冲量处理、回路控制几类。其中模入、模出单元可冗余配置,以保证重要信号能得到可靠处理。

3) 电源单元

电源单元为单元式模块化结构,用来对现场控制站的其他单元供电。电源单元从功能上分为系统电源和现场电源。系统电源主要用来为各 I/O 单元和主控单元的电源转换模块(24 V—5 V)供电,输出电压为 DC 24 V;现场电源主要用来为现场的二线制变送器、干接点及某些 I/O 单元的 I/O 调理等电路供电,输出电压为 DC 24 V 或 DC 48 V。所有电源模块的输入均为单相 AC 220 V,最大输出功率分为 600 W 和 300 W 两种。

两个电源模块可以配置成冗余的方式,以提高系统的可靠性。

HS2000CAS 现场控制站中提供的单元产品的型号记为 HS2Mxxx,其中,左边第一个 x 为单元类别标志。

4) 网络其他设备

为了确保现场站的正常通讯和运行,网络设备还包括用于服务器通讯的集线器,秦山二期的系统中,KIT/KPS 各控制站间与服务器的通讯采用光纤形式,DCS 系统采用五类双绞线形式。各控制站机柜内还包括通风风扇和接入信号的端子柜等设备。

1.1.4 现场运行相关参数

现场运行相关参数见表 1-1。

表 1-1 运行参数

参数	指标
供电电源电压	单相 AC 220 V+10%～AC 220 V−15%
供电电源频率	50±2 Hz
波形失真率	＜3%
机柜接地电阻	＜4 Ω
各单元与机柜的接地电阻	＜1 Ω
工作温度	0～+50 ℃
贮存运输温度	−15～+60 ℃
温度变化率	＜±5 ℃/h
工作相对湿度	＜90%(40 ℃)
贮存运输相对湿度	＜93%(40 ℃)
大气压力	86～106 kPa

1.1.5 可靠性措施

作为现场的直接控制站点,现场控制站的安全可靠是第一要素,尤其是对不允许间断的生产过程。这些准则在HS2000CAS现场控制站的设计上得到了充分的体现,可以概括为以下几个方面。

1) 冗余措施

热备份式冗余是提高可靠性的有效措施,现场控制站最关键的几个部分都可以冗余配置,一旦某个单元发生故障,可自动无扰地切换到冗余单元。

主控单元可以冗余配置。两个主控单元带两路网络控制逻辑和两路 SNET 网络接口,形成双冗余网络。

主控单元可以冗余配置。两个主控单元带两路网络控制逻辑和两路 SNET 网络接口,形成双冗余网络。

2) 危险分散措施

过程I/O单元采用的智能化设计方法,可有效地将部分控制或采集运算分散到各I/O单元,降低主控单元的负担,提高可靠性。另一方面,一旦主控制器发生故障,各单元仍能完成基本的输入输出功能。如控制输出的自动保持功能,回路控制的独立执行等。

3) 故障隔离措施

所有过程输入输出单元与 I/O 站系统之间,采用可靠的光电隔离和 DC/DC 隔离技术,使各单元之间和单元与上位机之间无任何电气联系，从而提高系统的抗干扰能力、可靠性和安全性。在同一单元的不同通道间及逻辑功能侧和现场信号侧，也提供了隔离措施，可消除由于现场地电位差对系统造成的损坏。

4）迅速排除故障措施

迅速排除故障的措施首先应保证使用者及时发现故障，然后方便迅速地排除故障。

现场控制站的所有单元上均带有 CPU，每单元均可进行周期性自诊断。诊断主要包括 CPU 与内存等的自检、开关量输出回读比较、模拟量输入通道的正确性比较判断、模拟量输出通道的正确性比较等。诊断结果每秒钟都上传到上位机的系统状态图中显示。

系统中所有单元上均有状态指示灯包括运行灯、故障灯、网络通信灯等。打开机柜，各单元运行状态一目了然。

一旦发现故障，可带电对故障单元进行更换。由于采用了特殊保护措施，系统中所有过程 I/O 单元均可带电拔插，对系统的运行不会产生任何影响。

1.1.6　主要设备

- 主控单元
- 模拟量输入单元
- 模拟量输出单元
- 开关量输入单元
- 开关量输出单元
- 回路控制单元
- 现场电源(300 W)
- 现场电源(600 W)
- ARCNET 集线器

1.1.7　主控单元

主控单元采用与 PC 兼容的高性能的工业级主控制器，是现场控制站的中央处理单元，具备数据处理能力和网络通信能力。

从主控单元整体结构，它具有以下特点：

1）数据处理

采用高性能 CPU 卡(CPU 为 Pentium 级)，可进行大规模、复杂的数据处理。

2）网络通信

具备多种通讯接口，可方便地与其他系统互连，具有系统开放性。

3）可靠性

两个单元可互为热备份冗余使用，提高了系统的可靠性。

4）复位保护

单元上设计了 Watchdog 电路，当程序因现场干扰出现混乱时，单元能在设定的时间内自动复位并重新启动。

5）状态显示

单元的前面板带有指示灯，可清楚表示单元当前的运行状态。

1.1.8 运行状态显示

主控单元的正面如图 1-4 所示，清楚地表示了单元的前面板形状和底板上各连接器、跨接器的分布位置

图 1-5 详细示出了主控单元前面板的 PVC 贴面及运行状态指示灯。从图 1-5 中可以看到，运行状态指示灯为 4 组 LED 指示灯，各指示灯表示的含义定义如下：

PWR(电源状态指示灯)：该绿灯可以说明电源状况。灯亮表示主控单元处于上电状态，灯灭表示处于掉电状态。

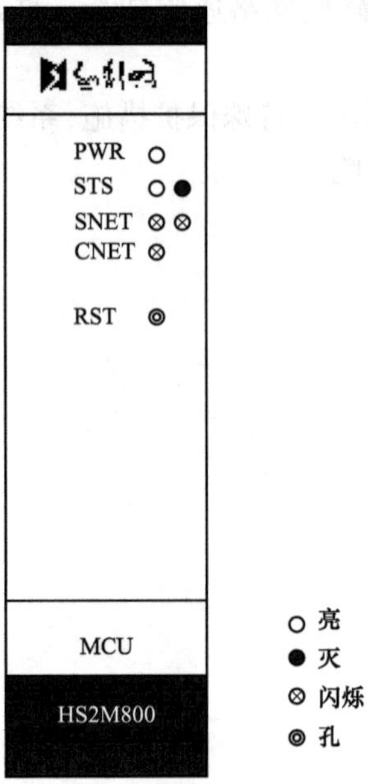

图 1-4 运行时各指示灯状态

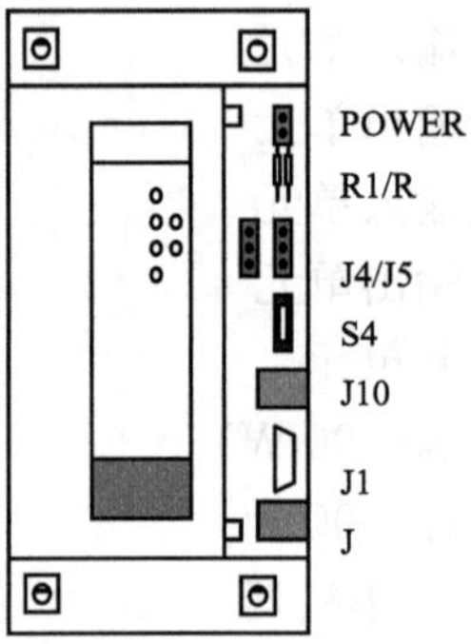

图 1-5 主控单元前面板的 PVC 贴面及运行状态指示灯
POWER：电源端子 R1/R2：电阻 J4/J5：CAN 通讯接口
S4：拨码开关 J10/J12：NET 通讯接口

STS(系统状态指示灯)：用左侧绿灯与右侧红灯同时表示系统当前的运行状态，具体定义如表 1-2 所示。

表 1-2 系统状态指示灯

状态指示灯		系统状态
绿灯	红灯	
灭	闪烁	现场控制站没有软件或主控单元正在启动(*)
灭	灭	本站无数据库
亮	灭	本主控单元在线运行
闪烁	灭	本主控单元处于后备状态
灭	亮	系统出现故障

注：* 当主控单元无软件或正在启动时，系统状态指示灯均为绿灯灭、红灯闪烁。区别在于无软件时，两灯状态长时间不改变；如果是启动状态，两灯很快就会自动转到绿灯亮或闪烁、红灯灭的运行状态。

SNET(系统网络状态指示灯):用左右两个黄灯分别显示 SNET1 和 SNET2 的运行状态。灯亮表示该灯所对应的 SNET 通讯口正在发送数据。

CNET(控制网络状态指示灯):CAN 总线的运行状态由一黄色指示灯表示。该灯闪烁时,表示 CAN 网络正在收发数据,其频度即为 CAN 的通信频度。

若指示灯出现其他状态,则为非法/异常状态,应请系统人员进行诊断。

图 1-5 用不同的符号表示指示灯的不同状态,清楚地说明了主控单元正常运行且正在发送数据时各指示灯的状态。

1.1.9 站号设置

主控单元底板右侧有 1 个 8 位拨码开关 S4,如图 1-6 所示,主要用于设置主控单元的地址、数据库状态及冗余状态。

拨码开关的低 6 位用于设定 SNET 网络的节点地址即现场控制站的站号,SNET 网络的节点地址范围为 0～63 号。每位开关有 ON、OFF 两种状态,其中 ON 表示逻辑"0",OFF 表示逻辑"1",即组成一个 6 位二进制数,其位序同拨码开关序号,即第 6 位为最高位,第 1 位为最低位。

6 位开关全部打到 ON 上对应站号为 0,全部打到 OFF 上对应站号为 63。拨码开关的第 7、8 两位为其他用途。

1.1.10 网络连接

(1) 系统网络

HS2000CAS 系统中,每个现场控制站均有唯一的一个站号并通过主控单元的 NET 接口连入系统网络,如图 1-7 所示。

升级后主控单元只保留有 UTP 类型的网络接口,UTP 接口适用于五类双绞线。

当使用 UTP 类型接口时,TJ45 型插座装焊在底板上的 J10、J12 位,其中 J10 定义为 SNET1,J12 为 SNET2。

(2) 控制网络

在连接控制网络之前,要求各 I/O 单元设置好 CAN 节点号。

主控单元右侧 J4/J5 接线端子为 CNET 接口,通过双绞线可与一 I/O 单元连接,再通过此 I/O 单元的双排 CAN 接口,转接到其他 I/O 单元,形成完整的 CAN 网络。如图 1-7 所示。

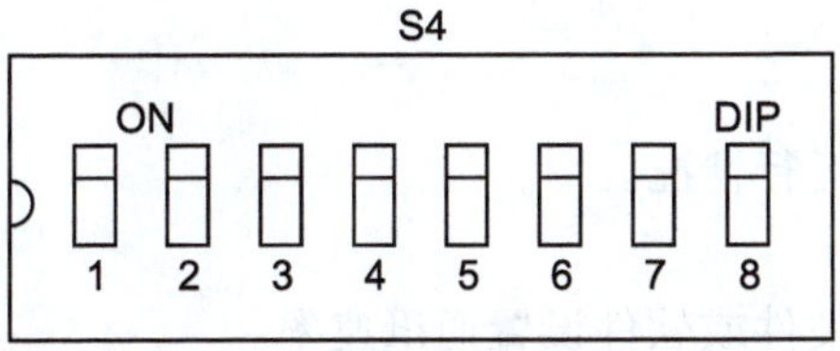

图 1-6 S4 拨码开关

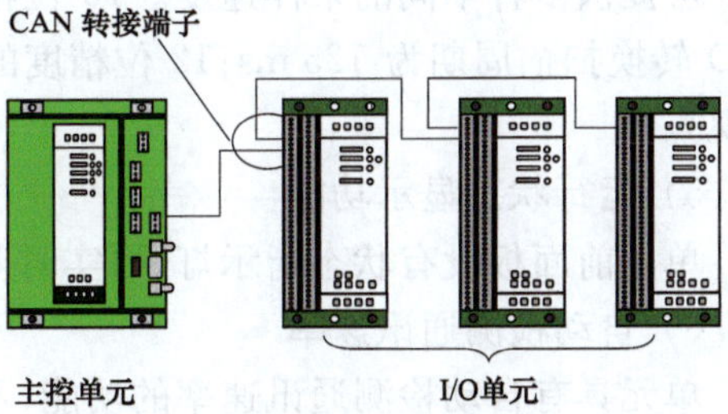

图 1-7 控制网络连接

1.1.11 串行接口

主控单元底板右侧的接线端子保留了 RS485 接口,形式为双排针口。即秦山现场使用的 HS2M801 只保留一个串口,被设置为串口 1。

在应用中可通过工程师站组态软件来选择 RS485/RS232,若软件选择串口 1 为 RS485 方式。

在现场使用中,HS2M801 上的 CPU 板不是通过串口下装程序的,所以串口功能在此不做说明。

1.1.12 掉电保护

特别注意的是主控单元拨码开关 S4 的第 7 位掉电保护功能的使用。正常使用时,该位应设置为 ON。需要更新数据库时,首先将该位设置为 OFF,使主控单元运行正常,此时服务器即可对该站进行下装。下装成功后,该主控单元应进入当前(或后备)运行状态,应将该位拨回到 ON 状态,并可通过 STS 指示灯观察当前状态。

1.1.13 HS2M400 模拟量输入单元

功能概述

16 路模拟量输入单元是 HS2000CAS 现场控制站对多种模拟量信号进行采集与处理的单元,能广泛适应现场的需要。秦山二期系统采用的 16 路模拟量输入单元型号为 HS2M400 基本型,其主要功能与性能如下。

1) 采样多种信号

可实现对电压型信号、无源电流型信号、有源电流型信号、热阻型信号、热电偶信号的采样处理,基本涵盖了现场所有可能用到的类型。

2) 16 位分辨率的 A/D 转换

采用高分辨率的 A/D 转换器,可实现对模拟量信号进行 16 位分辨率的 A/D 转换。

3) 量程转换和标准数码输出功能

可对各种现场信号进行量程转换,量程转换的输出结果采用 0~0xFFFF 标准码形式,标准码与信号量程是一一对应的比例关系。

本单元还具有接收负电压的能力(输入电压信号量程最大可为±10 V)。

4) 具备多种扫描周期

可提供多种不同的采样速度。16 位精度的 A/D 转换扫描周期为 250 ms;15 位精度的 A/D 转换扫描周期为 125 ms;12 位精度的 A/D 转换扫描周期为 50 ms(通过设备组态工具实现)。

5) 运行状态显示功能

单元前面板设有状态指示灯,可实时监视单元运行情况。

6) 自动检测通讯速率

单元具有自动检测通讯速率的功能,不必通过硬件或软件设置通讯速率。

7) 可带电热插拔

在系统正常运行的情况下,带电插拔本单元,不会对系统产生任何影响。

8）较强的噪声抑制能力

由于采用了二级信号低通滤波和四层电路板技术，使单元抑制共、差模噪声的能力大大提高。

1.1.14　运行状态显示

模入单元的前面板上有 3 组状态显示灯，当单元正常运行时，各显示灯状态如图 1-8 所示。各灯具体含义如下：

表 1-3　系统状态灯

状态指示灯		系统状态
绿灯	红灯	
亮	灭	单元在线运行
闪烁	灭	单元处于冗余后备状态
灭	亮	单元出现故障

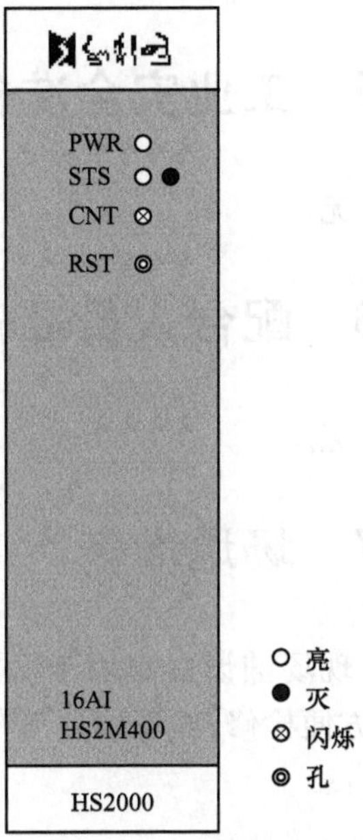

图 1-8　模入单元前面板指示灯状态

CNT(控制网络状态指示灯)：CAN 总线的运行状态由一黄色指示灯表示。该灯闪烁时，表示 CAN 网络正在收发数据。

1.2　工器具准备

工器具准备见表 1-4。

表 1-4　工器具准备

工器具名称	规格型号	数量	用途
万用表	FLUKE179	2	测量端子的通断
信号发生器	FLUKE744	1	接线端子加模拟信号
专用内六角扳手		1	FBM 卡件的拆卸和安装
一字/十字螺丝刀		2	端子接线的拆卸与恢复

1.3　模拟体准备

无。

1.4　辐射防护准备

无。

1.5 工业安全准备

无。

1.6 配合人员准备

无。

1.7 场地准备

现场铺设白布用于摆放工器具；铺设橡胶板，合理分配场地，确保工具、设备的合理分布，方便检修；在场地外围布置警示带。

第二章　操作实施

2.1　操作实施 1

CAN 节点设置

HS2M400 单元的 CAN 节点号是由 HS2B110 底板上的拨码开关 S1(如图 2-1 所示)的低 6 位来设定的。

在拨码开关的低 6 位中,每位有 ON、OFF 两种状态,其中 ON 表示逻辑“0”,OFF 表示逻辑“1”,即组成一个 6 位二进制数,其位序同拨码开关序号。所设定的节点号为二进制转换为十进制的数值。

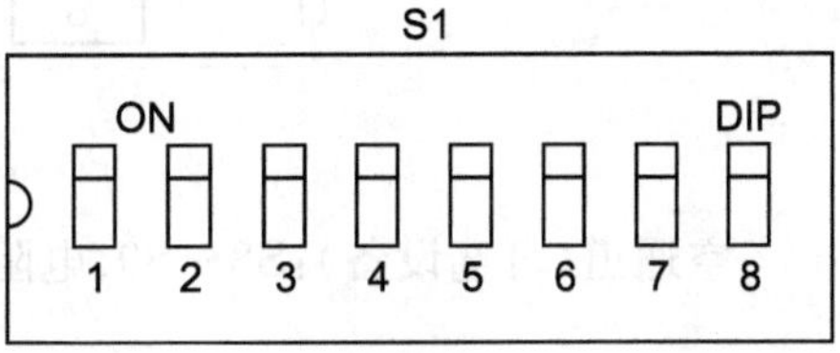

图 2-1　拨码开关

CAN 网络的节点号范围为 0～63。各类 I/O 单元的节点号

设置是唯一的,且与组态软件设置号一致。

2.2　输入信号选通

从底板端子过来的不同类型现场信号在进入功能模板之前,必须对底板 HS2B110B 上的跳线器 JP1～JP16 进行相应设置,同时对于电流、电压信号还须设置相应的电阻,使各类信号得到相应的处理。

跳线器 JP1～JP16 为 16 组 3×4 跳线器对不同的模拟输入信号跳线器跨接设置如下:

有源电压型/热偶信号:S6—S9,S5—S8,电阻 512 kΩ(如图 2-2 所示);

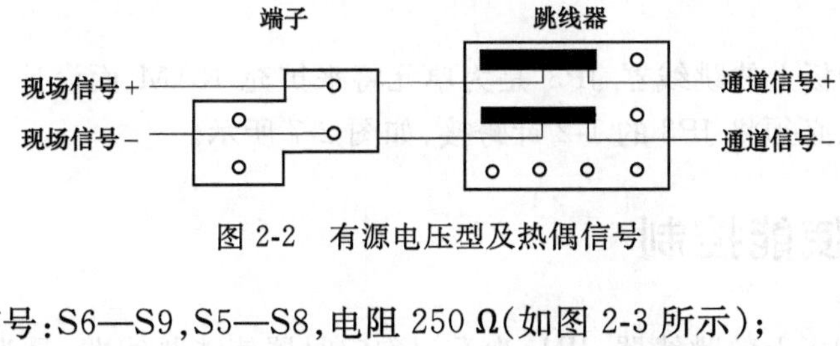

图 2-2　有源电压型及热偶信号

有源电流型信号:S6—S9,S5—S8,电阻 250 Ω(如图 2-3 所示);

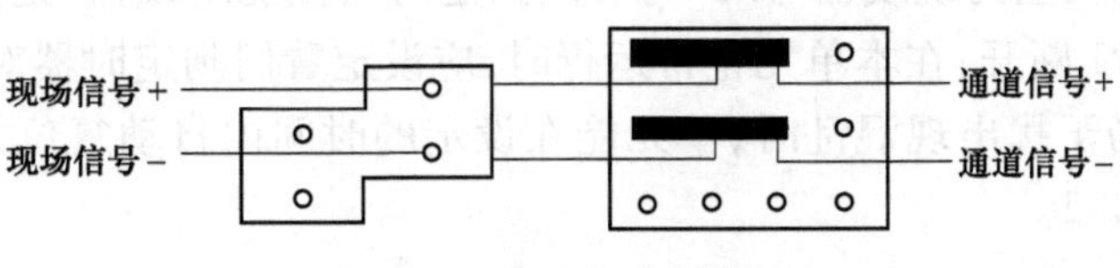

图 2-3　有源电流型信号

无源电流型信号:S3—S6,S5—S2,S4—S1,电阻 250 Ω(如图 2-4 所示);

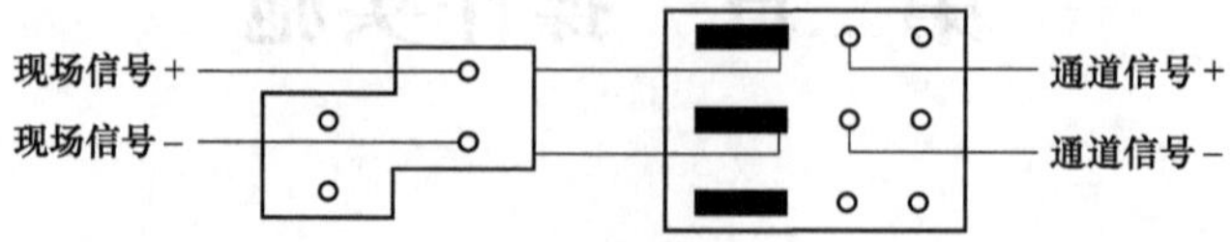

图 2-4 无源电流型信号

热电阻信号:S6—S9,S5—S8,S10—S11,S7—S4,电阻无(如图 2-5 所示);

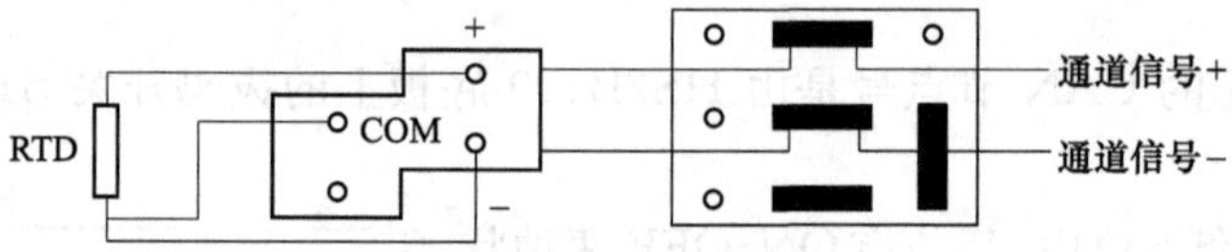

图 2-5 热电阻信号

空通道(可选设备):S8—S9,电阻无(如图 2-6 所示)。

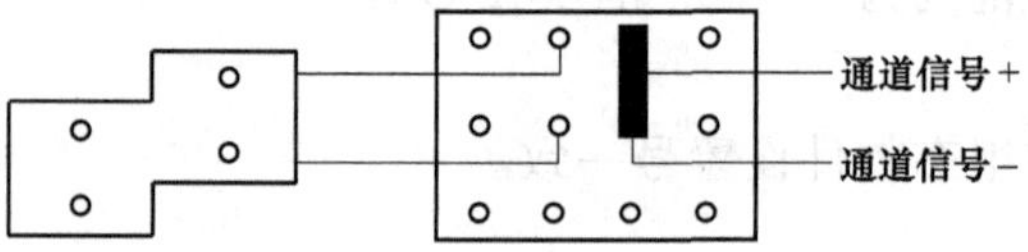

图 2-6 无输入信号

2.3 手动复位

单元前面板上有一 RST 复位键,每触击一次此键,本单元将被热启动一次。

2.4 保留的设置

HS2B220 功能板上的跳线器 JP3 是为单元将来扩充 RAM 而设计的。在目前情况下,必须将 JP3 的 1-2 针跨接,如图 2-7 所示。

图 2-7 三针跳线器

2.5 看门狗使能控制

HS2B220 功能板上的跳线器 JP1 为看门狗定时器使能跳线器,是为软件调试而设置。在软件调试阶段,JP1 断开;在本单元正常运行时,应设定看门狗定时器对单元工作状态进行监视,当程序因现场干扰出现混乱时,单元能在设定的时间内自动复位并重新启动,即跨接 JP1,具体设置见表 2-1。

表 2-1 设置看门狗工作状态

JP1 跳线器	看门狗定时器
	工作
	禁止

2.6 热偶补偿

在导线电阻较大的情况下，热电偶信号会出现采样不准(正常电桥不足以补偿)的情况，这时可通过设定位于 HS2B220 功能模板左上角的 6 位跳线器 JP2 进行补偿，如表 2-2 所示。

表 2-2 导线电阻与温度补偿的关系

导线电阻	JP2
≥5 Ω	跨接补偿
<5 Ω	断开

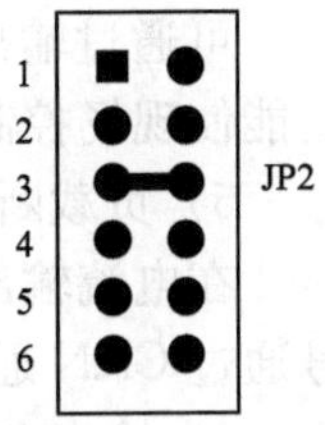

图 2-8 跳线器

跳线器的每位不跨接为逻辑 0，跨接为逻辑 1，使 2×跳线器设置值=导线电阻值。例当导线电阻为 8 Ω 时，跳线器的跨接情况如图 2-8 所示。

秦山现场使用的 2M400 不需要设置。

2.7 冗余设置

在 HS2M400 中，拨码开关 S1 的第 7 位设置为 ON 状态，表示为非冗余单元；拨码开关的第 8 位保留。对于秦山二期现场，第 7 位、第 8 位均设置为“ON”即可。

2.8 注意事项

对于无源电流型信号和有源电流型信号的定义，需要现场向 I/O 站供电的为无源电流型信号，反之为有源电流型信号，请现场注意区别。

对于需要现场供电的无源电流型信号，在插接盒体(功能板)和上电之前，一定要用万用表检查该信号对应端子，确保两端不短路。

在 HS2B220 功能板上存在一些功能的跳线器，出厂前已设定，无须现场更改。

注意供电电源+24 V 的极性和大小，不要接反，需保证供电电压在+18 V 和+36 V 之间。

注意正确跨接端子板上的跨接器，不使用的通道使其短接。

只有热电阻信号不需要设置电阻，现场接线采用三线制。不同电阻外型也应与区别。

2.9 模拟量输出单元

1）概述

16 路模拟量输出单元是将经现场控制站主控单元运算输出的数字信号,转换为对实际现场执行机构有意义的模拟量输出信号的智能处理单元,完成系统的后向通道调理。模出单元的主要功能和性能如下。

2）信号输出方式

模出单元各通道具备电流型和电压型两种输出方式,可供用户选择。

3）16 路输出通道容量

本单元采用 4 路通道共用同一 D/A 转换芯片承担信号输出的方式,来完成多通道的数模转换工作。该设计有效地缩短了全通道扫描周期,增强了隔离性能,从而提高了系统的可靠性。

4）板级自诊断功能

可通过输出故障在线检测电路准确判断单元中出现的故障,实现板级自诊断功能。该功能使现场控制站抗干扰能力强,误动作少。其误差门限可设定。

5）负载断线检测功能

在电流输出方式下,输出负载开路故障可由单元在线检测出来,并把该故障及相应通道号通过 CAN 通讯网络报告给主控单元。

6）输出在线保持功能

本单元内部的数模转换器及信号输出调理部分采用现场 24 V 电源供电,当系统电源供电出故障时,各通道的输出值仍可以保持。

7）输出量程软配置功能

各通道输出量程范围可通过上位机组态由用户软配置,无须通过硬跳线改变,这大大提高了操作上的方便与灵活性。

8）运行状态显示功能

单元前面板设有状态指示灯,可实时监视单元运行情况。

9）自动检测通讯速率

应用了 CAN2.0B 现场总线技术,单元具有自动检测通讯速率的功能,不必通过硬件或软件设置通讯速率。

10）可带电热插拔

在系统正常运行的情况下,带电插拔本单元,不会对系统产生任何影响。

2.10 32 路触点型开关量输入单元

概述

32 路触点型开关量输入单元是 HS2000CAS 现场控制站对触点型开关量输入信号进行采集与处理的单元。根据秦山二期现场采用的型号是 HS2M601 24 VDC 触点型。

触点型开入量单元主要功能及性能如下：

1）采集信号

HS2M601 触点型开入量单元可对 32 路 24 VDC 现场干接点信号进行采集处理。

2）复位保护

Watch dog 电路可在出现错误时,自动对单元复位。

3）通信协议可方便升级

硬件设计上采用与 CPU 分离的通信控制器,可方便地升级 CAN 协议。

4）状态显示

前面板指示灯可显示本单元的当前状态。

2.11 运行状态显示

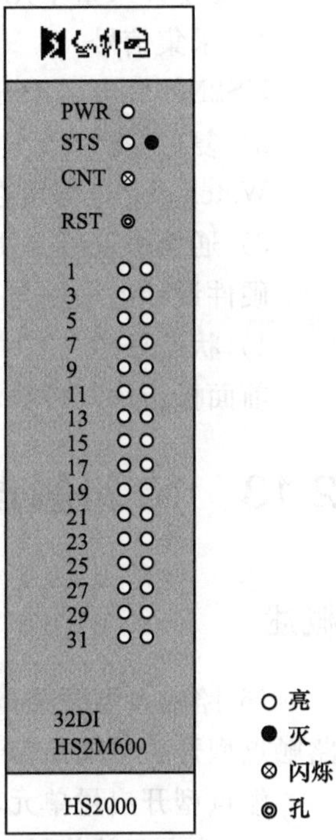

图 2-9 单元状态灯

触点型开入单元的前面板上有 3 组状态显示灯和 16 组通道信号显示灯,每组可显示 2 路通道状态。当单元正常运行时,各显示灯状态如图 2-9 所示。各灯具体含义如下:

PWR(电源状态指示灯):由一绿灯表示当前电源情况,灯亮表示单元已上电。

STS(系统状态灯):由左侧绿灯与右侧红灯同时表示系统当前的运行状态。各灯状态含义见表 2-3。

表 2-3 各灯状态含义

状态指示灯		系统状态
绿灯	红灯	
亮	灭	单元在线运行
闪烁	灭	单元处于冗余后备态
灭	亮	单元出现故障

CNT(控制网络状态指示灯):CAN 总线的运行状态由一黄色指示灯表示。该灯闪烁时,表示 CAN 网络正在收发数据。

通道指示灯:当某路导通时,该通道的指示灯亮。双列指示灯,左侧指示奇数 16 路通道的情况,右侧指示偶数 16 路通道的情况。

2.12 32 路电压型开关量输入单元

概述

32 路电压型开关量输入单元是 HS2000CAS 现场控制站对电压型开关量输入信号进行

采集与处理的单元,型号:HS2M602 DC48 V 电压型。

电压型开入量单元功能及主要特点如下:

1) 采集信号

HS2M602 电压型开入量单元可对 32 路现场 48 V 有源接点信号进行采集处理。

2) 复位保护

Watch dog 电路可在出现错误时,自动复位本单元。

3) 通信协议可方便升级

硬件设计上采用与 CPU 分离的通信控制器,可方便地升级 CAN 协议。

4) 状态显示

前面板指示灯可显示本单元的当前状态。

2.13 16 路触点型开关量输出单元

概述

16 路触点型开关量输出单元是 HS2000CAS 现场控制站为现场提供与系统隔离的 16 路触点型开关量输出信号的单元。触点型开出单元的型号:HS2M604(1A 型)。

触点型开出量单元功能及主要特点介绍如下:

1) 输出开关信号

HS2M604 触点型开出量单元可控制 16 路现场常开接点。

2) 复位保护

Watch dog 电路可在出现错误时,自动对单元复位。

3) 通信协议可方便升级

硬件设计上采用与 CPU 分离的通信控制器,可方便地升级 CAN 协议。

4) 状态显示

前面板指示灯可显示本单元的当前状态。

2.14 HS2M605 16 路固态继电器输入/输出单元

概述

16 路固态继电器输入/输出单元是构成 HS2000CAS 现场控制站的一种对开关量进行处理的基本单元,其内部使用固态继电器(SSR)这类无触点开关器件,与其他继电器相比有很大的优点。16 路固态继电器输入/输出单元型号为:HS2M605。

固态继电器输入/输出单元功能及主要特点如下:

1) 完成开关量的输入与输出

单元可同时对 16 路开关量进行输入输出处理,可以 8 个通道为一组设置是输入通道还是输出通道。

2) 具有高可靠的性能特点

单元采用固态继电器这类无触点开关器件，由于它内部无机械触点，因此有工作稳定可靠，开关速度快，工作频率高，寿命长等优点，能抗震、防潮、防腐和防爆，特别适用于恶劣环境。

3）复位保护

当软件出现错误时，Watch dog 电路可自动复位本单元。

4）通信协议

采用与 CPU 分离的通信控制器，可方便地升级 CAN 协议。

5）状态显示

前面板指示灯可显示本单元的当前状态。

2.15　HS2M102 回路控制单元

概述

HS2000CAS 现场控制站的回路控制单元 HS2M102，可对多种信号进行采集、处理和输出控制，能广泛适应现场的需要。其主要功能与性能如下：

1）采样多种信号

可实现对电压型、无源电流型、有源电流型模拟量信号和电压型、干结点型开关量输入信号的采集，同时可输出电压型、电流型的模拟量信号和干结点型开关量信号。

2）自主运行功能

单元实时监视主控单元的运行，一旦与主控单元通讯中断可自动转入自主运行，并按固定算法对输入/输出进行控制，提高了控制系统的可靠性。

3）12 位分辨率的 A/D 和 D/A 转换

采用高分辨率的 A/D 和 D/A 转换器，可实现对模拟量信号高精度的输入/输出转换。

4）运行状态显示功能

单元前面板设有状态指示灯，可实时监视单元运行情况。

5）自动检测通讯速率

单元具有自动检测通讯速率的功能，不必通过硬件或软件设置通讯速率。

6）可带电热插拔

在系统正常运行的情况下，带电插拔本单元，不会对系统产生任何影响。

7）完善的隔离措施

对电源、通讯及信号的输入输出采用完善的隔离措施，极大的降低了现场对单元的影响和各单元之间的相互影响。

8）较强的噪声抑制能力

对模拟量输入信号采用了二级信号低通滤波，使单元抑制噪声的能力大大提高。

2.16　控制方式

控制方式见图 2-10。

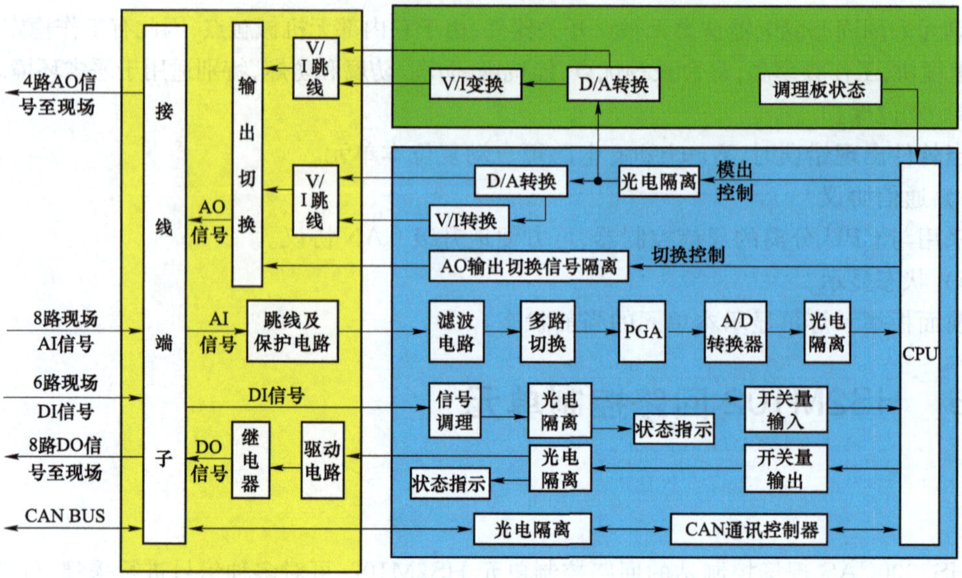

图 2-10 控制方式

2.17 单元结构和技术参数

HS2M102 回路控制单元由底座和两个盒体组成。

底座中安装有 HS2B123 回路控制底板,主要实现系统与外界的连接。

带灯盒体中安装有 HS2B239 回路控制功能板,应安装在底座的右侧插槽位置,不带灯盒体中安装有 HS2B240 回路控制调理板,应安装在底座的左侧插槽位置。

底座与盒体连接时,首先应将两模板上的 48PIN 和 96PIN 连接器对接在一起,然后把盒体上下方的连接螺钉拧紧在底座上,形成一个完整的单元。拆卸盒体时,只要把连接螺钉拧松将其拔下即可。

回路控制单元采用双层接线端子,完成信号线的连接。接线端子位于底座左侧,每个接线端子的定义由盒体左侧盖板上的端子接线示意图说明。由于 HS2B102 模块只使用现场电源供电,因此端子接线只连接现场+24 V 电源。现场+24 V 电源和 CAN 通讯线上下层端子所连信号相同。一般进线连到下层端子,从上层端子出线。

由于各类基本型单元的底座在外观和结构上类似,为了避免插装错误,在底座和盒体上分别设置了底座识别孔和底座识别柱。只有当孔、柱衔接相吻合时,才可将盒体安装到底座上,这样能充分保证安装的正确性。

最大通道数:AI:8 通道;AO:4 通道;DI:6 通道;DO:8 通道;

A/D 和 D/A 转换器分辨率:12 位;

输入信号类型

AI:

单极性,功能模块型号为 HS2M102D,0～10 V 和 4～20 mA;

双极性,功能模块型号为 HS2M102S,±10 V。

DI:电压型和干结点型;
输出信号类型:AO:0～10 V 或 4～20 mA;
　　　　　　　DO:干结点型;
输入/输出精度:AI:优于 0.1%;
　　　　　　　AO:优于 0.2%;
电源功耗:DC24 V　小于 600 mA
工作温度:0～50 ℃;
相对湿度:≤85%　无冷凝;
外型尺寸(宽×高×深):187.15×226×170 mm。

2.18　模拟量输入信号设置

从底板端子过来的不同类型现场模拟量信号在进入功能模板之前,必须对底板 HS2B123 上的跳线器 JP1～JP8 进行相应设置,使各类信号得到相应的处理。

跳线器 JP1～JP8 为 8 组 3×3 跳线器如图 2-11 所示。对不同的模拟输入信号跳线器跨接设置如下:

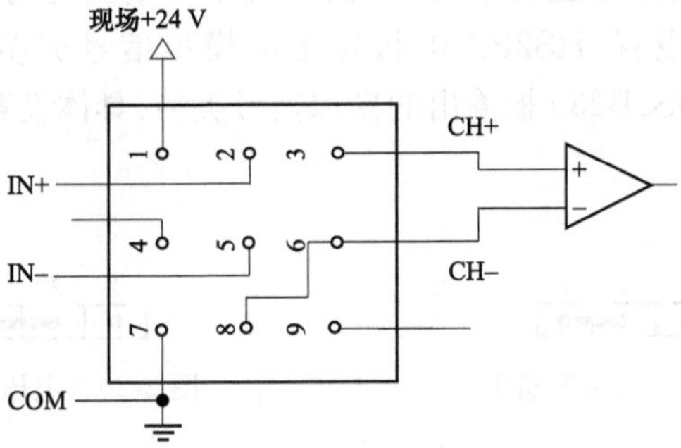

图 2-11　3×3 跳线器

有源电压型信号:S2—S3,S5—S6 短接;(如图 2-12 所示)
无源电流型信号(本板供电):S1—S2,S4—S5,S6—S9,S7—S8 短接;(如图 2-13 所示)
有源电流型信号:S2—S3,S5—S8,S6—S9 短接。(如图 2-14 所示)
*有关有源无源信号定义同模拟量输入单元 HS2M400

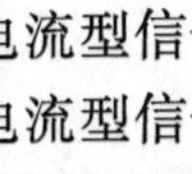

图 2-12　有源电压型信号

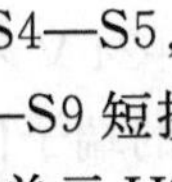

图 2-13　无源电流型信号

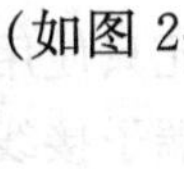

图 2-14　有源电流型信号

2.19　双极性模拟量输入信号设置

与 HS2M400 相同,HS2M102 的模拟量具备接收双极性输入的能力。在 HS2B239 回路控制功能板上有相应的跳线器 JP3、JP4 进行设置如图 2-15 所示，现场在接入信号前要进行确认。

对不同的模拟输入信号跳线器跨接设置如下：

HS2M102S 双极性输入(-10～+10 V)设置如图 2-16 所示。

双极性输入(-5～+5 V)设置如图 2-17 所示。

HS2M102D 单极性输入(0～+10 V)设置如图 2-18 所示。

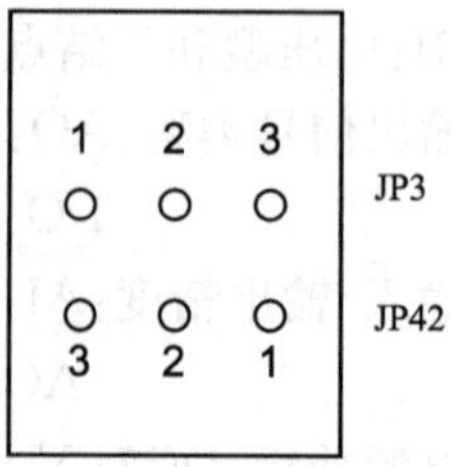

图 2-15 跳线器跨接示意图

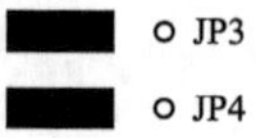

图 2-16 HS2M102S 双极性输入

图 2-17 双极性输入

图 2-18 HS2M102D 单极性输入

2.20 模拟量输出设置

模拟量输出信号通过 96 针欧式连接器分别输出至底板，由底板 HS2B123 的跳线器 JP9～JP16 设置成电流型或电压型信号，经接线端子输出至现场。其中，JP9、JP11、JP13、JP15(AO1～AO4)用于设置 HS2B240 板输出的模拟信号类型，JP10、JP12、JP14、JP16(AO1～AO4)用于设置 HS2B239 板输出的模拟信号类型，具体设置方法如图 2-19 和图 2-20 所示。

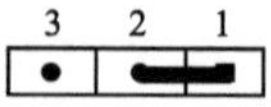

图 2-19 电流型输出

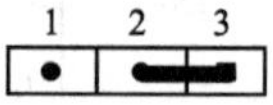

图 2-20 电压型输出

2.21 注意事项

本单元只使用现场+24 V 电源，系统+24 V 不连接。

对应端子接线示意图中标注为“NC”的端子位置应不接线。

本单元与主控单元的通讯遵循 CAN2.0B 通讯协议。

在本单元的安装中，带灯盒体(HS2B239 板)应安装在底板的右侧，其前面板上包括 14 个开关量输入/输出指示灯，不带灯盒体(HS2B240 板)应安装在底板的左侧，其前面板上没有指示灯。盒体与底座上的识别孔(柱)可以防止盒体的插装错误。

在 HS2M102 单元中，HS2B240 板实现模拟量输出的冗余。在单元正常工作时 AO 信号由 HS2B239 板输出，当拔下 HS2B239 板或 HS2M102 单元的输出数据下装前由 HS2B240 板输出 AO 数据。

当与主控单元的通讯中断超过约 10 个同步周期时，HS2M102 单元即认为主控单元故障，并自动转入故障处理。在故障处理中，单元将模入通道 AI3、AI2 和 AI4 的输入信号按量程百分比对应输出到 AO1、AO2 和 AO4 通道，即 AO1=AI3，AO2=AI2，AO4=AI4。同时将 DO1、DO2 输出强制为“1”，对应通道指示灯点亮，其他通道的输出不变。当与主控单元通讯恢复时，HS2M102 的运行受主控单元控制，如没有新的输出数据，则输出将保持当前状态。

HS2M102 单元只在秦山二期 DCS 系统中使用。

在秦山现场为防止 AI 信号短路，引起模板复位。在端子柜模板的前 12 路更换成带保险的端子，保险的型号：5×20 mm，0.25 A。由于厚度的原因去掉没有信号的 3 路，如现场更换单元或检修 HS2M102 时，注意信号的接入和设置（一般规律是去掉 6～8 路）。

2.22 电源单元

概述

在 HS2000CAS 系统中，电源单元主要完成将工频交流电压或现场提供的直流电压转换为系统设备所需的工作电源。单元为开关稳压电源，具有体积小、重量轻、效率高及可靠性高等优点。

电源单元具有以下功能及特点：

1）适应性能

电源单元可适应现场不同的输入电压，包括 AC 220 V 和 DC 24 V；输出电压有 DV 24 V 和 DV 48 V 两种。

2）过压保护

当电源单元输出电压达到标准电压的 140%～170%时，单元输出将自动进入断开保护。

3）过流保护

当电源单元输出电流达到标准电流的 105%～150%时，单元将进入电流保护。

4）电源单元可冗余

在 HS2000CAS 系统中，两个电源单元可采用冗余配置的方式向系统供电，降低由于电源而引起的系统故障，大大提高系统的可靠性。

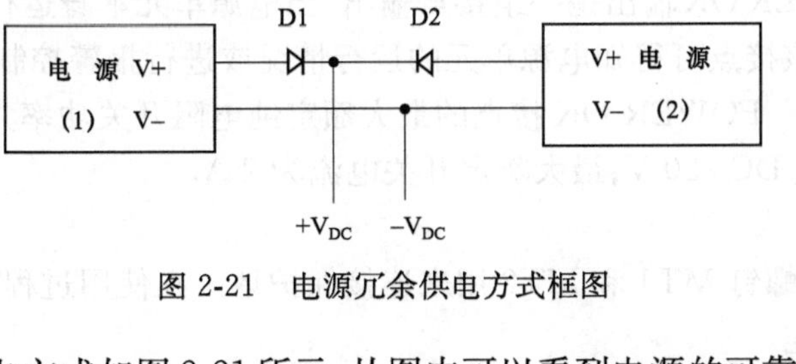

图 2-21 电源冗余供电方式框图

电源单元冗余供电方式如图 2-21 所示，从图中可以看到电源的可靠性主要集中在 D1 和 D2 两个二极管上。只有在以下两种情况下，才有可能引起系统停止工作：一种是两电源单元同时出现故障；另一种是某一个电源单元的输出端出现短路，并且相应二极管也被管击穿短路。除此之外，由电源单元所产生的任何其他故障，都不会导致系统因断电而停止运行。

电源单元按输入电源和输出功率的不同分为 3 种型号，如表 2-4 所示。

表 2-4 电源单元型号及名称

型号	名称
HS2M700	DC 24 V/600 W 电源单元
HS2M701	DC 24 V/300 W 电源单元
HS2M702	DC 48 V/600 W 电源单元

2.23 电源运行状态指示

电源单元的 PVC 贴面上有一电源运行指示灯,可显示电源单元的运行情况。灯亮表示单元处于工作状态,单元实际输出电压值可用三用表通过 J3 端子的 TEST 测试点的正负两端测量。

PVC 贴面下部还标明了该电源单元的输出电压、功率和型号。

2.24 电源输入

对于输入电源为 AC 220 V 的单元,电源通过底板上的 J2 端子连入,L 端接火线,N 端接中心线,J2 端子上部为保险座,拔出橙色的插件即可更换,保险的规格:5×20 mm,4 A。

2.25 输出电压

在电源单元底板上,J6 端子为直流电压(DV 24 V 或 DV 48 V)正端输出,J5 为直流电压负端输出。

POWER OK 信号

J3端子的POWER OK输出是一组接点输出,当电源单元本身运行正常时,该接点闭合,否则为断开。利用该接点可得知电源单元的运行情况或进行报警控制。

在纯电阻情况下,POWER OK 接点的最大额定纯电阻开关功率为 60 W,最大额定开关电压为 AC 220 V 或 DC 220 V,最大额定开关电流为 2 A。

接地保护

在电源底板上,螺钉 MT1 和 MT2 用来连接保护地。在使用过程中,至少必须保证有一个螺钉与保护地相连。

交流 110 V 输入电压的设定

电源单元可适应两种交流输入电压,一种是交流 110 V 供电;一种是交流 220 V 供电。一般情况下,电源单元默认为交流 220 V 供电,若在交流 110 V 供电系统中使用,则必须打开电源单元机壳,把标有 110 V ON 和 220 V OFF 处的两个焊点孔,用适当的导线连接起来。

输出电压调节

在 HS2M700 和 HS2M701 中,一般来说,只提供 24 V 直流电压,使用时若要提高输出电压或者降低输出电压，则必须在单元功能板上再焊接电位器 R_1 和电阻 R_2、R_3 三个元件，通过调节电位器 R_1，可以得到±10%电压变化范围，但受输入电压范围和最小输出电流限制。电阻的具体参数为 R_1=1 kΩ，R_2=820 Ω，R_3=10 kΩ。

2.26 注意事项

系统在使用电源单元时，如发现保险管烧断，并且外观击穿明显，建议不要更换保险，应直接更换电源单元。

如果判断电源单元是否正常输出，不能测量连线的端子 J4、J6，应断开端子接线后测量。

2.27 HS2M805

功能概述及参数

功能：通讯互连，扩展网络节点和扩展网络的覆盖距离；

参数：RJ45 连接器：16 个，5 类非屏蔽双绞线；

光收发器：ST 接口 2/4 对，850 nm，62.5/125 μm 光纤；

输入电源：+24 VDC，0.5 A；

物理尺寸(mm)：170×137×65。

应用图见图 2-22。

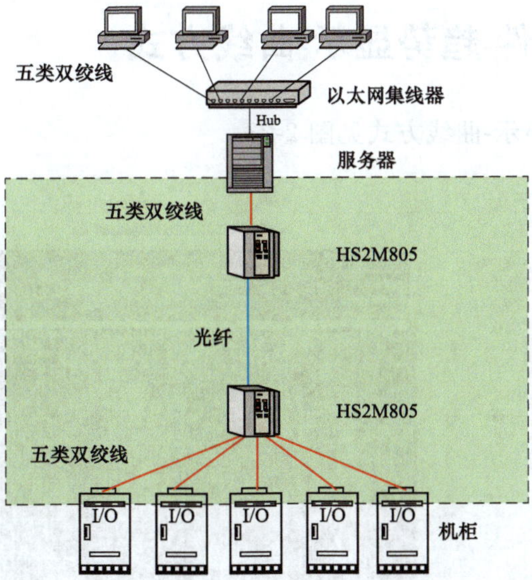

图 2-22 应用图

2.28 服务器软件

实时数据库管理：每个域可达 65 535 个标签；

历史库管理:按采集周期保存历史值,在线:3 天,离线:光盘/MO;

日志管理:全日志、专项日志(简化、SOE、试验、操作记录、设备故障);

报警监视(4 个级别、4 个限值、可变报警、条件报警);

表格管理:超量程表、开关量抖动表、限值修改表、禁止/强制表、报警表;

事故追忆;

计算功能。

2.29 操作员站软件

- 模拟流程图显示
- 变量列表显示
- 实时报警状态监视
- 日志查询
- 表格查询
- 趋势显示
- 报警规程查询
- 事故诊断、分析和操作规程选择
- 统计报表
- 控制操作

2.30 在线软件-趋势显示-曲线方式

在线软件-趋势显示-曲线方式见图 2-23。

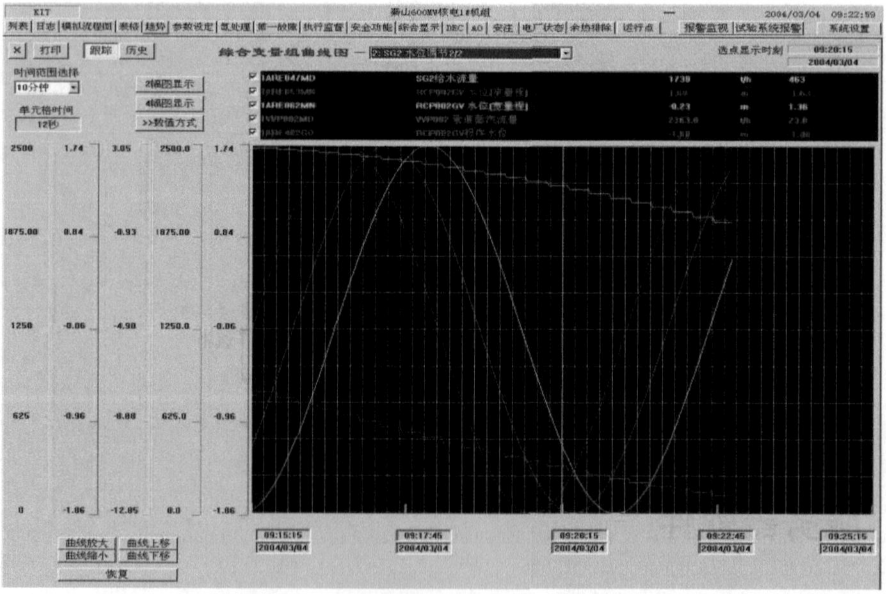

图 2-23 趋势显示

2.31 在线软件-基本系统列表显示

在线软件-基本系统列表显示见图 2-24。

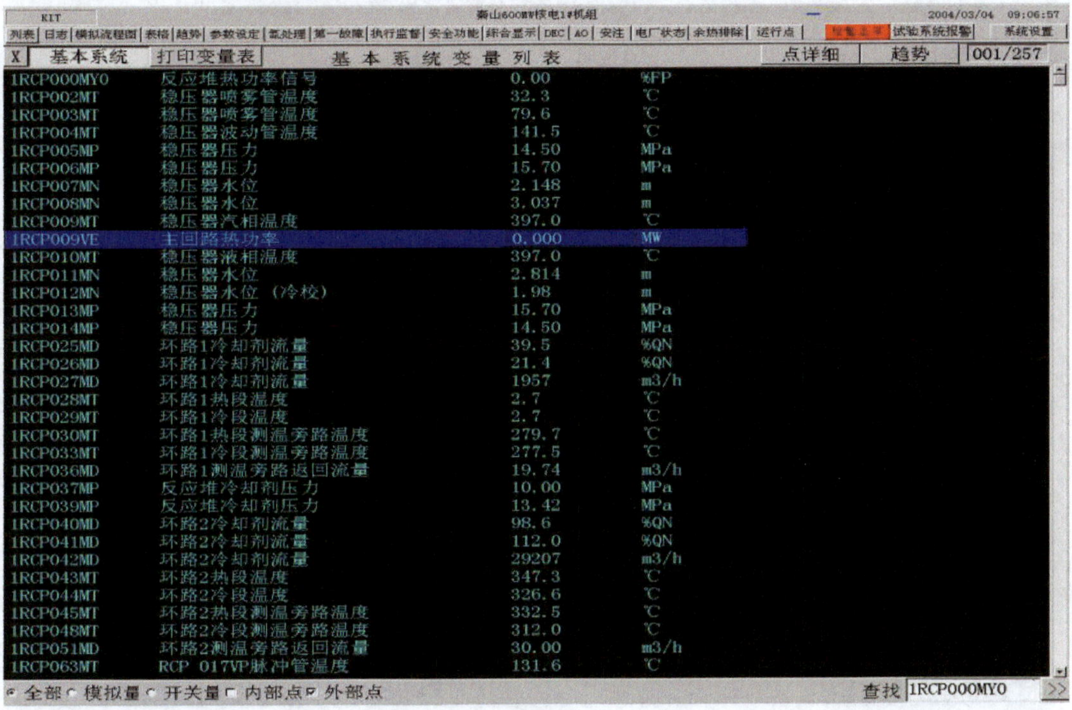

图 2-24 基本系统列表显示

2.32 工程师站软件

工程师站组态软件构成

- 设备组态工具
- 数据库组态工具
- 控制方案组态工具
- 图形组态工具
- 报表组态工具

工程师软件-数据点组态界面,见图 2-25。

工程师软件-功能块图组态实例

工程师软件-功能块图组态实例见图 2-26。

工程师软件-算法在线调试画面

工程师软件-算法在线调试画面见图 2-27。

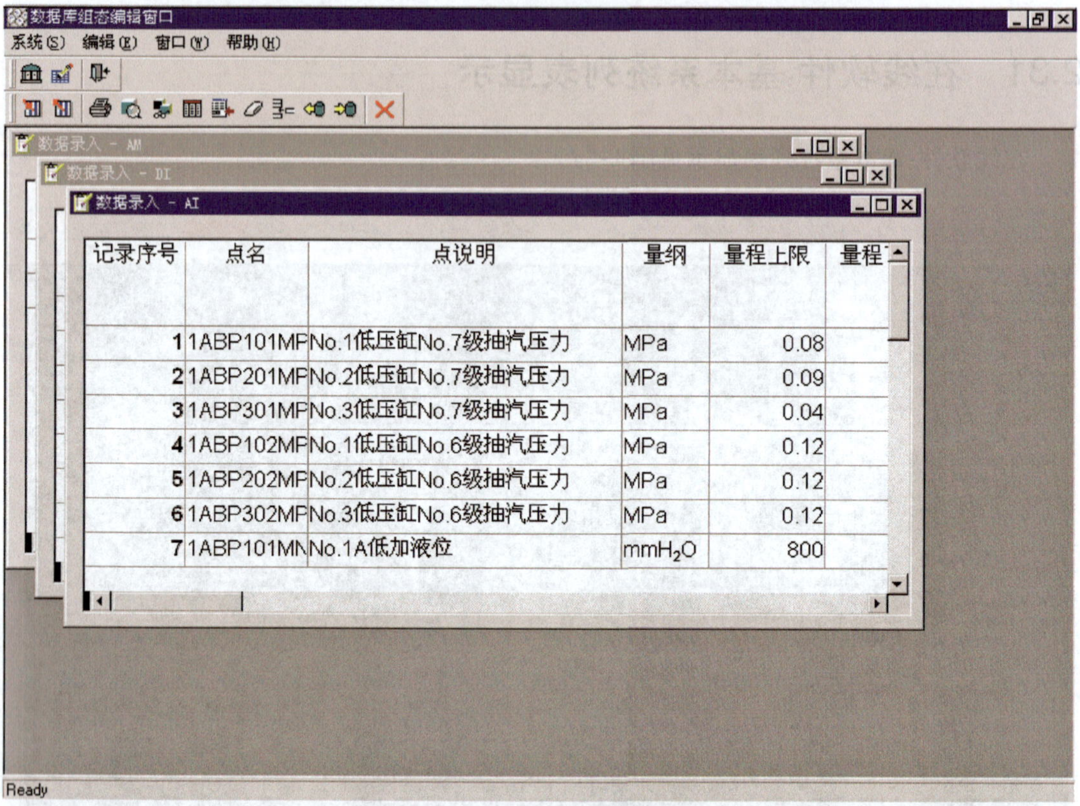

图 2-25 数据点组态界面

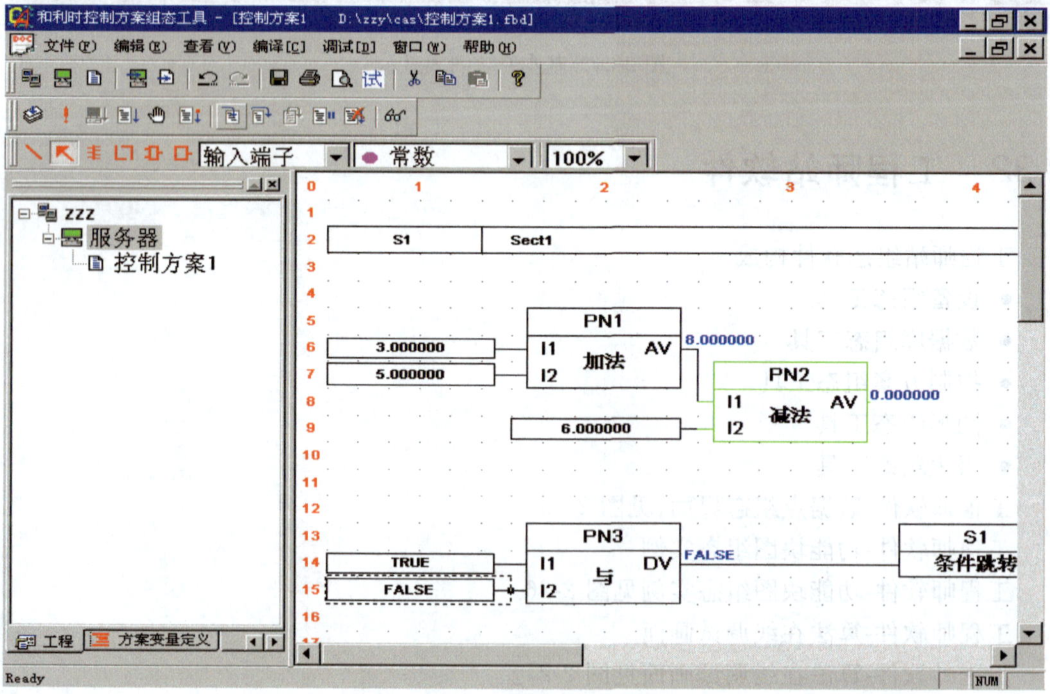

图 2-26 功能块图组态实例

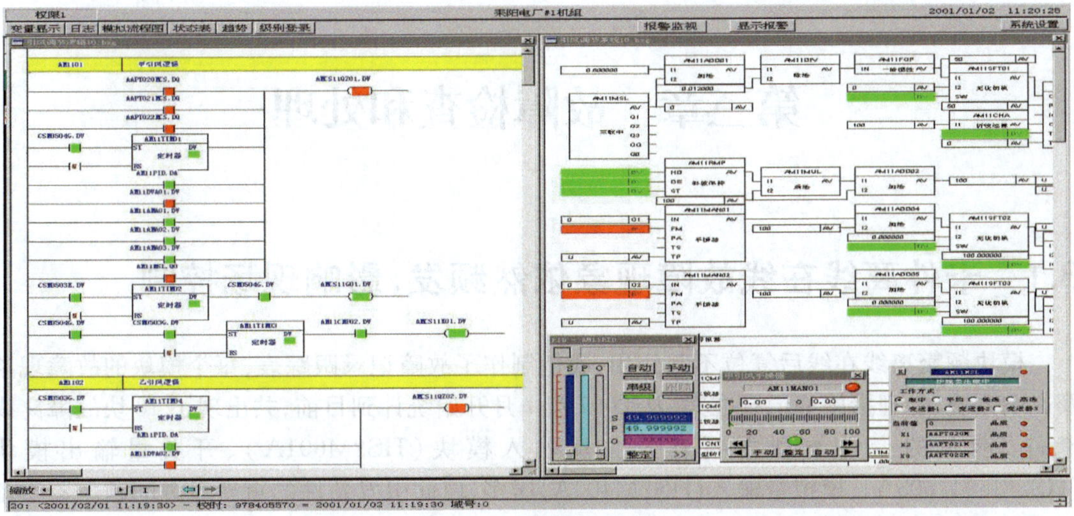
来阳电厂#1机组
2001/01/02 11:20:28
变量显示
日志
模拟流程图
状态表
趋势
级别登录
报警监视
显示报警
系统设置

图 2-27　算法在线调试

第三章　故障检查和处理

3.1　卡件离线在线故障现象依然频发，影响现场控制

模块频繁离线在线后复位不起作用，我们制作了故障记录跟踪表，每个模块的故障现象及影响系统、处理措施都记录在案，从 2007 年 7 月开始统计到目前，共出现了 18 块故障离线卡件，涉及的卡件类型主要有开关量输入模块（HS2M601A）、开关量输出模块（HS2M604/605A）、模拟量输入（HS2M400A）居多，由此引发备件的重新考虑问题。鉴于备件生产周期长，目前我们已提出部分采购来满足现场需要。

处理措施：一般先进行复位操作，若不起作用则予以更换，从统计的故障设备出厂编号上看故障卡件基本上都是 1999 年左右生产的产品，根据队里制定的原则 2000 年以前的产品没有多大维修价值，考虑直接更换，办理报废手续。

3.2　HS2M102 模板故障导致 1ADG 水位异常事件

2007 年 8 月 4 日 21 时 40 分，1DCS3084MB 模块上信号 1ABP002MPD、1CEX026VL、1CEX042VL、1CEX002MPD、1ADG001MN 数据突然跳变后维持跳变后的数据不变（1ADG001MN 由 2 200 mm 直线下降至 190 mm 左右，1ABP002MPD 由 2 500 t/h 直线下降至 660 t/h 左右）导致除氧器水位控制失常。但 DCS 设备故障日志中没有异常出现，见图 3-1。

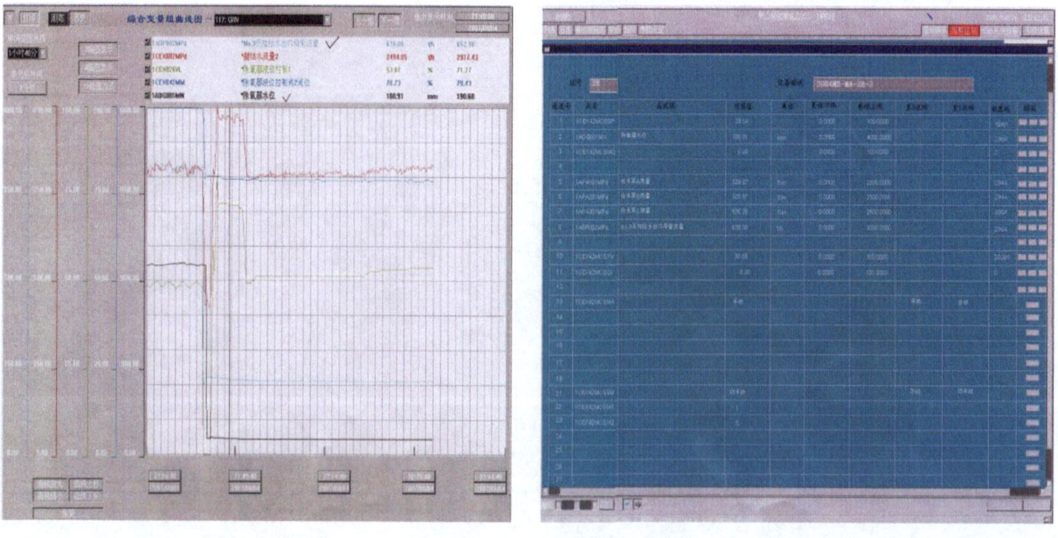

图 3-1　水位异常

处理措施：做好安全措施后检查 1ADG001MN、1ABP002MPD 回路电流分别为 12.8 mA

和17.3 mA,分别对应2 200 mm、2 500 t/h,排除变送器故障;从2DCS3084MB分布的模拟量信号的历史曲线上可以看出这些信号在21时40分同时跳变,且跳变后一直保持稳定,应为卡件3084 MB回路控制板采集发生故障,故将ADG水位异常原因可以定位为3084模板故障,更换3084 MB模块后,卡上所有信号采集立即恢复正常。

3.3 2CEX水位信号故障

2008年3月2日9时,接主控电话反映:2CEX004/008/012MN水位信号数据不变化(840 mm左右),查机器码没有改变,现场凝汽器液位偏低,但2CEX039VD没有相应开启,通过历史趋势检查,发现在3月1日20时19分有一次自动切手动操作,13秒后再切回自动后凝汽器液位信号2CEX004/008/012MN无变化,维持在850 mm左右,信号失效故障没有触发,阀门同时由60%输出被操作员手动关到零切自动后一直维持零输出。但就地实际水位在缓慢下降至750 mm左右。

处理措施:根据现象判断为2CEX004MN/008MN/012MN水位信号测量异常,需检查信号回路,必要时需更换2CEX004/008/012MN凝汽器水位控制回路102模块(2DCS3090MB),紧急票处理,建议主控将阀门2CEX035VD/039VD置于手动,先检查2CEX004MN/008MN/012MN信号回路,测量信号回路正常,数据和就地一致,查历史趋势知在操作员切手动后液位信号即恢复正常,通知主控将阀门切自动,输出控制正常。

第四章　操作结束

4.1　工后会

工后会是对整个工作的过程的回顾以及必要的经验反馈。

工后总结记录表

工作内容						
工单流水号		设备编码			工作负责人	
计划完工时间		实际完工时间				
序号	检查项目	检查结果				异常情况记录
第 1 部分　工作回顾						
1	工作许可证已归还	是	□	否	□	
2	检修现场清理完成	是	□	否	□	
3	设备标牌清晰无损伤	是	□	否	□	
4	检修任务达到预期结果	是	□	否	□	
5	试验设备和工器具归还完成	是	□	否	□	
第 2 部分　经验反馈						
6	工期安排是否合理	是	□	否	□	
7	工作人员配置充足	是	□	否	□	
8	工作文件准备充分	是	□	否	□	
9	工作人员的检修技能满足要求	是	□	否	□	
10	规程、图纸是否有升版需求	是	□	否	□	
11	库存备件是否需要补充	是	□	否	□	
12	更换下来的旧部件是否需要利旧翻新维修	是	□	否	□	
13	检修过程中出现预期外的现象和报警	无	□	有	□	
14	提交缺陷单、QDR、状态报告等	无	□	有	□	
15	编写良好实践、经验反馈	无	□	有	□	
16	工作中需要协调、改进建议等	无	□	有	□	
17	其他事项：					
工作组成员及 QC 人员签名：						

说明：

1）工后总结由工作负责人组织并做好记录，原件放在文件包中；
2）工后总结记录单中每一项都必须打“√”确认，不要遗漏；
3）如有异常，请详细填写异常情况说明，以及后续处理方案；
4）其他事项根据讨论情况记录，经讨论没有涉及的请填写“无”；
5）工后总结结束后，全体工作人员签字确认。

4.2 评判

学员对解体过程进行阐述，并说明其中的关键点以及注意事项。教员对学员的陈述简要记录，根据阐述评判学员的掌握情况。教员指出学员阐述过程中的错误以及需要注意的事项，并且依据评判表，对学员的学习情况作出整体评判。

第五章　经验反馈

故障现象：2008 年 3 月 2 日 9 时，接主控电话反映：2CEX004/008/012MN 水位信号数据不变化（840 mm 左右），查机器码没有改变，现场凝汽器液位偏低，但 2CEX039VD 没有相应开启，通过历史趋势检查，发现在 3 月 1 日 20 时 19 分有一次自动切手动操作，13 秒后再切回自动后凝汽器液位信号 2CEX004/008/012MN 无变化，维持在 850 mm 左右，信号失效故障没有触发，阀门同时由 60%输出被操作员手动关到零切自动后一直维持零输出。但就地实际水位在缓慢下降至 750 mm 左右。

处理措施：根据现象判断为 2CEX004MN/008MN/012MN 水位信号测量异常，需检查信号回路，必要时需更换 2CEX004/008/012MN 凝汽器水位控制回路 102 模块（2DCS3090MB），紧急票处理，建议主控将阀门 2CEX035VD/039VD 置于手动，先检查 2CEX004MN/008MN/012MN 信号回路，测量信号回路正常，数据和就地一致，查历史趋势知在操作员切手动后液位信号即恢复正常，通知主控将阀门切自动，输出控制正常。

第六章　习　题

6.1　填空题(每题 5 分)

1. 基本的逻辑电路有与门、________、________。

答:或门;非门

2. 调节器的三个整定参数分别为比例带、________、________。

答:积分时间;微分时间

3. 在逻辑代数中,A+1 等于________。A×1 等于________。

答:1;A

4. 热电偶输出电压与________和________有关。

答:热电偶两端温度;电极材料

5. 根据控制指令的排列顺序的不同,可将顺序控制系统分为________顺序控制系统、________顺序控制系统和条件顺序控制系统。

答:时间;逻辑

6. 一般检测控制仪表电路可分为三大部分,即________回路、________回路和电源回路。

答:外部;内部

6.2　选择题(每题 5 分)

1. DCS 系统中用于 RS-485 通讯的卡件是(B)。

A. FBM201　　B. FBM224　　C. FBM242　　D. FBM241

2. 在 PID 调节中,能够起到消除余差的是(C)。

A. 比例　　B. 比例带　　C. 积分作用　　D. 微分作用

3. DCS 系统中不需要采用冗余措施的是(D)。

A. 通讯冗余　　B. 控制单元冗余

C. 输入输出冗余　　D. 音箱冗余

6.3　简答题(每题 5 分)

DCS 的概念。

6.4 实操题(模板)

鉴定点:FBM 输入卡件的更换

试题:FBM 输入卡件的更换

1. 准备要求

考场准备:

(1) 试题名称:FBM 输入卡件的更换

(2) 本题分值:15

(3) 考核时间:20 min

(4) 考核形式:实操

(5) 设备设施准备

序号	名称	规格	单位	数量	备注
1	模拟体		台	1	教学用模拟体一台
2	万用表	FLUKE179	把	1	测量端子的通断
3	信号发生器	FLUKE744			接线端子加模拟信号
4	专用内六角扳手				FBM 卡件的拆卸和安装
5	一字/十字螺丝刀				端子接线的拆卸与恢复

考生准备:

(1) 试题名称:FBM 输入卡件的更换

(2) 本题分值:15

(3) 考核时间:20 min

(4) 考核形式:实操

(5) 工具及其他准备:无

2. 考核要求

(1) 本题分值:15

(2) 考核时间:5 min

(3) 考核形式:实操

(4) 具体考核要求:根据 FBM 输入卡件的更换,熟悉其关键点,掌握工作过程大致步骤

(5) 否定项说明:无

3. 配分与评分标准

序号	考核内容	考核要点	配分	评分标准	扣分	得分
1	FBM 输入卡件的更换前准备	确定做好必要保护措施，避免影响设备运行	1	未模拟检查隔离状态扣 1 分		
2	将该输入卡件的对应 I/O 功能块切换为手动	是否了该项任务的操作	2	未切换手动扣 2 分		
3	拆下需要更换的卡件	是否了解拆解的过程	4	1. 卡件拆卸错误扣 2 分。 2. 造成零部件损坏扣 2 分		
4	更换测试为正常的新卡件	了解更换步骤	2	未测试为正常的新卡件扣 2 分		
5	将已测试为正常的新卡件插入对应卡槽，确认卡件各通道正常	回装前需要注意的事项	3	1. 未说明零部件完好或已修复、更换。扣 1 分。 2. 未确认卡件各通道正常扣 2 分		
6	在工程师站打开 I/A 控制系统，点击报警系统，在对应的 CP 中找到已更换的卡件，“DOWNLOAD”，确认该卡件故障产生的报警已经消除	消除报警	3	1. 在工程师站打开 I/A 控制系统，点击报警系统，在对应的 CP 中找到已更换的卡件，“DOWNLOAD”扣 2 分。 2. 未确认该卡件故障产生的报警已经消除扣 1 分		
7	将该模拟量输入卡件的对应 I/O 功能块切自动	I/O 功能块切自动	1	未将该模拟量输入卡件的对应 I/O 功能块切自动扣 1 分		

否定项：零部件损坏

评分人：　　年　　月　　日　　　　　　　　　　核分人：　　年　　月　　日

第九部分 DEH 系统

第一章 操作准备

1.1 原理描述

1.1.1 DEH 的基本工作原理

DEH 系统体现当前汽轮机调节的新发展,集中了两大最新成果:固体电子学新技术和数字计算机系统。液压新技术——高压抗燃油系统,成为尺寸小、结构紧凑、高质量的调节系统。通常的 DEH 主要由几大部分组成。

1) 电子控制器:主要包括工业控制计算机、混合数模插件、接口卡间和电源设备等,均集中布置在 2 个控制柜内。主要用于过程变量的数据采集、控制逻辑运算和发出指令进行控制等。

2) 人机接口及系统维护设备:主要由计算机工作站组成,设有操作盘,显示器和打印机等。为运行人员提供运行信息、监督、人机对话和操作等服务。

3) 油系统:本机高压控制油与润滑油分开。高压油(EH 油系统),采用三芳基磷酸脂抗燃油,为调节系统提供控制与动力用油,系统设有油泵 2 台,1 台工作,1 台备用,供油最大油压约为:20 MPa,它接受调节器或操作盘来的指令进行控制。润滑油泵由主机拖动,为润滑系统提供约为:0.097～0.124 MPa 的汽轮机油。

4) 执行机构:主要由伺服放大器,电液转换器和具有快关,隔离和逆止装置的单侧油动机组成。负责带动高压主汽阀,高压调节汽阀和中压主汽阀,中压调节汽阀。

5) 保护系统:设有 6 个电磁阀,其中 2 个用于超速时关闭高、低压调节汽阀,其余用于严重超速(110%额定转速)、轴承油压低、EH 油压低、推力轴承磨损过大、凝汽器真空过低等情况下危急遮断和手动停机之用。

此外,为控制和监督服务用的测量元件是必不可少的,例如,机组转速 4 调节级汽室压力、发电机功率、主汽压力传感器以及汽轮机自动程序控制(ATC)所需要的测量值等。

CNP600 核电机组的 DEH 调节系统的电子控制装置,是根据西屋公司 DEH-Ⅲ型的功能原理开发的,使用西屋公司的 WDPF-Ⅱ型集散式计算机控制系统(DCS)为控制装置。

1.1.2 秦二厂 DEH 调节系统的控制功能

1) DEH 调节系统的主要控制信号

➢ 转速反馈信号:鉴于转速的重要性,采用 3 个转速传感器通式测量汽轮机转速,经软件表决判断(中选)后,选择一个最可靠的转速作为转速的反馈信号。

➢ 汽轮机首级压力信号:用以代表汽轮机功率的反馈信号。和转速信号一样,信号经“中选”表决处理。

➢ 发电机功率信号:用以代表发电机功率的反馈信号(“中选”表决处理)。

➢ 主汽阀前的主蒸汽压力信号:用以保证汽轮机的进汽压力不低于某一限定值,因而实际上就是负荷限制的信号(“中选”表决处理)。

➢ 模拟系统的手动信号:用于模拟控制。当手动操作时,数字系统也对模拟系统进行跟踪,以保证手动/自动变换过程中的无扰动切换。

2) DEH 系统的基本控制功能

现今的 DEH 系统,功能已很丰富,它们在基本控制和保护功能方面大体相同,但由于机组型式及其要求的不同,各制造厂的传统和所在国科技水平的影响依然存在,因而,各 DEH 系统的功能也不尽相同,各具特色。下面介绍的是由西屋公司发展,并为许多国家所采用的再热机组 DEH 系统的功能。

DEH 系统最主要的任务是对汽轮机进行有效地控制。DEH 系统的控制,按操作方式划分,操作原自动控制(OA),汽轮机自动启停(ATC),操作员手动(MANUAL);按控制目标划分,可分转速控制和负荷控制,当机组启停时,对转速进行控制,并网运行时对负荷进行控制。另外,具有汽轮机的运行监控功能。

磁电式转速传感器将汽轮机的转速,通过测速齿轮,转变为电脉冲信号,并经 QSS 转速测量卡进入 DEH 的控制计算机系统,作为转速控制和显示之用。

3) 转速控制原理

CNP600 核电机组和普通的火电机组不同。挂闸后,MSV、RSV 和 IV 满开,机组的转速控制是 GV 单独完成的。如图 1-1 所示为高压主汽调阀的转速控制原理图。它是由控制方式选择、设定值形成回路比较器(COMP),进行一保持器(GO-HOLD)和设定值计数器(REF COUNTER)以及 PI 校正等环节组成。

转速自动控制的整个过程是:在每一控制周期中,一方面不断地对被控对象的状态参数进行检测和数据处理,建立控制进程标志;另一方面是状态识别,不断地根据进程选择控制策略计算控制变量,对转速实施闭环控制,其主要内容是:

① 控制方式选择。操作员自动控制有 OA 和 ATC 两种方式。工作时操作员选择其中一种方式,在机组挂闸(ASL=0)前,设定值应置于零位。

② 转速控制阶段的主要逻辑状态。进行一保持器(GO-HOLD)逻辑。当机组处于 OA 方式时,输入的目标转速和升速率是否被 DEH 系统接受,取决于置位的逻辑状态。当 GO 键置位,即 GO=1 时,DEH:系统执行阀门控制回路的设定值,按操作员选择的升速率调整汽阀的开度,达到目标转速;当逻辑状态键 HOLD 置位时,系统只保持原有状态。GO 或 HOLD 的置位或复位,都必须满足预置的条件,经确认后才接受“进行”或“保持”。

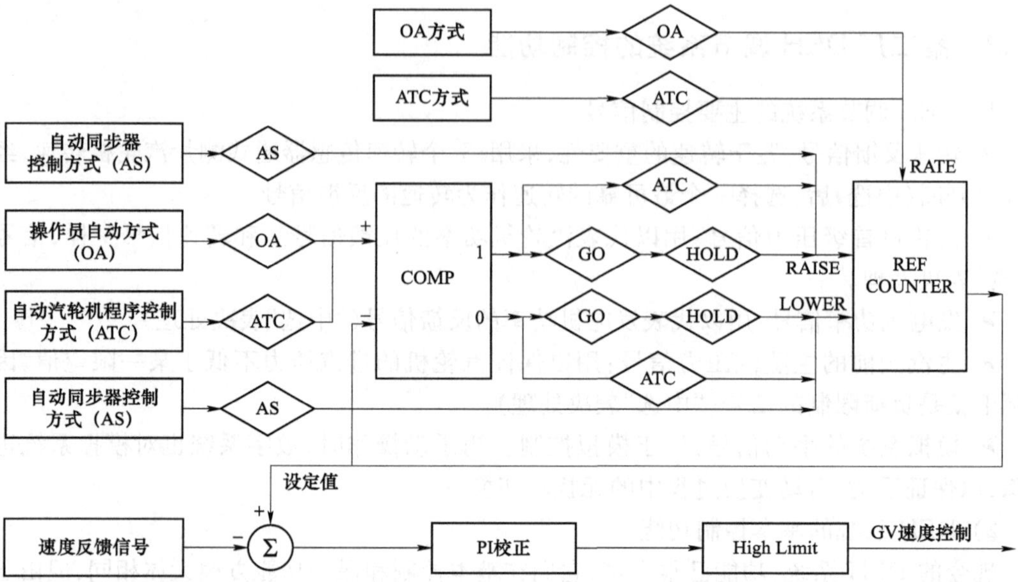

图 1-1　转速控制原理图

③ 设定值形成回路。该回路是由比较器(COMP)、计数器(REF COUNTER)和一些状态标志所组成,其任务是保证机组的热应力在安全允许范围之内,将转速从一个稳定状态无延缓地转变到另一个状态。它的工作原理是:在比较器的输入端,若实际设定值小于目标请求值,它将输出一个增加(RAISE)的信号,使计数器给定的速率趋向目标请求值,直到设定值与目标请求值相等,设定值形成回路才停止工作,反之亦然。在 OA 方式下,只有在建立 GO 后,实际设定值才逐渐向目标请求值逼近。

④ 控制调节回路。它是将设定值形成回路的输出和实际转速反馈信号相比较,经PI调节器较正后,输出相应的控制量,使机组的转速和设定值相等。

⑤ 自动同期控制回路。其中主要的问题是如何控制转速使之自动同步,为此,需要建立同步器控制的标志逻辑,以便在进入自动同步控制方式后,DEH 系统可接受自动同步装置来的触点脉冲输入信号,并将之转换成转速设定值#它的每一个增或减的脉冲信号,可以改变机组的转速 1 rpm,最终实现汽轮机的转速与电网频率所对应的转速相等,当发电机的频率.相角和电压与电网一致时,即实现机组自动并网,从而进入负荷控制阶段。为了防止机组调相运行,此时一般都带上约 5%的初始负荷。

⑥ OPC。

机组超速控制功能

该功能是由(图 1-2)的下部的逻辑实现的,此时,机组处于转速控制方式,当转速超过103%额定转速,即 3 090 rpm,而且信号可靠时,超速控制器的逻辑系统都要输出控制信号,快速关闭高压和中压调节汽阀。当转速小于 103%额定转速 3 090 rpm 后,系统复位。此外,系统还提供 OPC 测试功能。

负荷下跌预测功能(LDA)

该功能是由(图 1-2)中间部分的逻辑实现的,它是基于负荷大幅度下跌(如全甩负荷)、励磁电路断开、机械功率仍保持在 30%额定功率以上的一种保护措施,目的是避免机组超速过大,引起危急遮断系统动作。此时,由 LDA 逻辑发出请求,关闭高压和中压缸调节汽阀,机组自动转入速度控制方式。当励磁断开一段时间后(2 s),LDA复位,转速小于103%额定转速后,OPC电磁阀断电,EH系统重新建立遮断总管油压,中压调节汽阀重新被打开,高压调节汽阀仍受转速调节逻辑的控制,在转速达到额定转速后,再行重新并网,缩短机组重新启动的时间。

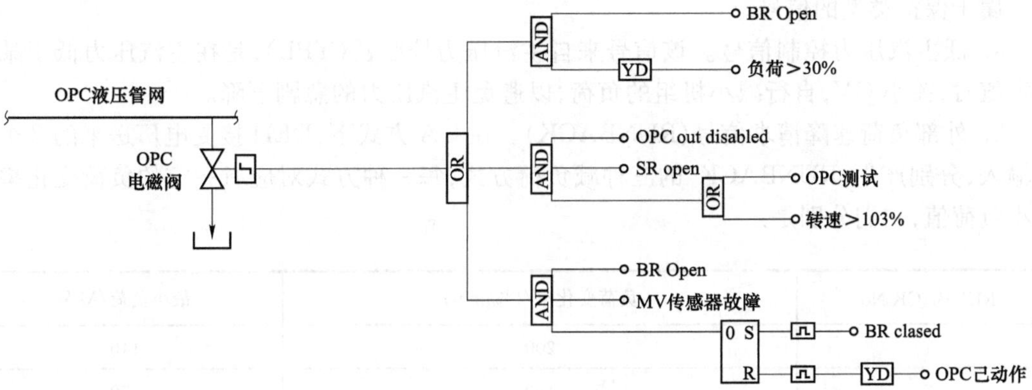

图 1-2 控制回路

4）负荷控制

工作方式选择

操作员自动方式(OA)。机组并网后,DEH自动进入OA方式,操作员再键入目标负荷及其变化率,便能改变机组的负荷。该方式向下是倒退到手操方式,向上是升级到ATC方式。

汽轮机自动启停方式(ATC)。

设定值形成逻辑

DEH系统负荷控制时,指定工作方式下的目标负荷和负荷变化率被转换成能被机组接受的设定值,是通过GV控制的设定值形成逻辑来进行的,如图1-3。设定值是由"设定值计数器"产生,该软件计数器受控于 RAISE(增)LOWER(减)和 RATE(速率)三个信号,增或减的信号有两个来源:一是比较器的输出;二是直接来自各个外部信号,而这些信号又取决于DEH的工作方式。

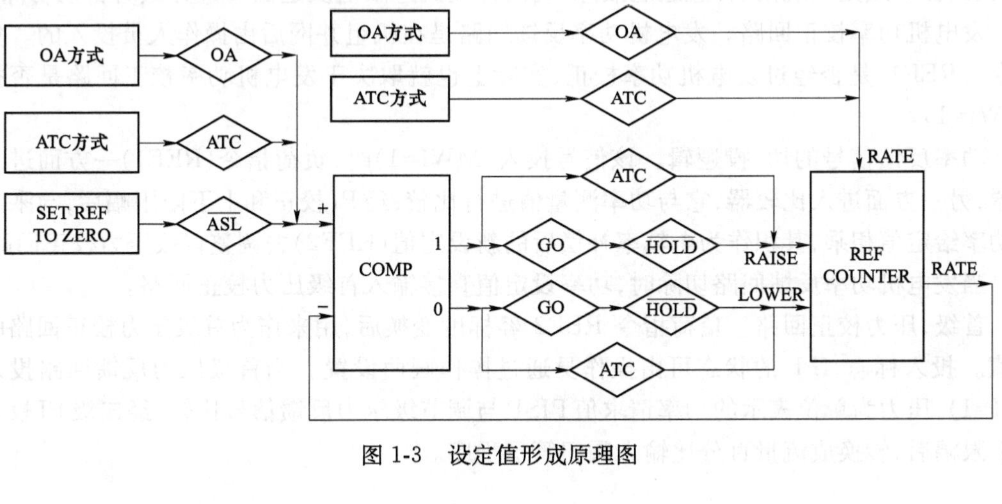

图 1-3 设定值形成原理图

当DEH系统处于OA工作方式时,目标负荷设定值是通过比较器与现有设定值进行比较后,产生一个增或减的信号,使设定值计数器以给定的速率改变设定值。

当DEH系统处于ATC工作方式时,目标负荷值仍由运行人员在操作盘上设定,并通过比较器去控制设定值计数器,而计数器的速率则由ATC软件根据转子热应力计算确定。

属于保护类型的信号。

a. 低主汽压力控制信号。该信号来自主汽压力控制器(TPL),是在主汽压力低于某一规定值时,关小GV,自行减小机组的负荷,以避免主汽压力的急剧下降。

b. 外部负荷速降请求信号(RUNBACK)。在OA方式下,DEH接受电厂送来的2个触点输入,分别产生RUNBACK的三种减负荷方式,每一种方式对应有一定的负荷变化率和最小负荷值,它们分别是:

RUNBACK No	负荷变化率/(%/min)	最小负荷/MW
1	200	140
2	100	350

c. 功率给定值切除信号。该信号是在满足机组跳闸条件时,送入一个设定值置零的信号,用以改善系统的动态特性,保证机组的安全。

所有送入设定值计数器的增或减负荷信号,事先都经过高负荷限值(HLL)和低负荷限值(LLL)的状态检查,该限值可由运行人员调整,一旦超出高或低负荷限值的范围,计数器就不会接受此信号,禁止计数。

高压调节阀的负荷控制

高压调节阀负荷控制回路是机组运行中用得最多的回路。它是根据设定值形成回路输出的负荷指令,经转速-发电机功率和第一级压力校正,再经限值选择后,作为当前运行方式下的流量请求值输入阀门管理程序,改变调节阀开度,控制机组的负荷。

图1-4所示的是GV负荷控制原理图,各回路的工作原理如下。

频率校正回路。该回路是在机组并网后又操作员投入的,其标志是 SPI=1。可以由运行人员切除,或是当跳闸、转速通道故障、阀门开度到达限值及退出OA方式时自动切除。

发电机功率校正回路。发电机功率反馈回路是在机组并网后由操作人员投入的。负荷指令。REF1 是否经过发电机功率校正,实际上也就取决于发电机功率校正回路是否投入(MWI=1)。

功率反馈信号的切/投逻辑。该信号投入(MWI=1)时,负荷指令(REF1)一方面进入乘法器,另一方面进入比较器,它与功率测量值进行比较,经PI校正和上下限限幅后,与乘法器的功率给定值相乘,其积作为电轼率补偿后的新设定值(REF2)去调整首级压力校正回路。

当发电机功率反馈回路切除时,功率设定值直接输入首级压力校正回路。

首级,压力校正回路。负荷指令 REF2 经标度变换后,用来作为首级压力校正回路的设定值。投入标志 IPI 的状态可由操作员通过操作画面设置。当首级压力反馈回路投入时(IPI=1),压力为单位表示的功率请求值PISP与调节级压力反馈信号比较,经二级PI校正和上下限幅后,转换成流量百分比输入阀门管理程序。

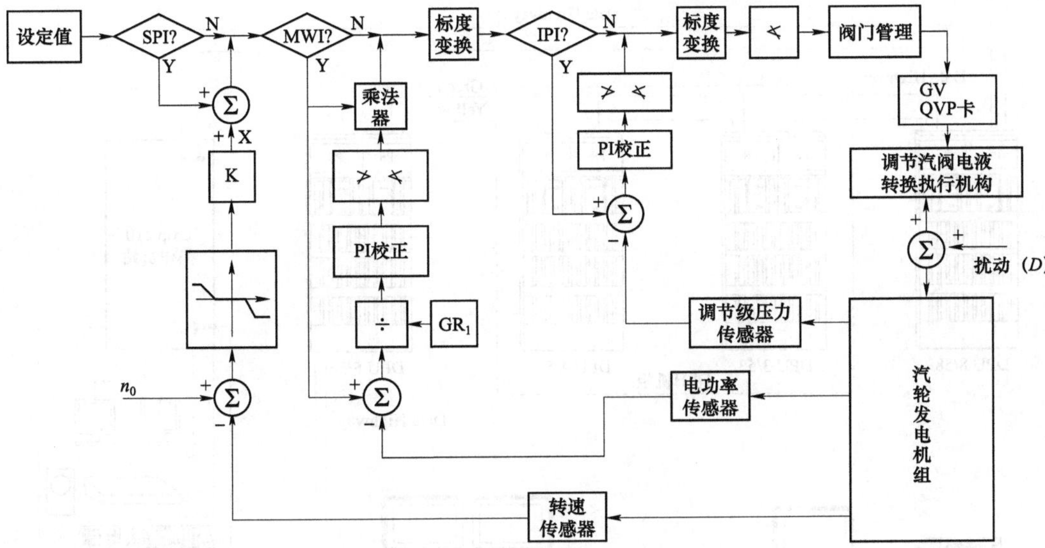

图 1-4 负荷控制原理图

首级压力校正回路也有自身的切/投逻辑。当该压力反馈回路被切除时，PISP 值将被转换成流量百分比，经高值处理后，作为流量的请求信号直接输入阀门管理程序，然后控制汽轮机。

快关功能

负荷部分下跌、快关中压调节汽阀功能(CIA)。其工作原理是：当发电机负荷下跌时，汽轮机机械功率超过发电机功率的某一预定值而引起超速，控制保护逻辑使 CIV 的触发器置位，迅速关闭中压调节汽阀 IV。如果此时发电机的励磁电路是闭合的，表明机组只是甩去一部分负荷，关中压调节汽阀使机械功率减小，用以适应外部负荷的下降，避免继续超速。在一定时间内，若机组转速不再升高，再重新打开中压调节汽阀，若仍有变化，上述过程还可以重复。该功能特别适用于电网的短期故障，保证发电机仍可以在线继续运行，从而保证电网的稳定。

1.1.2 秦二厂核电机组的 DEH 计算机系统

1) 系统组成

秦山二期 1、2 号核电机组的汽轮机控制系统采用西屋公司的 WDPF-Ⅱ型集散式计算机控制系统(DCS)作为电子控制装置，其系统结构如图 1-5 所示。

系统包括：4 个分散式过程处理单元(DPU)机柜、一个网络打印机和 3 个电脑工作站及其外设。

系统采用了高可靠性的冗余结构设计，即：双重数“据高速公路”，冗余电源系统以及重要控制单元的双重化等。

系统通讯通过两个网络实现，即：实时数据高速公路(Westnet Ⅱ Data Highway)和以太网。Data Highway 用于传送周期性的实时过程数据以及各种计算值；以太网则用传送不同系统站间的非实性信息和计算值。

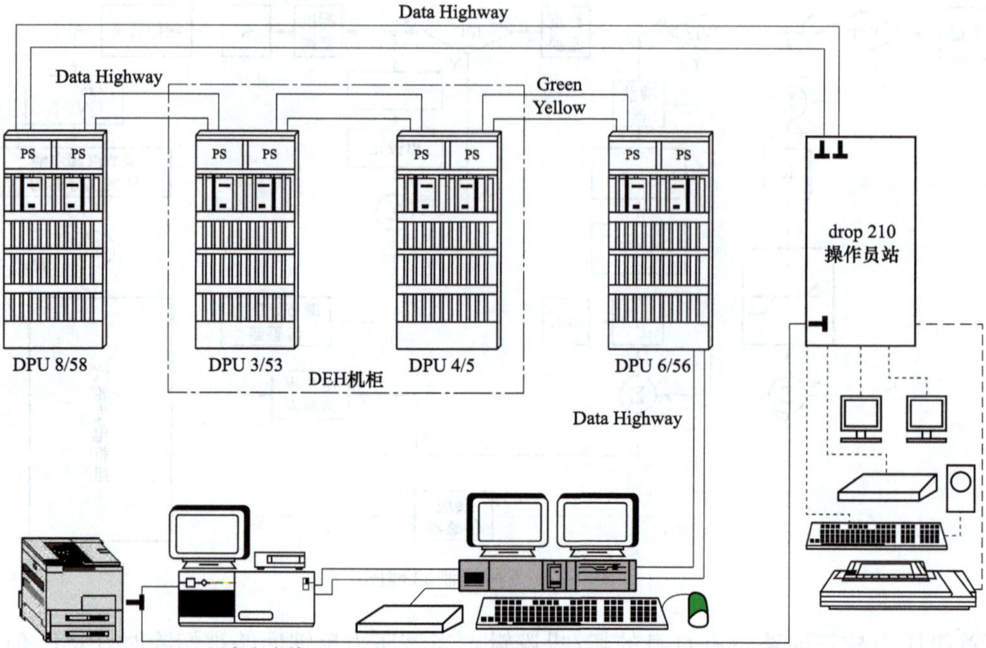

图 1-5　秦山二期 1、2 号机组汽轮机控制系统

系统中的DPU3/53和DPU4/5位DEH的电子控制装置。DPU3/53是一对冗余的DPU控制器,用于OA及OPC控制;DPU4/5是两个非冗余的独立DPU控制单元,用于ATC控制及汽轮机转子应力计算(RSM)

2）设备说明

所谓 DPU,顾名思义,就是分散式的过程处理单元(Distributed Processing Unit)。是DCS的过程数据采集及控制装置。下面,以DPU3/53为例简单地介绍一下DPU的工作原理:一对13/24 V直流电源模件为整个机柜提供保安电源。DPU03和DPU53是一对冗余的DPU控制单元,可单独承担控制任务。当主DPU出现故障时,副DPU可自动接替控制任务,切换过程中不对系统造成任何扰动。

过程变量经传感器或变送器转变为电信号,经输入卡件(Q CRATE)采入DPU控制单元;经程序运算后,通过输出卡件(Q CRATE)送到现场的控制执行器,实施过程的自动控制。

控制单元处理后的信息通过MHC卡向数据高速公路广播,供其他站点享用;另一方面,该DPU也通过高速公路接受来自其他站点的信息,以及来自工作站的指令。

3）操作员站

操作员站(drop210)是操作员的人机界面装置。操作员可以通过操作员站实施电厂工艺过程监视和控制。除此之外,操作员还可以通过操作员站,结合历史/打印站完成打印报告,历史数据查阅以及优化计算等工作。

操作员可以以通过在CRT上通过选择相应的图标所需的功能。在CRT的窗口中,可以同时显示至多七幅画面,包括报警、组态、调节和四个电厂过程显示等

4）工程师站

工程师站的主要功能是在于组态,WDPF控制系统,但通过和其他工作站的功能交互使

用，还具有产生自由格式的报表，历史记录和性能计算的功能，除此之外，还可以作为操作员站使用。总之其主要功能包括：

- 数据库和控制的组态；
- 工艺流程的显示及面板的级态；
- 报表与历史点的组态；
- 与其他网络数据链的组态；
- 进行系统的在线或离线维护，如向所有其他站下载组态等。

5）历史/打印站

将历史数据服务和打印机服务合并在一个工作站内，形成一个历史/记录打印站。该站用于历史数据记录及打印机管理。

历史站通过 WestnetⅡ向其他数据高速公路收集过程信息，并通过 Ethehnet 向其他各站发送历史数据，其他工作站可从历史站上调用信息来制作报表和趋势图。历史站主要功能包括：

- 历史数据收集；
- 数据显示和回顾；
- 操作记录；
- 趋势功能；
- 用表格、趋势图来描述历史数据；
- 排序、查询以及筛选等。

记录打印站的硬件配置和上述各工作站大体相同，所不同的是增多了打印机和彩色考贝机的接口，并装有 WestnetⅡ记录站软件包，用以管理报表、报告和其他的打印业务，使系统的工作效率进一步提高。

6）人-机界面

DEH系统的输入和输出是通过操作盘进行的，该系统提供了运行人员和DEH系统之间主要信息的交换手段，它们都是通过智能操作盘和智能图像站来实现的，只要这些硬件处于正常状态，运行人员都可以通过键盘进行联系，如图 1-6。

输入系统包括数据输入和指令输入系统。数据输入是由运行人员通过键盘向调节系统输入信息，以改变运行参数或给定值，例如：目标值，是希望调节器在某一段时间执行指令的终值；指令输入是由运行人员通过指令系统输入控制命令，例如 HOLD，是希望调节器停止执行新的给定值，保持原有状态。GO，是希望调节器的输出逐渐向目标值接近等。

输出系统包括数据显示，特殊参数显示-图形显示和打印等。数据显示是 DEH 系统向运行人员显示运行参数值、给定值和调节系统的内部状态。特殊参数显示是运行人员向系统申请显示的一些常用的重要参数，如调节参数-升速率-升荷率-阀位和负荷的高低限等。

DEH有20张流程图画面及一些子窗口画面，包括运行参数曲线（功率-转速-主蒸汽压力和温度-调节级压力-再热汽温和凝汽器真空）、胀差和轴向位移、轴承振动和温度、调节级温度、汽缸壁温、进水检测、发电机参数、硬件故障、重要传感器故障、数字趋势显示、阀位指令和 LVDT 反馈以及报警测点的报警和闪烁等。

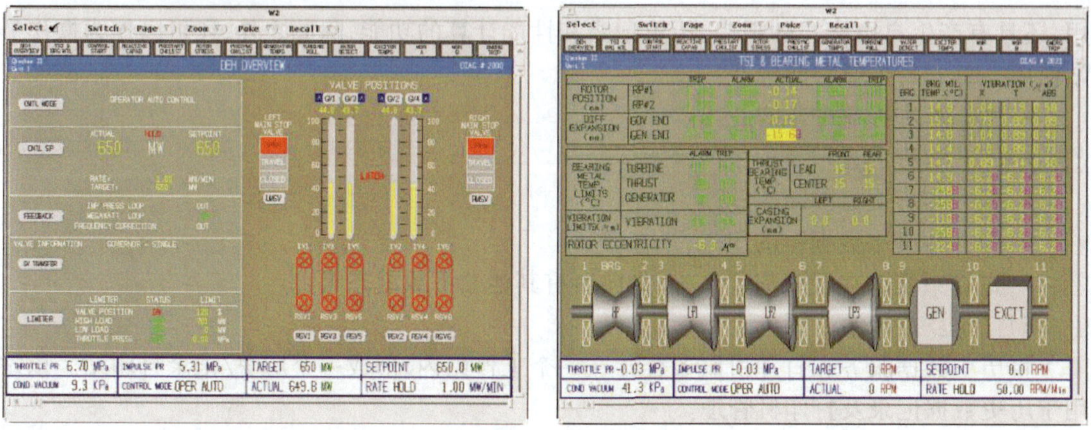

图 1-6 人-机界面

显示的图形可以进行彩色拷贝。打印内容有:运行报表、屏幕图形以及越限报警和事故追忆信息等。

1.2 工器具准备

工器具准备见表 1-1。

表 1-1 工器具准备

工器具名称	规格型号	数量	用途
万用表	FLUKE179	2	测量端子的通断
信号发生器	FLUKE744	1	接线端子加模拟信号
专用内六角扳手		1	FBM 卡件的拆卸和安装
一字/十字螺丝刀		2	端子接线的拆卸与恢复

1.3 模拟体准备

无。

1.4 辐射防护准备

无。

1.5 工业安全准备

无。

1.6　配合人员准备

无。

1.7　场地准备

现场铺设白布用于摆放工器具；铺设橡胶板，合理分配场地，确保工具、设备的合理分布，方便检修；在场地外围布置警示带。

第二章　操作实施

2.1　工业安全准备

按照工业安全规定执行，所有人员穿戴劳动保护用品。

2.2　配合人员准备

无。

2.3　场地准备

确保检修场地无其他异物；合理分配场地，确保工具、设备的合理分布，方便检修；在场地外围布置警示带。

2.4　更换 DEH 机柜 DPU 内部电池

更换 DEH 机柜 DPU 内部电池操作见表 2-1。

表 2-1　更换 DEH 机柜 DPU 内部电池

序号	操作步骤	操作要求	工器具	测评标准
1	松脱待更换设备	用“一”字螺丝刀旋下 DEH 机柜 DPU 电池仓保护盖的固定螺丝	“一”字螺丝刀	未模拟检查隔离状态扣 1 分
2	电池盖板拆除	取下电池仓保护盖	无	未切换手动扣 2 分
3	电池拆除	取下旧电池本体，拔下旧电池插头，至此旧电池与 DPU 完全分离	无	1. 卡件拆卸错误扣 2 分。 2. 造成零部件损坏扣 2 分
4	拆除保护带	撕下新电池的固定条保护带	无	未测试为正常的新卡件扣 2 分
5	更换新电池	插上新电池插头，并将新电池固定在 DPU 电池仓内	无	1. 未说明零部件完好或已修复、更换扣 1 分。 2. 未确认卡件各通道正常扣 2 分
6	回装固定	回装电池仓保护盖，旋紧固定螺丝	“一”字螺丝刀	1. 在工程师站打开 I/A 控制系统，点击报警系统，在对应的 CP 中找到已更换的卡件，“DOWNLOAD”扣 2 分。 2. 未确认该卡件故障产生的报警已经消除扣 1 分

2.5　GSE001AR 转速通道测试

GSE001AR 转速通道测试见表 2-2。

表 2-2　GSE001AR 转速通道测试

序号	操作步骤	操作要求	工器具	测评标准
1	转速通道测试	开启 fluke744,选择"source(源)",输出电压:1 V,波形:正弦	fluke744	遗漏步骤或工作小组未进行互检"−1"分
2	转速通道测试	将 744 接在 GSE001AR 机柜的相应端子上,调整频率输出来模拟汽机的转速,在 Point Information 画面上确认被测转速通道的显示值,计入 ETS 转速通道测试记录表	fluke744	遗漏步骤或工作小组未进行互检"−1"分
3	ETS 的 A&B 通道保护跳机试验,低真空 1(通道 1 测试)	若 EH 油压没有建立,可以在 DEH 中强制 TLEHP1、TLEHP2、TLEHP3、TLEHP4 为 1,模拟汽机挂闸	无	遗漏步骤或工作小组未进行互检"−1"分
4	低真空 1(通道 1 测试)	在 EMERGENCY TRIP SYSTEM 界面上,点击通道 1 的"CHANNEL 1"按钮	无	遗漏步骤或工作小组未进行互检"−1"分
5	低真空 1(通道 1 测试)	点击"VACUUM ZONE 1"按钮	操作规程	遗漏步骤或工作小组未进行互检"−1"分
6	低真空 1(通道 1 测试)	点击"START TRIP TEST"	操作规程	遗漏步骤或工作小组未进行互检"−1"分。确认:通道 1 处于"TRIP"状态;通道 2 处于非"TRIP"状态
7	低真空 1(通道 1 测试)	点击"RESET TRIP TEST"按钮,使通道 1 复位	操作规程	遗漏步骤或工作小组未进行互检"−1"分

2.6　操作实施 2　低润滑油压跳闸,通道 1 测试

低润滑油压跳闸见表 2-3。

表 2-3　低润滑油压跳闸

1	低润滑油压跳闸,通道 1 测试	确认汽轮机处于挂闸状态	操作规程	遗漏步骤或工作小组未进行互检"−1"分
2	低润滑油压跳闸,通道 1 测试	在 EMERGENCY TRIP SYSTEM 界面上,点击通道 1 的"CHANNEL1"按钮	操作规程	遗漏步骤或工作小组未进行互检"−1"分
3	低润滑油压跳闸,通道 1 测试	点击"LBO TEST"按钮	操作规程	遗漏步骤或工作小组未进行互检"−1"分

续表

4	低润滑油压跳闸,通道1测试	点击“START TRIP TEST”	操作规程	遗漏步骤或工作小组未进行互检“-1”分
5	低润滑油压跳闸,通道1测试	确认:通道1处于“TRIP”状态;通道2处于非“TRIP”状态	操作规程	遗漏步骤或工作小组未进行互检“-1”分
6	低润滑油压跳闸,通道1测试	点击“RESET TRIP TEST”按钮,使通道1复位	操作规程	遗漏步骤或工作小组未进行互检“-1”分

2.7 操作过程(超速跳机试验)

操作过程(超速跳机试验)见表2-4。

表2-4 操作过程(超速跳机试验)

序号	操作步骤	操作要求	工器具	测评标准
1	首先确认汽轮机已挂闸	严格按照步骤进行操作,同组人员做好互检	操作规程	遗漏步骤或工作小组未进行互检“-1”分
2	通道1测试	严格按照步骤进行操作,同组人员做好互检	操作规程	遗漏步骤或工作小组未进行互检“-1”分
3	在DEH操纵员站上EMERGENCY TRIPSYSTEM界面中,用光标点击通道1的“OVER SPEED 1”按钮	严格按照步骤进行操作,同组人员做好互检	操作规程	遗漏步骤或工作小组未进行互检“-1”分
4	点击“START TEST”按钮	严格按照步骤进行操作,同组人员做好互检	操作规程	遗漏步骤或工作小组未进行互检“-1”分
5	确认:通道1处于“TRIP”状态,通道2处于非“TRIP”状态	严格按照步骤进行操作,同组人员做好互检	操作规程	遗漏步骤或工作小组未进行互检“-1”分
6	点击“RESET TRIP TEST”按钮,使通道1复位	严格按照步骤进行操作,同组人员做好互检	操作规程	遗漏步骤或工作小组未进行互检“-1”分
7	通道2测试	严格按照步骤进行操作,同组人员做好互检	操作规程	遗漏步骤或工作小组未进行互检“-1”分
8	在DEH操纵员站上EMERGENCY TRIP SYSTEM界面中	严格按照步骤进行操作,同组人员做好互检	操作规程	遗漏步骤或工作小组未进行互检“-1”分
9	点击通道2的“OVER SPEED 2”按钮	严格按照步骤进行操作,同组人员做好互检	操作规程	遗漏步骤或工作小组未进行互检“-1”分

续表

序号	操作步骤	操作要求	工器具	测评标准
10	点击“START TEST”按钮	严格按照步骤进行操作，同组人员做好互检	操作规程	遗漏步骤或工作小组未进行互检“-1”分
11	确认:通道 2 处于“TRIP”状态。通道 1 处于非“TRIP”状态	严格按照步骤进行操作，同组人员做好互检	操作规程	遗漏步骤或工作小组未进行互检“-1”分
12	点击“RESET TRIP TEST”按钮，使通道 2 复位	严格按照步骤进行操作，同组人员做好互检	操作规程	遗漏步骤或工作小组未进行互检“-1”分

第三章　故障检查和处理

常见故障现象和判断方法检查和处理见表 3-1。

表 3-1　常见故障现象和判断方法检查和处理

序号	名称	特点	维护与诊断
1	模拟量输入模块	1. 输入信号互为隔离。 2. 每路通道有一个计 A/D 转换器。 3. 功耗低,每路不大于 0.4 W。 4. 13/14 位分辨率,包括符号位。 5. 正常状态下每秒刷新 10 次。 6. 端子板带温度传感器,可进行冷端温度补偿。 7. 每 8 s 自动校验一次。 8. 每路电流输入配有熔断丝保险	1. 不需要进行常规维护和调整工作。 2. 标准 LED 状态显示,表示为: — 模块供电 OK,通讯 OK。 — 内部模块故障,保险丝断/湿电源不存在。 — 每个模拟量输入通道的状态。 3. 每路 LDE 状况表示: — 输入超限,电流回路断路。 — 电流输入时保险丝断,通道超出校验范围。 — 参考信号出错,自动。校验读入值超范围
2	RTD 输入模块	1. 4/8 个互为隔离或对地隔离的 RTD 输入通道 2. 支持 2,3,4 线控制的连线。 3. 接收各类 RTD 信号:5～1 000 Ω 4. 由软件选定输入刻度范围。 5. 每个模块支持 256 个输入刻度范围选择。 6. 可单独设定每个通道的刻度范围。 7. 无需桥路或电阻模块。 8. 抗噪音干扰强。 9. 带电流开路和输入开路检测。 周期性自校验。每 8 s 执行一次自动增益和自动零点校准	1. 无需常规维护和调整。 2. 标准 LED 状态指示灯表示: — 模块供电 OK。 — 通讯 OK。 — 内部模块故障。 — 熔丝断/湿电不存在。 — 每个模拟量输入通道的状态。 3. 各通道 LED 表示: — 输入超限。 — 开路。 — 通道值超出校验范围,参考信号出错。 — 自动校验读数超出范围

第四章　操作结束

4.1　总结培训过程

通过对系统的详细讲解，使学员了解网络对于 DEH 整个系统的实时性、可靠性和扩充性，通过系统概述、系统结构、现场控制站及硬件造型与构成讲解，学员学习操作人机接口操作站、操作员操作。了解系统硬件、软件安装，硬件的安装原则，站号设置原则、站号设置技巧，软件安装系统要求。

4.2　评判

学员对解体过程进行阐述，并说明其中的关键点以及注意事项。教员对学员的陈述简要记录，根据阐述评判学员的掌握情况。教员指出学员阐述过程中的错误以及需要注意的事项，并且依据评判表，对学员的学习情况做出整体评判。

4.3　清理现场

工作结束后，做到工完料尽场地清。工具整理并与工具清单进行对比，确保工具无缺失，并检查工具的可用性，记录损坏情况并汇报。对更换的领料物资与领料单进行核实，确保所有可更换的物资已更换。清理工作过程中的耗材，进行分类处理，放置到对应的塑料袋中。清理现场的塑料布、橡胶板，必要时用白布清理现场。

4.4　工后会

工后会是对整个工作的过程的回顾以及必要的经验反馈。

回顾工作过程：工作许可证已归还，场地已清理，设备标牌完好，对检修任务进行评价，是否达到预期的目的，试验设备与工器具已经归还。

第五章 经验反馈

现象:2012 年 3 月 8 日,3 号机主控室触发“VALVE POSITIONER MODULE”报警。

分析:该报警是因为 MOOG 两副控制线圈中的一副开路,由于两副线圈互为冗余,因此调门依然可以正常运转,却存在极大运行风险。

处理:在 3 号机机组主汽门试验期间,通过修改逻辑参数,从而实现在调门全关后不开启,对 MOOG 阀控制指令航空插头重新焊接处理后,主汽门试验继续执行。最终报警消除。

第六章　习　题

6.1　填空题(每题 5 分)

1. 转速反馈信号:鉴于转速的重要性,采用(A)个转速传感器通式测量汽轮机转速,经软件表决判断(中选)后,选择一个最可靠的转速作为转速的反馈信号。

A. 3　　B. 2　　C. 4

2. DEH 系统最主要的任务是对(B)进行有效地控制。DEH 系统的控制,按操作方式划分,操作原自动控制(OA),汽轮机自动启停(ATC),操作员手动(MANUAL);按控制目标划分,可分转速控制和负荷控制,当机组启停时,对转速进行控制,并网运行时对负荷进行控制。另外,具有汽轮机的运行监控功能。

A. 核岛　　B. 汽轮机　　C. 柴油机

3. 所谓 DPU,顾名思义,就是分散式的过程处理单元(Distributed Processing Unit)。是 DCS 的过程数据采集及(C)装置。

A. 调节　　B. 记录　　C. 控制

6.2　判断题(每题 5 分)

1. 磁电式转速传感器将汽轮机的转速,通过测速齿轮,转变为电脉冲信号,并经 QSS 转速测量卡进入 DEH 的控制计算机系统,作为转速控制和显示之用。(√)

2. 执行机构:主要由伺服放大器,电液转换器和具有快关,隔离和逆止装置的单侧油动机组成。负责带动高压主汽阀,高压调节汽阀和中压主汽阀,中压调节汽阀。(√)

3. 电子控制器:主要包括工业控制计算机、混合数模插件、接口卡间和电源设备等,均集中布置在 2 个控制柜内。主要用于过程变量的数据采集、控制逻辑运算和发出指令进行控制等。(√)

6.3　简答题(每题 5 分)

通常的 DEH 主要由几大部分组成?

答:5 大部分。1) 电子控制器;2) 人机接口及系统维护设备;3) 油系统;4) 执行机构;5) 保护系统。

6.4 实操题

鉴定点:更换 DEH 机柜 DPU 内部电池

试题 1:更换 DEH 机柜 DPU 内部电池

1. 准备要求

考场准备:

(1) 试题名称:更换 DEH 机柜 DPU 内部电池

(2) 本题分值:15

(3) 考核时间:20 min

(4) 考核形式:实操

(5) 设备设施准备:

序号	名称	规格	单位	数量	备注
1	螺丝刀	"一"字	台	1	教学用模拟体一台
2	万用表	FLUKE179	把	1	测量端子的通断

考生准备:

(1) 试题名称:更换 DEH 机柜 DPU 内部电池

(2) 本题分值:15

(3) 考核时间:20 min

(4) 考核形式:实操

(5) 工具及其他准备:无

2. 考核要求

(1) 本题分值:15

(2) 考核时间:5 min

(3) 考核形式:实操

(4) 具体考核要求:根据更换 DEH 机柜 DPU 内部电池,熟悉其关键点,掌握工作过程大致步骤。

(5) 否定项说明:无

3. 配分与评分标准

序号	考核内容	考核要点	配分	评分标准	扣分	得分
1	松脱待更换设备	用"一"字螺丝刀旋下 DEH 机柜 DPU 电池仓保护盖的固定螺丝	1	未模拟检查隔离状态扣 1 分。		
2	电池盖板拆除	取下电池仓保护盖	2	未切换手动扣 2 分。		
3	电池拆除	取下旧电池本体,拔下旧电池插头,至此旧电池与 DPU 完全分离	4	1. 卡件拆卸错误扣 2 分。 2. 造成零部件损坏扣 2 分。		

续表

序号	考核内容	考核要点	配分	评分标准	扣分	得分
4	拆除保护带	撕下新电池的固定条保护带	2	未测试为正常的新卡件扣 2 分。		
5	更换新电池	插上新电池插头，并将新电池固定在 DPU 电池仓内	3	1. 未说明零部件完好或已修复、更换。扣 1 分。 2. 未确认卡件各通道正常扣 2 分。		
6	回装固定	回装电池仓保护盖，旋紧固定螺丝	4	1. 在工程师站打开 I/A 控制系统，点击报警系统，在对应的 CP 中找到已更换的卡件，“DOWNLOAD”扣 2 分。 2. 未确认该卡件故障产生的报警已经消除扣 1 分。		
否定项：零部件损坏						

评分人：　　年　　月　　日　　　　　　　　　　　　　　　　核分人：　　年　　月　　日

第十部分 装卸料控制系统操作

第一章 操作准备

1.1 装卸料机设备及功能描述

1.1.1 装卸料机控制系统的概述

1. 装卸料机系统概述

装卸料机在换料水池上方运行,用于在转运装置和堆芯之间转运燃料组件。装卸料机的大车横在反应堆厂房的换料水池上方。

大车上安装有部分控制系统,电缆坦克链传动装置,位置编码器。大车在一对轨道上运行,以便小车能定位在堆芯。

小车运行轨道与大车垂直。轨道安装在大车主梁之上。小车上安装有控制台、主电源箱、主提升、抓具和其他相关系统。主提升和套筒包括导向轮、电缆和限位开关。抓具安装在伸缩套筒上。主提升装有上限位和下限位开关。抓具装有啮合和脱扣水下限位开关。主提升上的称重系统运用监控主提升载荷。固定套筒可以旋转。操作员通过小车上的控制台控制主提升及大小车运行。

操作员与机器之间通过不同的方法交互。控制台上的平板电脑(带触摸屏),触摸屏用动画显示装卸料机的位置,同时操作员可以通过控制台上的开关、按钮和指示灯得到有关操作的帮助。

装卸料机可以使用自动操作模式,操作员无需操作大、小手柄便可以完成装卸料机的定位。PLC 控制大、小车自动运行。通过监视编码器的测量值,PLC 负责自动运行控制、运行极限、运行区域。软件提供所有运动的联锁。

2. 控制系统组成

控制系统组成见图 1-3。

3. 大小车运动控制系统及定位

大、小车电机伺服驱动器控制大、小车运行。其中大车左右各有一个电机驱动,同时需要两个伺服驱动器进行分别驱动。小车只有一个电机进行驱动,相应的只有一个伺服驱动器进行控制。在正常操作控制时,PLC 通过数字和模拟输入控制伺服驱动器。联锁旁路后,

PLC 被旁路，通过继电器控制伺服驱动器。伺服的输入由继电器激活，当操作手柄时，该输入使驱动器慢速运行。

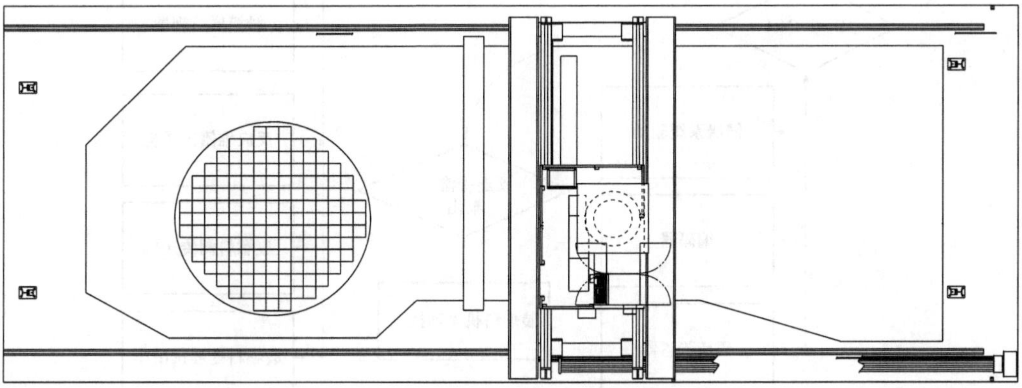

图 1-1　装卸料机俯视布置图

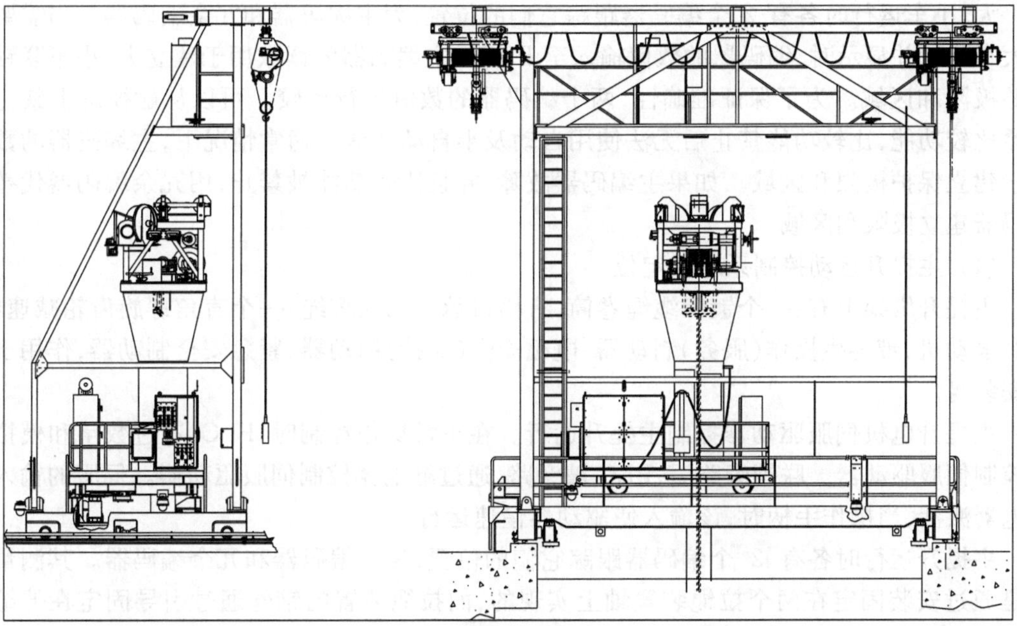

装卸料机侧视图

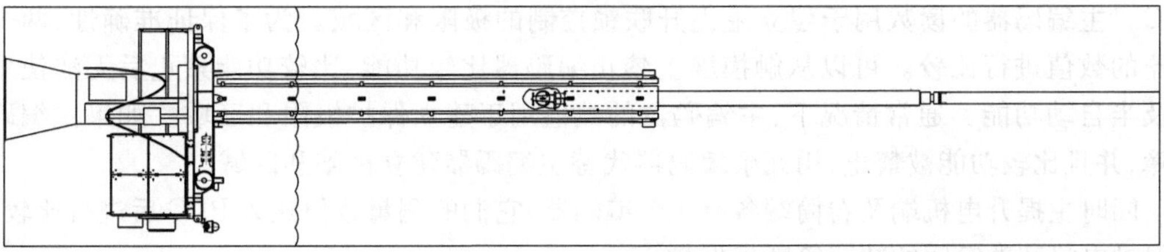

图 1-2　装卸料机伸缩套筒

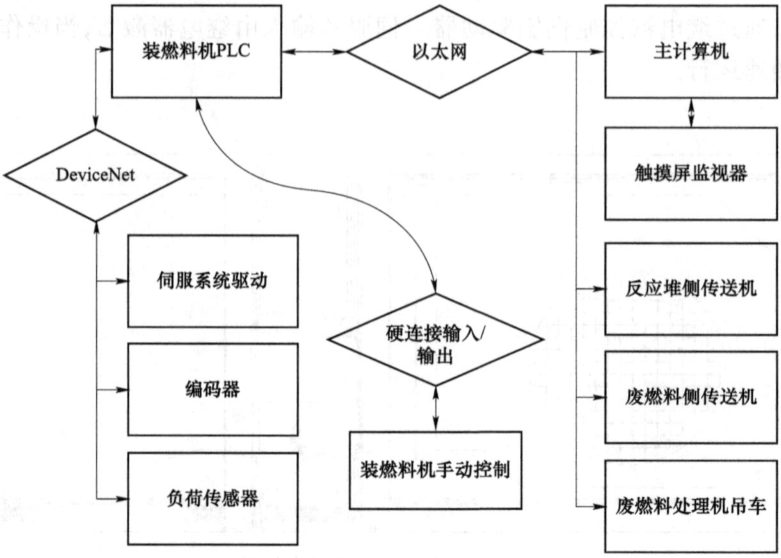

图 1-3 装卸料机控制系统方框图

大、小车运行时各有 2 个编码器跟踪它们的位置，为主编码器和冗余编码器。当需要定位大车位置并显示时，编码器的数值输入至 PLC。主编码器的读数用于建立大、小车联锁控制的极限和区域。为了保证准确性，两个编码器的数值进行比较。可以从触摸屏上禁止编码器比较功能，比较功能禁止后无法使用自动及半自动功能。通常情况下，主编码器的数值用于建立保护极限和区域。如果主编码器故障，并且比较功能被禁止，用冗余编码器代替主编码器建立极限和区域。

(1) 主提升运动控制系统及定位

主提升塔架上有：一个镀镍缆绳卷筒，有槽口承放二根缆绳，一个直角螺旋齿轮减速器、伺服电动机，带再生操作(服务)制动器、电磁安全(保持)制动器、紧急安全制动器，作用于滚筒安装盘。

主提升电机伺服驱动器控制主提升运行。在正常操作控制时，PLC 通过数字和模拟输入控制伺服驱动器。联锁旁路后，PLC 被旁路，通过继电器控制伺服驱动器。伺服的输入由继电器激活，当操作手柄时，该输入使驱动器慢速运行。

主提升运行时各有 2 个编码器跟踪它们的位置，为主编码器和冗余编码器。其测量功能是通过安装固定在两个拉绳装置轴上实现的，而拉绳装置的钢丝通过引导固定在伸缩套筒上，随主提升上下转动其轴。当需要定位主提升位置并显示时，编码器的数值输入至 PLC。主编码器的读数用于建立主提升联锁控制的极限和区域。为了保证准确性，两个编码器的数值进行比较。可以从触摸屏上禁止编码器比较功能，比较功能禁止后无法使用自动及半自动功能。通常情况下，主编码器的数值用于建立保护极限和区域。如果主编码器故障，并且比较功能被禁止，用冗余编码器代替主编码器建立极限和区域。

同时主提升电机端及卷筒端各有 1 个编码器，它们的测量数值送入 PLC 后进行比较，用于保护电机和卷筒间的减速箱断齿保护。

(2) 抓具控制系统

抓具通过与组件上管座啮合抓取组件。抓具动作靠压空推动汽缸动作，释放抓具，失气状态下，抓具为啮合状态，属偏安全设计。压空压力异常时，不能操作抓具。操作抓具，首先要在允许操作的区域，然后使用选择开关。

只有在允许的区域，包括在堆芯、倾翻架或试验区，才能操作抓具。

正常操作时，必须在载荷旁路区，同时满足编码器下极限和松绳时，才能释放抓具。使用联锁旁路后，可随时操作抓具。PLC 输出被关闭，仅有机械联锁仍起作用。

抓具操作开关打到释放位置，使电磁阀带电。带载时释放抓具，控制台的蜂鸣器会响起，同时显示抓具脱扣联锁。如果在主提升进入接近全下位时，抓具空载，在啮合位置，主提升将停止，显示抓具啮合联锁，提示操作员释放抓具。

(3) 电子称重系统

电子称重系统用来测量主提升的载荷。主提升塔架上，两根不锈钢缆绳固定在圆筒上，穿过杆顶端的两个滑轮，并且回到一个平衡梁，平衡梁上带有一个保持叉形件，平衡梁下安装有两个机械式载荷传感器和一个减震器。

传感器是机械式压电原理，施加在传感器上的压力变化将改变电阻上的参考电压，然后送至 Kistler-Morse 单元。随着载荷变化，返回信号成比例变化，经过 DeviceNet 传给 PLC。

两个载荷传感器一起工作，一个负载传感器作为主载荷传感器，另一个为冗余载荷传感器。作为一个冗余设计，另一套放大器和传感器通过第二条 DeviceNet 传输给 PLC。PLC 比较两个传感器的测量值，偏差超过阈值后，报错，主提升停止。

与载荷有关的阈值有超载、欠载、最大值超载和松绳。PLC 通过输入的载荷信号，建立指定载荷的相关联锁。这时候会禁止上升和下降主提升。载荷也用于建立边界联锁抓具的操作。超载和欠载阈值使用一定的回差，确保故障已清除。放大器把信号传输给 PLC 经过计算后，载荷信息会显示在主提升画面及操作台数显表上。根据主提升位置完成浮力计算，主提升在上限位和全部进入水中，浮力不再改变。大、小车运行时，不会考虑超载和欠载，避免大、小车移动影响载荷称重系统。

机械式载荷传感器不需要机械调整，但每 18 个月后需要标定传感器和 Kistler-Morse 单元。标定时，传感器和 Kistler-Morse 单元应一起标定，确保在量程内产生线性反馈信号。控制台电源接通后，主提升载荷数显表应显示一个数值。如果显示的是一个错误的值，传感器和 Kistler-Morse 单元应做标定。

(4) 摄像头监控系统

控制台内装有 Pelco 品牌的视频记录仪，用于记录大、小车摄像机的实况视频。实况视频在控制面板上的监控屏幕上显示，监视器设置为四通道显示，可以在 1 个和 4 分屏显示间进行切换。其旋转、倾斜、聚焦等操作控制可通过记录仪上的控制面板控制，也可通过遥控器进行控制。实况监控视频会被存储在记录仪自带的 250 GB 硬盘，可以在需要情况下对该记录视频进行搜索回放、视频备份。支持 USB 接口连接 U 盘，备份文件。

装卸料机车体上配备两个摄像头，大车车身上配置一个摄像头，小车车身上配备一个摄像头。他们都是 Pelco 光谱系列下垂安装摄像头，可 360°旋转、倾斜、聚焦等操作，视频信号送至 DVR 记录，同时在监视器上显示。

4. 装卸料机的运行模式

装卸料机的运行模式设置具有多样化，可根据需求自行选择。设计上配备了以下几种运行模式：自动运行模式、半自动运行模式、手动操作模式、联锁旁路操作模式、紧急手动操作模式。大修期间正常情况下选择半自动运行模式，相比传统的手动操作模式速度快很多。必要情况下可以使用联锁旁路操作模式，但需要相关权限的人员进行授权。最后在紧急情况下，可以使用紧急手动操作模式，手动打开制动器情况下，完全靠手轮进行手动操作。

与手动运行方式相比，半自动和自动运行模式具有更好的优势。设备(驱动器、接触器、电动机、联接器等)磨耗减少，因为到达最终要求的位置过程中没有慢进给或急速(开始/停止)。自动定位允许桥架、小车和升降机同时动作。根据堆芯地图，使用中间路径点，连续的、平滑的和快速地定位到预定位置，可以降低操作者对自动操作的影响。系统设置有许多用户易接近的检查点，可以确保燃料装置装入准确的芯体位置。半自动模式在尽可能少人为干预、但又必须进行确认的情况下，使装卸料过程尽可能的自动化，大大提高了运行效率。

(1) 半自动运行模式

在半自动运行方式中，作业者通过触摸屏键盘能够人工地输入目的地坐标。通过触摸屏输入进入芯体目的地，翻转机的目的地，或者替换位置。桥架、小车和升降机同时动作是本系统的标准特点，可以免去手动单一动作的低效率，并且减少燃料传送时间。在升降机自动移动完成后，涉及燃料的升降机最终动作一般由人工控制。半自动和自动操作减少磨损和最终定位时间，是由于速度的平滑转换，是按编入系统逻辑程序的加速速率和减速速率来变换的。

(2) 自动运行模式

运行的自动模式类似于加燃料机定位的半自动模式。然而，运行的自动模式增加了一个功能，即使用存入计算机的燃料移动序列数据库文件。燃料移动顺序文件可以用光盘输入，或者用U盘输入。燃料移动顺序文件包含每个燃料组件的具体信息，例如：序号、燃料类型、步长号、方向等。这些文件一般在商品燃料管理程序中开发，类似于 Shuffleworks(在基本配置中不包括)。FuelNet 还可以配置成接受其他燃料移动顺序文件，条件是这些文件格式是 ASCII 码文件，带有 CSV(逗号分割值文件格式)。该文件允许每个燃料按屏幕显示的顺序移动，并且并入燃料移动图形接口显示器上，而不要通过图形屏幕上的键盘图标人工地输入芯体位置或者翻转机位置。作业者只要简单地按下“Verify(证实)”图标，以证实系统显示的下一动作是正确的，然后按下“Auto Run(自动运行)”功能。装燃料机然后自动地位于这个位置。在两个工作状态，加燃料机到芯体的位置或翻转机位置，以及其他商定的位置，是在设计阶段确定的。

(3) 手动操作模式

所有轴的人工控制是通过控制手柄完成的，控制手柄向电机驱动器提供无限的、变速命令。按作业者想要的移动方向移动控制手柄，就可容易地得到速度变化从零至最高速度的设定。所有边界功能和联锁功能在手动工作模式下是有效的。

(4) 联锁旁路操作模式

如果可编程逻辑控制器发生故障，机器还是可以按手动方式操作，是按减速的“互锁旁路”方式操作。然而，边界区检查和正常的机器联锁功能在这种情况下不起作用。只有在发生故障时并且燃料需要放入安全位置时，才使用“联锁旁路”功能。在“联锁旁路”模式下允许移动前，必须启用键锁定开关以便旁路可编程逻辑控制器。只要用于移动装燃料机的其他装置通电，在电脑或可编程逻辑控制器故障期间，燃料处理操作是可以的。控制其他装置、例如摄像机的选择器开关，或者位于作业者控制板上的按钮，只会受单项故障的影响。在“联锁旁路”期间，大多数操作将是有效的，例如：夹爪操作、桥架、小车和升降机操作和上限操作。

(5) 紧急手动操作模式

当断电或者主要设备故障时，可以使用紧急手动操作控制方式结束操作。桥架、小车和主升降机轴均配有手动轮和制动器手动释放功能，可以在非常时候进行操作，或者在供电完全中断时操作。

5. 控制系统软件和硬件

(1) 软件

装卸料机控制柜上使用一台工控机，通过触摸屏或标准键盘和鼠标，提供人机接口。

控制柜的工控机装备有 80 G 的硬盘用来存储程序和数据。还有一台 1.44 兆的 3.5 寸软盘驱动器来传输程序和数据。PC 装有 2.4 GHz 的处理器，PC 的运行温度范围是 0～60 ℃。在 10 ms 持续时间内可耐受 10 g 的冲击。可耐受频率 5～100 Hz 的震动 1.5 g。它装备有带过滤的 30 FM 风扇。

在 PC 机上的图像接口软件基于商业用软件包。PC 的操作系统为 WindowsXP 专业版。如需完成特殊认为，可以安装附加软件。此外，接口软件(Intouch)、Microsoft Access(数据库)都可在 PC 上运行。

装卸料机上使用的软件配置如表 1-1。

表 1-1 装卸料机上使用的软件配置

序号	名称	软件描述	厂家	版本
1	Intouch™	Intouch™ development system	WonderWare	9.5
2	Proficy Machine Addition	PLC Ladder Logic / Drive Configuration	GE Fanuc	5.5
3	Windows XP Professional	Operating System	Microsoft	XP
4	Excel	Spreadsheet	Microsoft	XP
5	Norton Systemworks 2005 Premier	Virus Protection / System Back Up	Symantec	Current
6	FuelNetDB	Database Management	PaR Nuclear	3.0

装卸料机设计的程序组成如表 1-2。

表 1-2 装卸料机设计的程序组成

序号	名称	软件描述	厂家	版本
1	Machine HMI	(P/N 41985679)QS3MCH	PaR Nuclear	REV 0
2	Machine PLC Logic	(P/N 41985680)QS3MCL	PaR Nuclear	REV 0
3	Machine Database	(P/N 41985681)QS3MCD	PaR Nuclear	REV 0
4	Machine Spreadsheet	(P/N 41985682)QS3MCS	PaR Nuclear	REV 0
5	Drive Software	(P/N 41985683)QS3MCMD	PaR Nuclear	REV 0
6	Redundant/Safety PLC	(P/N 41985923)QS3MCR	PaR Nuclear	Rev 0

(2) PLC 硬件

装卸料机控制系统是由 GE Fanuc 系列 90-30 PLC 组成,其硬件组成见表 1-3。

表 1-3 装卸料机控制系统硬件组成

机架 0(PLC)	机架 1(PLC)	机架 0(PLC 2)
底板(10 插槽)	扩展机架(5 插槽)	底板(5 Slots)
电源(槽 0)	电源(槽 0)	电源(Slots 0)
CPU(槽 1)	24 VDC 输出模块(槽 1,2,4)	CPU(Slot 1)
DeviceNet(槽 2,3)	隔离继电器输出模块(槽 3)	DeviceNet(Slot 2)
模拟量输入模块(槽 4)	32 位输出模块(槽 5)	24 VDC 输入模块(Slot 3)
24 VDC 输入模块(槽 5,6,7,8,9)		24 VDC 输出模块(Slot 4)
填充模块(槽 10)		填充模块(Slot 5)

GE 的 90-30 系列可编程控制器用于装卸料机的逻辑控制。使用两个 PLC 进行控制,分别为 PLC1、PLC2。两个 PLC 都是对装卸料机的逻辑控制,而并非是冗余热备。其中 PLC1 控制装卸料机的运动控制、大部分保护逻辑;PLC2 是对装卸料机保护的一个补充。

编程软件为 Proficy。PLC 处理器上运行的软件程序使梯形图语言,PLC 通过 CPU 上的以太网口与上位机进行通讯,进行实时人机交互的数据交换。

(3) 控制台硬件

控制台上操作面板主要有三个,司机在没有上位机可用情况下,完全可以通过台面上的设备进行手动操作。见如图 1-4。

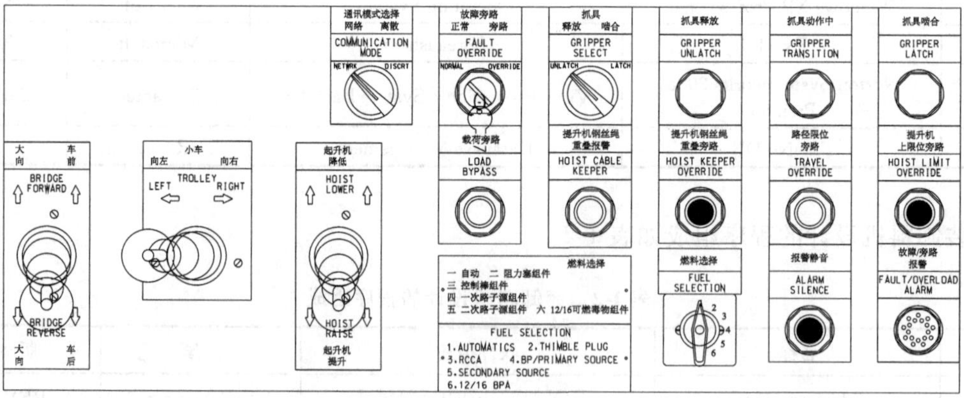

图 1-4 控制台硬件

控制面板上包括以下控制部件。

大车手柄:命令大车前后运动。

小车手柄:命令小车左右运动。

主提升手柄:命令主提升上下运动。

通讯模式选择开关：操作人员利用这个开关可以在网络和硬接线之间进行选择。

故障旁路钥匙开关：旁路故障。

抓具操作开关：命令抓具啮合或脱扣。

抓具脱扣指示灯：抓具在脱扣位置，琥珀色指示灯点亮。

抓具转换指示灯：抓具在转换位置时，琥珀色指示灯点亮。

抓具啮合指示灯：抓具在啮合位置时，琥珀色指示灯点亮。

载荷旁路按钮：红色带灯按钮，按下按钮，激活主提升超载旁路，灯亮。

主提升叠绳指示灯：红色指示灯，钢丝绳叠绳开关动作时灯亮。

叠绳旁路按钮：按下按钮，激活叠绳故障旁路。

边界旁路按钮：琥珀色带灯按钮，按下按钮，激活边界旁路，灯亮。大、小车和主提升可以在边界外运行。

主提升上限位旁路按钮：按下按钮，允许主提升超越上限位。

燃料选择开关：运行选择 6 种。

报警静音按钮：按下后静音。

超载报警：超载后蜂鸣器响。

右侧垂直面板上包括以下控制部件见图 1-5。

图 1-5　右侧垂直面板

大车位置显示：显示大车位置。

小车位置显示：显示小车位置。

自动转运开：开始或停止转运装置的自动传运。

急停复位按钮：如果急停或故障已清除，复位急停故障。

装卸料机急停按钮：命令装卸料机急停。

关闭按钮:关闭控制电源。

启动带灯按钮:按下按钮,使控制电源上电,灯亮。

联锁旁路指示灯:联锁旁路时灯亮。

联锁旁路钥匙开关:旋转开关到旁路位置,旁路PLC的联锁控制。只有在紧急情况下使用它,可将装卸料机置于安全状态下。旋转到正常位置,清除联锁旁路。

转运装置急停按钮:命令转运装置急停。

触摸屏上位机:触摸屏电脑提供人机交互界面,供装卸料司机进行相关操作。

左侧垂直面板包括以下控制部件,见图1-6。

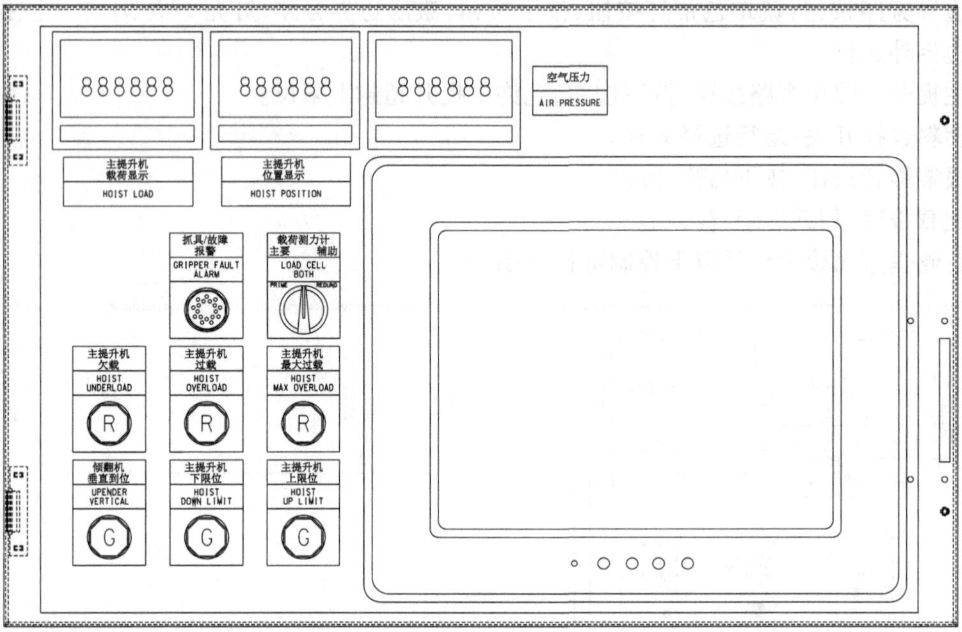

图1-6　左侧垂直面板

主提升载荷显示:显示主提升实时载荷(单位:kg)。

主提升位置显示:显示主提升标高(单位:mm)。

压空气压显示:显示压缩空气气压(单位:MPa)。

抓具故障报警:蜂鸣报警。

载荷传感器选择开关:3位置选择开关,用于选择主传感器或冗余传感器或两个。

主提升欠载指示灯:欠载时,红灯亮。

主提升超载指示灯:最大超载时,红灯亮。

倾翻架垂直指示灯:倾翻架在垂直位置时,绿灯亮。

主提升下极限指示灯:主提升在全下位时,绿灯亮。

主提升上极限指示灯:主提升在上极限位时,绿灯亮。

监控摄像头显示器:用于显示大小车上两摄像头影像,便于司机观察堆芯情况。

（4）伺服控制系统硬件

装卸料机使用伺服控制系统，具有很高的响应精度及位置精度。系统选用 GE 的伺服控制系统。具体选用 S2K 系列的 IC800SSI228RD2-CE 型伺电机服驱动放大器，配套使用型号为 BSM6F12-75-C-MODFY 的伺服电机。伺服放大器使用 DeviceNet 总线与 PLC 进行通讯。

图 1-7　伺服放大器

（5）拉绳装置及编码器

装卸料机上共使用 8 个编码器，分别为：大车主编码器、大车冗余编码器、小车主编码器、小车冗余编码器、主提升主编码器、主提升冗余编码器、主提升电机端编码器、主提升卷筒端编码器。其中 7 个编码器均为 GEMMH3208P23 型，而主提升电机端编码器为 GEMMH2208P23 型，其连轴孔径较其他 7 个小。

主提升主、冗余编码器通过拉绳装置连接到主提升上，编码器连接到拉绳装置的轴上联动，拉绳装置使用型号为：PT9600-0550-4X2-IVO-632934A。

图 1-8　主、冗余拉绳装置及编码器

（6）载荷放大器及载荷探头

使用两个载荷放大器和载荷传感器，一个负载传感器作为主载荷传感器，另一个为冗余载荷传感器。主载荷放大器使用一条 DeviceNet 与 PLC 进行数据通讯；作为一个冗余设计，另一套放大器和传感器通过第二条 DeviceNet 传输给 PLC。载荷放大器使用 Kistler-Morse 单元，载荷传感器使用：5000LB，MODEL 41。

图 1-9 载荷放大器

图 1-10 主、冗余载荷传感器

(7) 水下限位开关等

水下限位开关选用磁性接近开关,选用 GO SWITCH 厂家的 81-20528-8DD/SSLSB/M 型号水下限位开关。

图 1-11 水下限位开关单体

图 1-12 现场安装水下限位开关实物图

6. 运行环境条件

停堆、冷却、常压;

介质为 2 000~2 500 ppm 硼酸水;

池水 pH 值(25 ℃):4.8~5.5;

水温≤50 ℃;最高 60 ℃;

操作面湿度≤90%(事故时 100%)。

7. 主要参数

大、小车及主提升各状态下速度设置见表 1-4。

表 1-4　大、小车及主提升各状态下速度设置

机构	常规操作	边界旁路	联锁旁路	慢速区
大车	~18 m/min	~3 m/min	~3 m/min	~0.91 m/min
小车	~12 m/min	~3 m/min	~3 m/min	~0.91 m/min
主提升	~12 m/min	~3 m/min	~3 m/min	~0.91 m/min

燃料类型及干、湿重量设置见表 1-5。

表 1-5　燃料类型及干、湿重量设置

型号	干重	湿重
Mast & Gripper	714 kg	675 kg
Fuel Weight	668 kg	585 kg
Thimble Plug	674 kg	590 kg
RCCA weight	736 kg	644 kg
BP/Primary	687 kg	601 kg
BP/secondary	677 kg	592 kg
12/16 Rod BPA average	684 kg	599 kg

燃料的欠载、超载保护定值设定见表 1-6。

表 1-6　燃料的欠载、超载保护定值设定

燃料选择位置	套筒+抓具/kg	燃料/kg	总重/kg	欠载/kg	超载/kg	最大超载/kg	燃料类型
1	675						Automatics
2	675	590	1 265	1 185	1 345	1 405	Thimble Plug
3	675	644	1 319	1 239	1 399	1 459	RCCA
4	675	601	1 276	1 196	1 356	1 416	BP/Primary Source
5	675	592	1 267	1 187	1 347	1 407	Secondary Source
6	675	599	1 274	1 194	1 354	1 414	12/16 BPA

1.1.2　装卸料机的分区及速度控制

1. 装卸料机的分区

(1) 大小车 XY 轴方向分区

换料水池内,将装卸料机在换料水池中设定的安全可运行区域划分为 7 个分区,便于控制装卸料机在不同区域的速度与运行控制。具体分区如图 1-13,具体为 SRV_CNL、R1Z、R2Z、R3Z、UZ、CZ、C1Z、C2Z。SRV_CNL 区为维修通道,在掉出堆内上部、堆内下部时,需将装卸料机通过该通道开至需要的位置;UZ 区为装运装置处的 0 位,装卸料机每次需要通过这点进行标 0 位;R2Z 区为专用工具安放位置,必要时开到该区域;R1Z 区为装卸料机由装运区开至堆芯的唯一安全通道;R3Z 区为过渡区域,该区域设置主要为装卸料机半自动或全自动而设置,在这两个模式下,装卸料机可以大小车联动快速运行,手动情况下只能慢速经过该区域;C2Z 区也是过度区域,由 R3Z 过度到 CZ,同样对速度进行控制;CZ 区为堆芯区,到达该区域标志着装卸料机进入堆芯,可以在任何坐标进行主提升操作。

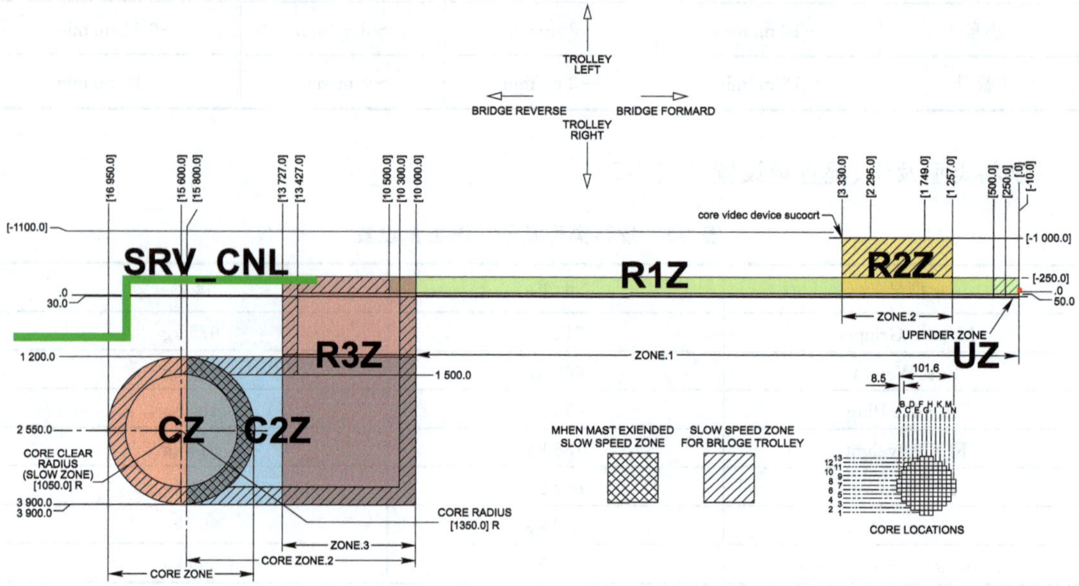

图 1-13 大、小车 XY 轴分区

(2) 主提升分区

根据装卸料程序对主提升堆芯区高度设定进行图像表示见图 1-14。

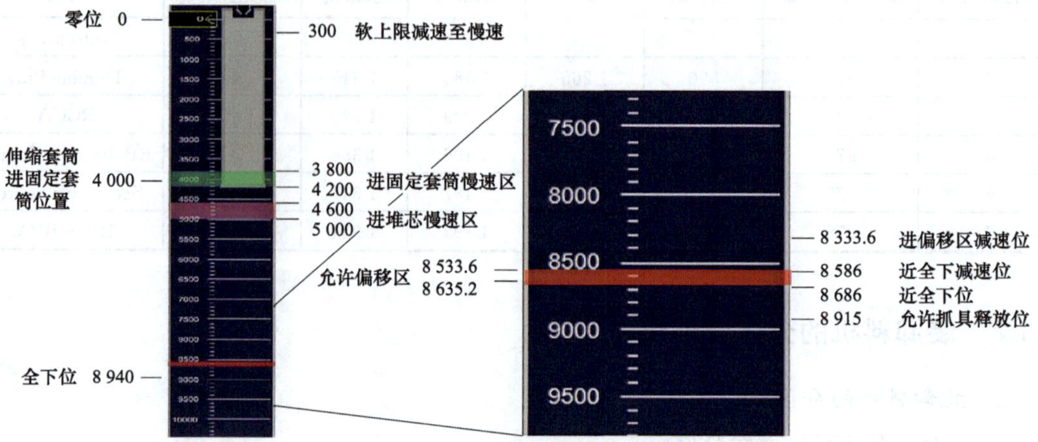

图 1-14 主提升堆芯区高度设定

同时总结出 3、4 号机组的堆芯及倾翻架区域的高度设定值，见表 1-7。

表 1-7　3、4 号机组的堆芯及倾翻架区域的高度设定值

PLC 区域	3 号机组高度值	4 号机组高度值
Full Hoist Travel	−230～8 954 mm	−230～8 954 mm
Redundant Up Limit	−200 mm	−200 mm
Normal Up Limit(Wiper)	−80 mm	−80 mm
Normal Up Limit(Encoder)	0.00 mm	0.00 mm
Full Down Mechanical Stop	8 954 mm	8 954 mm
Slow Speed Limit when Raising	300 mm	300 mm
Gripper in Mast	4 000 mm	4 000 mm
Entering Mast	3 800～4 200 mm	3 800～4 200 mm
Entering Core Slow Zone(Gripper Engaged)	4 150～4 750 mm	4 150～4 750 mm
Core Stop Point(Gripper Engaged)	[CFD-4 434 mm](4500)	[CFD-4 434 mm](4500)
Hoist Off Index Transit Zone	[CFD-4 064 mm](4870)to [CFD-3 048 mm](5886)	[CFD-4 064 mm](4870)to [CFD-3 048 mm](5886)
Core Offset Stop	[CFD-1 000 mm](7934)	[CFD-1 000 mm](7934)
Core Near Full Down	[CFD-254 mm](8680)	[CFD-254 mm](8680)
Core Auto Load Bypass	[CFD-50 mm](8884)	[CFD-50 mm](8884)
Core Hoist Unlatch Enable Zone	[CFD-25 mm](8909)	[CFD-25 mm](8909)
Core Full Down-CFD-(Load Release)	8 934 mm	8 934 mm
Upender Near Full Down	[UFD-254 mm](4604)	[UFD-254 mm](4604)
Upender Auto Load Bypass	[UFD-50 mm](4805)	[UFD-50 mm](4805)
Upender Hoist Unlatch Enable Zone	[UFD-25 mm](4830)	[UFD-25 mm](4830)
Upender Full Down-UFD-(Load Release)	4 858 mm	4 858 mm

2. 装卸料机速度控制

(1) 大车速度

PLC 通过联锁来判断是否直接使用手柄输入给速度给定，或者在减速时使用比例，根据区域中设置的加、减速位置变化速度。

大车在以下情况下，速度被限制：

1) 在安全区外使用边界旁路运行，速度限制为中速。

2) 使用联锁旁路后，大车速度受驱动器设置的限制。

3) 大车在圆形堆芯区或倾翻禁区或更换区，抓具不在套筒内，或主提升带载不在上限位，速度被限制为慢速。如果大车在边界慢速区内，距离边界 300 mm，速度被限制为慢速。

4) 大、小车在 1 区或 2 区，大车速度被限制为慢速，除非小车在转运轴线上。

5) 半自动或全自动模式，大车距离目标位置的距离大于设定值，允许高速运行，小于设

定值后，减小至最小速度，接近目标位置。

6）当运行命令终止后，PLC 和驱动器给出速度信号，控制电机平缓停止。

7）急停或发生一般故障后，驱动器的命令给定立刻变为 O，(驱动器的斜坡控制电机平稳停止)。

8）若以上情况都没有发生，大车速度为高速。

(2) 小车速度

PLC 通过联锁来判断是否直接使用手柄输入给速度给定，或者在减速时使用比例。根据区域中设置的加、减速位置变化速度。

小车在以下情况下，速度被限制：

1）在安全区外使用边界旁路运行，速度限制为中速。

2）使用联锁旁路后，小车速度受驱动器设置的限制。

3）小车在圆形堆芯区或掀翻架区或更换区，抓具不在套筒内，或主提升带就不在上限位，速度被限制为慢速。大、小车在 1 区或 2 区，小车速度被限制为慢速。

4）如果小车在边界慢速区内，距离边界 300 m，速度被限制为慢速。

5）半自动或全自动模式，小车距离目标位置的距离大于设定值，允许高速运行，小于设定值后，减小至最小速度，接近目标位置。

6）当运行命令终止后，PLC 和驱动器给出速度信号，控制电机平缓停止。

7）急停或发生一般故障后，驱动器的命令给定立刻变为 0，驱动器的斜坡控制电机平稳停止。

8）以上情况都没有发生，小车速度为高速。

(3) 主提升速度

PLC 通过联锁来判断是否直接使用手柄输入给速度给定，或者在减速时使用比例。根据区域中设置的加、减速位置变化速度。

主提升速度要求如下：

1）在上限位以下 250 mm，主提升上升时，限制为段迷，

2）在接近全下位上方 100 mm，主提升运行限制为慢速，便于抓取燃料组件或试验配重。不同区域的全下位标高各不相同。

3）装卸料机在堆芯区，对中位置，抓具带载，从堆芯自动停止标高以上 250 mm 到下限位，主提升运行限制为慢速。

4）装卸料机在堆芯区，在偏移位置或开阔区，抓具带毅，从堆芯自动停止标高以上 250 mm 到以下 25 mm，主提升运行限制为慢速。

5）在进入固定套筒前 150 mm 和后 150 mm，主提升运行限制为慢速。

6）抓具啮合，大、小车在对中位置，在进入堆芯前，主提升运行限制为慢速。

7）如果套筒不在正常操作角度(0°)，主提升运行限制为慢速。

8）在接近全下位区域，抓具放置于全下位，主提升运行限制为慢速。不同区域的全下位标高各不相同。

9）装卸料机在堆芯区，抓具带载，对中位置，在堆芯自动停止标高以下，主提升运行限制为慢速。

10）装卸料机在线翻架区，抓具带载，组件底部未进入倾翻架，主提升运行限制为慢速。

11）装卸料机在堆芯区，抓具带载，接近堆芯自动停止时，限制为慢速。

12）在安全区外，使用边界旁路后，主提升运行限制为中速。

13）以上情况都不存在，主提升高速运行。

14）使用联锁旁路，主提升速度通过驱动器限制为中速，PLC没有输出速度指令。

15）当运行命令终止后，通过减速控制，使主提升平稳停止。

16）当急停、松绳、欠钱或超载发生时，一般故障出现，输出给驱动器的速度命令立刻变为0，驱动器控制减速斜坡，停止速度快于正常停止。

3. *装卸料机偏移法装卸料介绍*

PLC 会跟踪堆芯的状态，判断每个格栅内装载或空载，以便确定那里可以使用偏移法。当大小车在堆芯运行时，PLC 会检查目标位置毗邻位置，确认装卸料机主提升是否在开阔区。程序里定义开阔区为：当主提升带载燃料组件外壁同时距离毗邻有燃料组件壁面大于101.1 mm，如下卸料图。如果主提升在开阔区，且在堆芯近全下位高度以上，主提升将被允许以高速运行。装料时，如果装卸料机不在开阔区，主提升在到达自动停止高度前只能以慢速下降。如果任何堆芯位置已有燃料组件在，堆芯自动停止高度以下将不再允许带载主提升下放。

手动模式下，在开阔区域，主提升也允许高速下降至下限位以上。在自动模式下，系统会显示建议的偏移位置，等待操作员确认或拒绝并确认。如果有多个位置可选，程序会通过运算选择首选的位置。

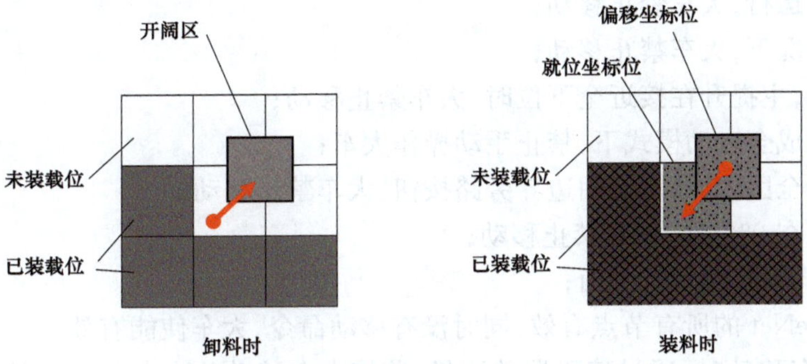

图 1-15　卸料图(一)

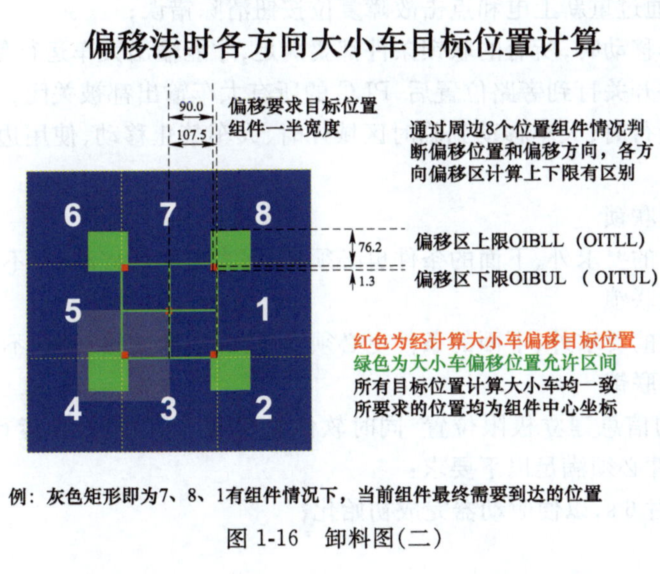

图 1-16　卸料图(二)

1.1.3 装卸料机控制联锁、旁路和保护信号

1. 装卸料机各机构联锁

(1) 大车运行联锁

大车运行的条件必须满足以下要求:

1) 上电后延时 6 s,以便驱动 8 完成初始化;

2) 没有检测到一般故障;

3) 没有检测到大车故障。

大车故障有以下情况:大车驱动器故障;大车电机过载,并且没有旁路;大车编码器比较错误;大车主或冗余编码器故障,并且没有旁路;大车运动错误;大车手轮接近开关动作。

以下情况大车禁止运行抓具故障或带载时释放抓具、带载的抓具脱扣。

1) 除非偏移运行,否则在堆芯,主提升带载,不在上限位,大、小车联锁;

2) 除非偏移运行,否则在堆芯,抓具不在套简内,大、小车联锁。

下列情况下,大、小车联锁:

1) 不在安全区内;

2) 套筒不在 0°位置;

3) 主提升运行,大车禁止移动;

4) 急停情况下,大车禁止移动;

5) 在堆芯,主提升在接近全下位时,大车禁止移动;

6) 半自动成全自动模式下,禁止手动操作大车;

7) 不在安全区内,除非使用边界旁路按钮,大车禁止移动;

8) 套筒不在 0°位置,大车禁止移动;

9) 大车移动时,显示主画面;

10) DeviceNet 的所有节点有效,同时没有移动命令,大车使能有效;

11) 当大车移动时,通过编码器的测量,监控大车移动的方向与命令是否一致,否则会报大车运动错误,通过重新上电和点击故障复位按钮清除错误;

12) 命令大车移动时,所有的联锁条件都要满足,才能输出大车运行使能;

13) 联锁旁路开关打到旁路位置后,PLC 的所有大车输出都被关闭;

14) 在偏移运行时,大车移动到临时区域外时,大车禁止移动,使用边界旁路按钮,使大车返回临时区域。

大车向前移动联锁

除了上面描述的要求外,下面的条件也必须满足:大车向后移动时,不允许向前。

大车向后移动联锁

除了上面描述的要求外,下面的条件也必须满足:大车向前移动时,不允许向后。

(2) 小车运动联锁

通过编码器的信息建立极限位置,同时软件监视输入信号,处理运行方向相关逻辑联锁,小车运行的条件必须满足以下要求:

1) 上电后延时 6 s,以便驱动器完成初始化;

2）没有检测到一般故障；

3）没有检测到小车故障。

小车故障有以下情况：小车驱动器故障；小车电机过载，并且没有旁路；小车编码器比较错误；小车主或冗余编码器故障，并且没有旁路；小车运动错误；小车手轮接近开关动作。

以下情况小车禁止运行：

1）抓具故障或带载时释放抓具、带载的抓具脱扣；

2）除非偏移运行，否则在堆芯，主提升带载，不在上限位，大、小车联锁；

3）除非偏移运行，否则在堆芯，抓具不在套筒内，大、小车联锁。

下列情况下，大、小车联锁：不在安全区内；套筒不在0°位置；

1）主提升运行，小车禁止移动；

2）急停情况下，小车禁止运行；

3）在堆芯，主提升在接近全下位时，小车禁止移动；

4）半自动或全自动模式下，禁止手动操作小车；

5）不在安全区内，除非使用边界旁路按钮，小车禁止移动；

6）套筒不在0°位置，小车禁止移动；

7）小车移动时，显示主画面；

8）DeviceNet所有节点有效，同时没有移动命令，小车使能有效；

9）当小车移动时，通过编码器的测量，监控小车移动的方向与命令是否一致，否则会报小车运动错误，通过重新上电和点击故障复位按钮清除错误；

10）命令小车移动时，所有的联锁条件都要满足，才能输出小车运行使能；

11）联锁旁路开关打到旁路位置后，PLC的所有小车输出都被关闭；

12）在偏移运行时，小车移动到临时区域外时，小车禁止移动！使用边界旁路按钮，使小车返回临时区域。

小车向左联锁

除了上面描述的要求外，下面的条件也必须满足：小车向右移动时，不允许向左。

小车向右联锁

除了上面描述的要求外，下面的条件也必须满足：小车向左移动时，不允许向右。

（3）主提升运动联锁

主提升运行的条件必须满足以下要求：

1）上电后延时6 s，以便驱动器完成初始化；

2）PLC输出的使能信号有效，除非激活联锁旁路；

3）大、小车没有运行；

4）抓具在啮合或脱扣位置；

5）抓具带载时使用脱扣命令，主提升禁止运行；

6）抓具气压正常；

7）没有系统故障；

8）没有主提升故障；

9）没有触发急停；

10）半自动成全自动模式下，禁止手动探作主提升；

11）显示偏移移动画而时，禁止主提升运行；

12）命令主提升运行后，运行条件满足，使能信号闭合；

13）主提升运行命令终止后，PLC 通过 DeviceNet 给驱动器发出 0 速和停止命令。

主提升上升，除了上面描述的要求外，下面的条件也必须满足：

1）编码器读数小于设置的上限位，禁止主提升上升；

2）上限位开关动作，禁止主提升上升；

3）在自动载荷旁路区域外，发生超载，禁止主提升上升；

4）在任何时候，发生最大超载，禁止主提升上升；此阈值防止作用在燃料组件的应力过大；

5）如果称重主放大器输出超载故障，禁止主提升上升；

6）如果称重冗余放大器输出超载故障，禁止主提升上升；

7）主提升下降时，禁止主提升上升命令；

8）如果检测到载荷，抓具在脱扣位置，禁止主提升上升命令；防止生提升与其他物体干涉；

9）例如气管和电缆，当主提升移动时，通过编码器的测量，监控主提升移动的方向与是否命令一致，否则会报主提升运动错误。通过重新上电和点击故障复位按钮清除错误，主提升空载进入套筒，自动停止。释放手柄 1 s，确认已进入套筒。

主提升下降联锁

主提升下降，除了上面描述的要求外，下面的条件也必须满足：

1）如果载荷小于设定的松绳阈值，除非载荷旁路，禁止主提升下降；

2）主提升上升时，禁止主提升下降命令；

3）编码器读数大于设置的下限位，禁止主提升下降；

4）下限位开关动作，禁止主提升下降；

5）如发生火灾，禁止主提升下降；除非在载荷自动旁路区域或激活载荷旁路；

6）如果主提升进入接近全下位区，抓具嘈合并空载，禁止主提升下降。接近全下位区在堆芯和倾翻架区和载荷试验区的标高不相同；

7）主提升带载，装卸料机不再堆芯或倾翻架区，禁止主提升下降；

8）主提升带载，装卸料机在载荷试验区，禁止主提升下降；除非自动载荷旁路；

9）当主提升移动时，通过编码器的测量，监控主提升移动的方向与命令一致；否则会报主提升运动错误，通过重新上电和点击故障复位按钮清除错误；

10）装卸料机在堆芯区，没有对中有效的位置，禁止带载主提升下降；

11）装卸料机在堆芯区，带载主提升在进入堆芯前，自动停止，禁止下降，直到释放手柄 1 s 后；

12）装卸料机在堆芯区，带载主提升进入接近全下位前，自动停止，禁止下降，直到释放手柄 1 s 后；

13）装卸料机不在堆芯区、倾翻架区、载荷试验区、主提升空载，禁止下降。

2. 装卸料机旁通控制信号

装卸料机控制柜上有 4 个旁通按钮和 1 个旁通钥匙。

载荷旁路按钮—该按钮操作将旁路在“自动加载旁路区域”中的主提升过载情况，并且允许主提升继续升起，只要按钮一直被按下，直到过载情况消除或设置最大过载。如果设置最大过载，不允许主提升升起直到过载情况消除。

边界区旁路按钮—如果大、小车操作遇到边界区联锁，即当大、小车处于安全区之外时发生联锁，大、小车将不能动作。司机按下“边界区旁路”按钮，司机可以允许在慢速状态下移动装卸料机大、小车。

联锁旁路钥匙开关—该钥匙开关将旁路 PLC 控制系统和所有联锁。在这个情况下，所有动作均按中速状态进行。只有在 PLC 系统故障时，才使用该钥匙开关。

叠绳旁路按钮—如果发生主提升钢丝绳叠绳故障，保持按下按钮，可以旁路该故障，完成当前装卸料操作。

主提升上限位旁路按钮—当主提升提至0位时，无法再正常上提。如果司机还想上提主提升，可以按下按钮，继续上提主提升。该操作在主提升 0 位设置时经查被用到。

上位机上的系统旁路界面上设置了 7 个软旁路，供特殊工况下司机操作使用：

旁路关抓具故障—当抓具操作受阻时，允许大小车和主提升运行。

旁路关套筒朝向—当套筒不再旋转极限位置时，允许主提升动作。

旁路关大车/小车动作—当主提升不在上限位时，允许大车和小车动作。

旁路关起身联锁—允许主提升在任何区域运行。

旁路关断绳—当主提升断绳不允许动作时，确认没有断绳安全情况下，允许主提升动作。

旁路关浮力—取消浮力计算，以便设定超/欠载阈值。

旁路关抓具闭合—不考虑高度和载荷允许操作抓具。

1.2 文件准备

申请 RY 缺陷，进行工作包准备，走正常工作票流程。

《3、4 号机组装卸料机综合演练》规程。

《扩建机组紧固装卸料机接线端子》规程。

1.3 工器具准备

工器具准备见表 1-8。

表 1-8 工器具准备

物品	数量	规格型号
模拟机	1	N/A
专用笔记本	1	装卸料机专用
万用表	1	FLUKE 179
螺丝刀	2	标准型
呆扳手	2	标准型
压线钳	1	标准型

1.4　模拟体准备

装卸料机模拟机。

1.5　辐射防护准备

实操培训模拟体存放在 5 AC,有辐射风险,需要相关辐射防护保护,参训人员应持有秦二厂辐射防护证。

1.6　工业安全准备

按照工业安全规定执行,所有人员穿戴劳动保护用品。具体的工业安全准备需根据现场环境而确定,但基本的工业安全需要准备。所有人员必须佩戴安全帽、防砸鞋、工作服、手套等。检修场地使用警示带进行围栏,确保工作过程中无非工作人员进入。

1.7　配合人员准备

无。

1.8　场地准备

提前申请培训用专用培训教室。

第二章　操作实施讲解

2.1　工前会

根据工作组织过程，取得工作票后，由工作负责人组织工作组成员开工前会，对工作文件包及工器具进行检查，对具体工作内容进行详细描述，对工作存在的风险进行充分讨论，并交代预防措施，对工作中需要注意的事项进行重点指出，对以往工作中的经验反馈进行充分告知，使知晓，对本工作组成员进行合理工作分工。

一、工作负责人/项目负责人会前需要确认的事项			
	□维修工作包完整齐全	□工具和备品备件齐全	□风险分析全面
	□安全措施正确完备并已落实到位	□隔离边界明确	□工作票证齐全
	□工作组成员精神状态良好	□个人防护用品和安全用具齐全	
	□水、电、气、汽源情况检查，确认工作期间对这些源的使用便利性和安全性		
二、工作负责人/项目负责人向工作组成员交代以下事项			
	□工作目的、工作对象、工作范围、工作地点		
	□工作组成员分工		
	□工作风险分析及预防性措施		
三、工作负责人/项目负责人与工作组成员讨论并记录以下事项			
	程序关键步骤、高风险步骤提示及预防性措施：		
	以往同类工作经验反馈：		
	其他事项：		
声明： 本人已参加此次工前会，已清楚工前会的内容及要求，并保证在工作实施过程中严格遵守和执行。 工作组成员签名/日期：			

2.2　操作实施 1　装卸料机操作台与模拟机连接

1. 对控制柜 PMC001PP 内部清灰

1）打开控制柜前后门；

2）使用刷子自上而下清扫打开各元器件及端子上的灰尘；

3）刷子清理过程中注意死角及元器件侧面的灰尘；

4）清理完上部后，使用吸尘器对控制柜底部进行清灰；

5）使用擦布对控制柜外表面进行清洁。

2. 对控制柜 PMC001PP 内接线端子进行紧固

1）使用螺丝刀对接线端子上的端子进行紧固；

2）使用螺丝刀对各元器件上的接线端子进行紧固；

3）对控制柜内部设备的插头及插头上紧固螺丝进行紧固；

4）对控制柜内部其他形式接头进行紧固；

5）关闭控制柜前后门。

3. 对控制柜 PMC001PP 进行初步功能检查

1）将模拟机柜上的电缆航空插头根据电缆号标识接至控制柜 PMC001PP 上；

2）对已端接的电缆接头进行逐个检查，如有松动则进行紧固，以防发生虚接现象；

3）验电后，将模拟机柜上的总电源接头接至拖线盘上，拖线盘电源接至检修电源上；

4）确认拖线盘上电源灯亮后，将模拟机柜正面的总电源开关由“OFF”扳至“ON”；

5）确认模拟机柜及控制柜上的电脑均正常启动；

6）使用键鼠操作打开 PLC 软件 Proficy Machine Edition，将装卸料机模拟程序由上位机导入至 PLC；

7）控制柜上位机登录页面根据控制柜盘面上标识进行登录，登录后进入主画面；

8）点击“Show Menu”按钮进入工具箱，确认左下角“Simulator”为红色“Disable”状态，点击红色框激活使变绿色“Enable”，使能模拟；

9）控制柜操作屏上按下“电源接通”按钮，确认控制柜动力电得电；

10）确认“装卸料机紧急停止”按钮拉出，如未拉出则将其拉出；

11）按下“紧急停止复位”按钮，复位紧急停止；

12）模拟机柜上模拟正常装卸料机状态；

13）登陆后主页面上确认有红色系统故障按钮触发，点击进入复位系统故障；

14）若无法进行复位，点击具体红色故障按钮，确认故障类型并盘查原因；

15）若无法核实具体故障原因，则使用键鼠操作打开 PLC 软件 Proficy Machine Edition，打开相应程序并在线，进入系统故障程序模块，找出最终故障信号；

16）根据具体故障，进行相应故障检修，如需更换备件则领取备件进行更换；

17）主页面上点击红色系统故障按钮进入系统故障页面，复位故障，确认故障消除；

18）手动操作装卸料机大车手柄，确认模拟大车可正常动作；

19）手动操作装卸料机小车手柄，确认模拟小车可正常动作；

20）手动操作装卸料机起升手柄，确认模拟起升可正常动作；

21）手动操作“抓具啮合、释放”按钮（位置如倾翻架抓燃料位置），确认模拟抓具能正常动作。

2.3　操作实施 2　上位机及操作介绍

PC 上安装的 Intouch 软件,可以实现人机交互,触摸屏电脑可使装卸料司机实现半自动或全自动操作,输入目标位置,登录系统,查看数据库。触摸屏显示大、小车和主提升操作画面,包括弹出的故障、错误和联锁窗口。司机和管理员可以使用不同级别的密码登录。弹出的窗口将显示和联锁有关的信息,包括简要说明如何解除联锁,例如主提升上升时停止,窗口会显示自动停止位置。触摸屏会显示所有需要输入的信息,根据不同工况,触摸屏上规定的区域,发出命令。同时可以使用鼠标操作。

1）登录画面,可选择登录、关闭系统。可以进行试灯操作。

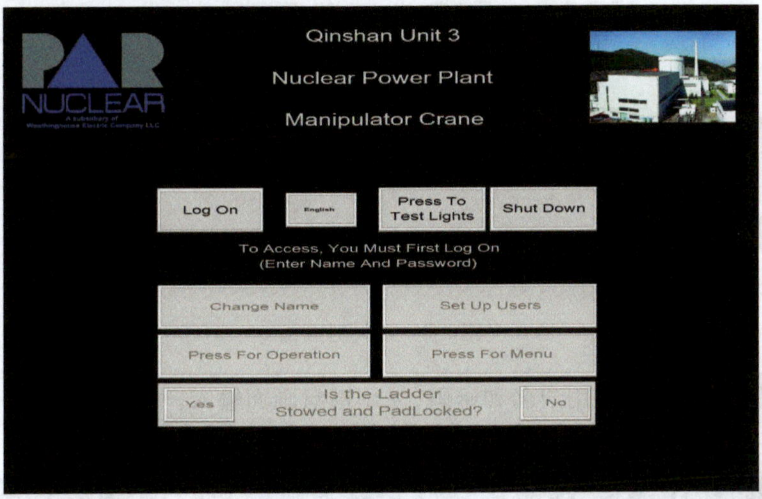

图 2-1　登录画面(一)

2）登录画面点击关机,跳出关机确认界面。

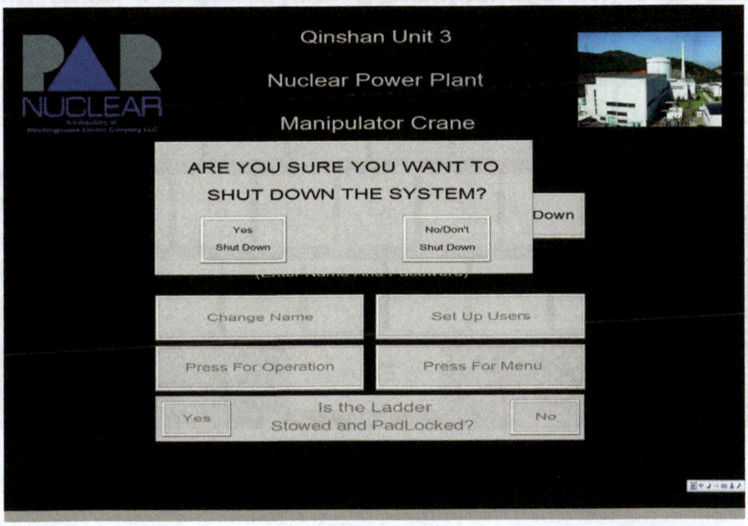

图 2-2　登录画面(二)

3）确认后进入关机倒计时画面，可以在关机前选择取消关机。

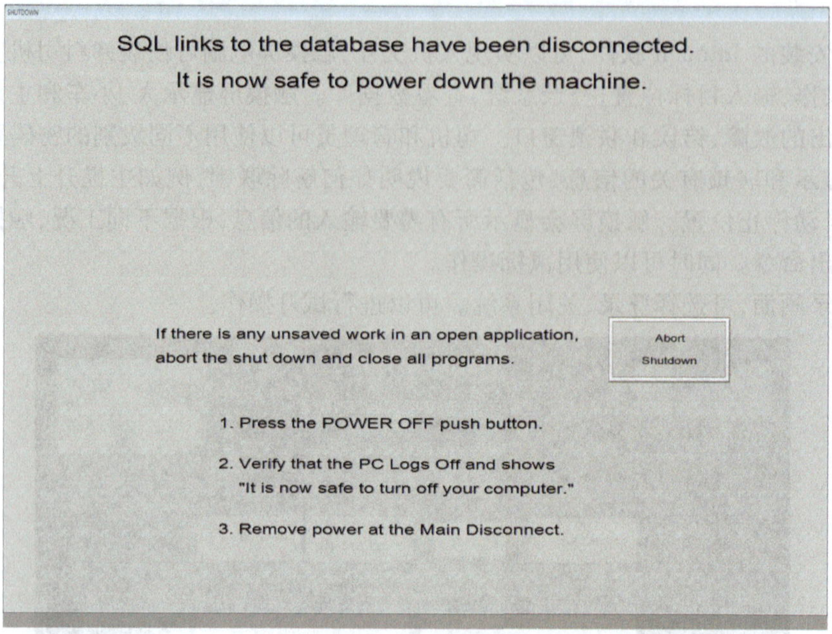

图 2-3 倒计时画面

4）用户登录时，需输入用户名和密码，使用键盘画面输入。

图 2-4 输入用户名和密码画面

5）主画面，包括堆芯地图和区域图，其上部显示目标位置和当前大小车位置。

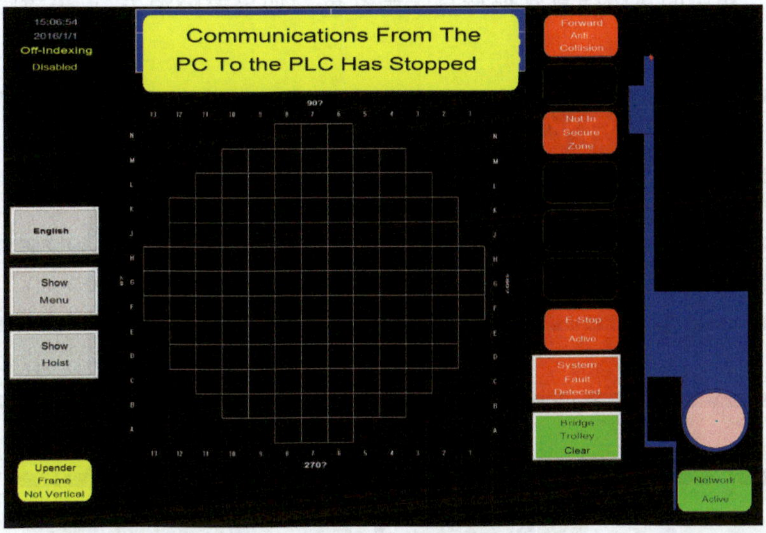

图 2-5 主画面

6）主提升画面，屏幕的右上角显示主提升的载荷和标高。

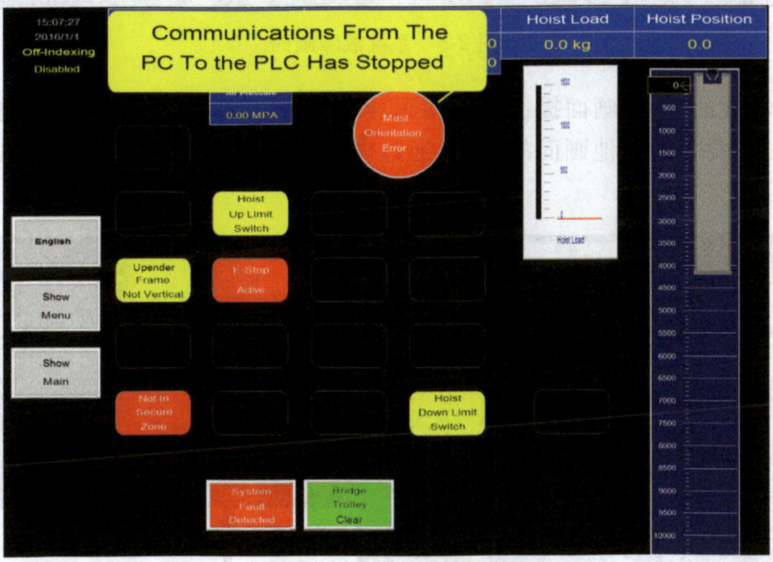

图 2-6 主提升画面

7）菜单栏，可以在权限允许时进入工具箱，可以登出系统，关机。

图 2-7 菜单栏

8）系统故障画面，点击主画面或主提升画面上的系统故障按钮，会弹出系统故障窗口。如果发生故障，相应的故障信息将保持显示为红色。如果故障消失，点击故障按钮，图标将变为绿色。

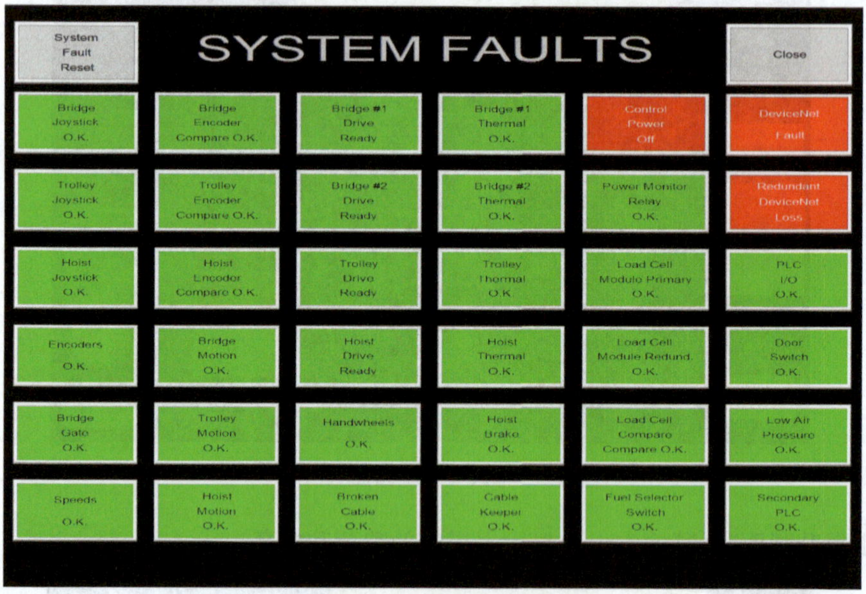

图 2-8 系统故障画面

9）工具箱画面，工具画面提供关于编码器、模拟、速度、堆芯地图、软旁路、数据库等的相关信息。右下角是到其他画面的链接，通过电机显示菜单按钮，在点击工具按钮，就可以进入工具画面。

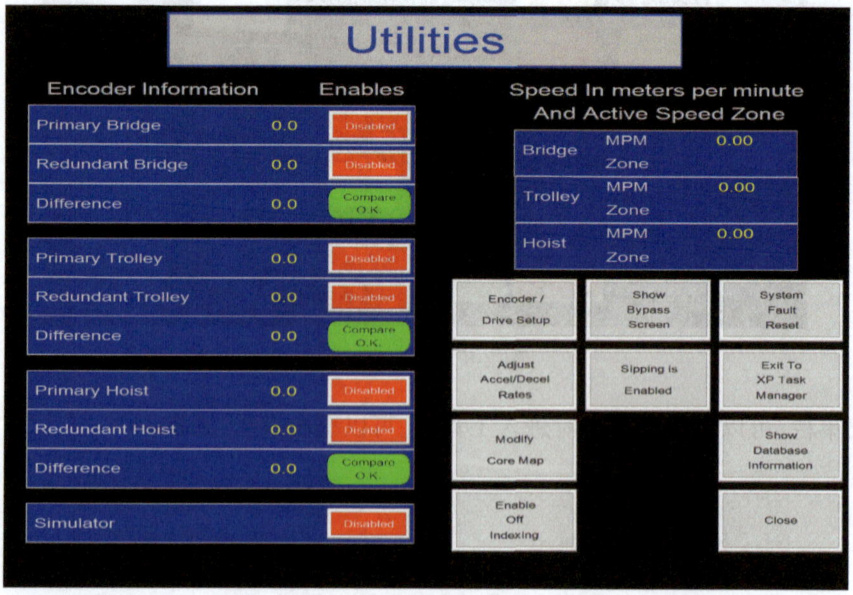

图 2-9 工具箱画面

10）编码器/驱动设置画面，这个画面用来更新编码器和驱动器的参数。所有需要的参数储存在 PLC 内。操作员选择编码器或驱动器后，点击编程按钮。

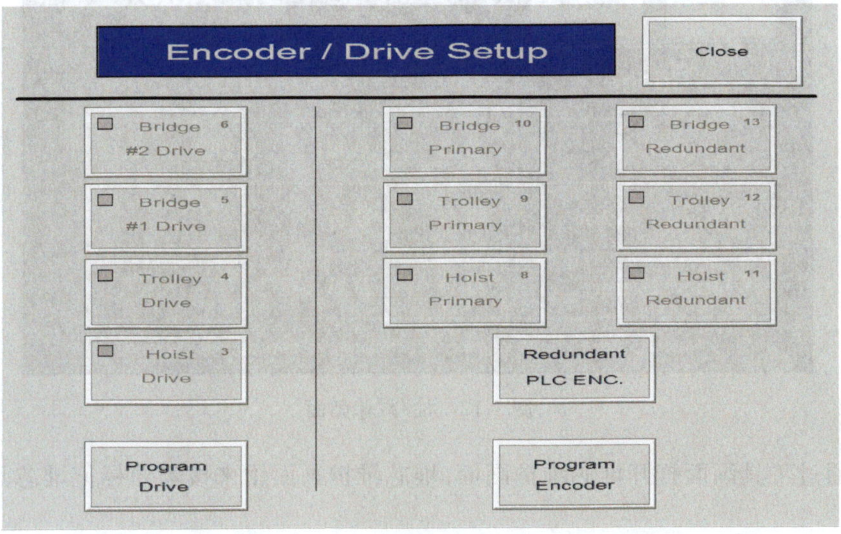

图 2-10　编码器/驱动设置画面

11）通过工具画面打开旁路画面，可以触发或关闭所有旁路功能。

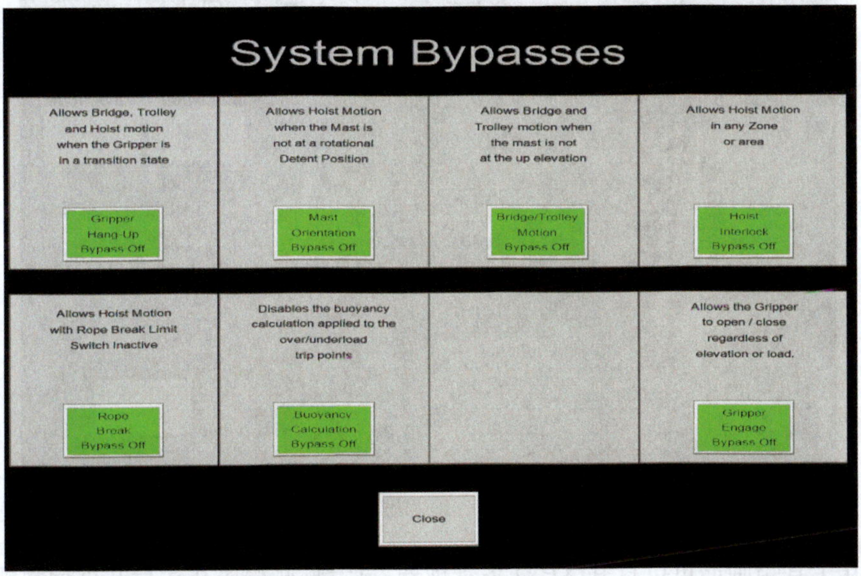

图 2-11　旁路画面

12）在工具箱里点击调整加/减速按钮，弹出此画面。点击各自的数值可以进行修改，结束后，新的数值会送给 PLC。大小车的设置作用于两个方向。只有在使用正确授权登录后，才能使用此画面的功能。恢复工厂设置按钮用于转载存储在 PLC 中的工厂设置数值。

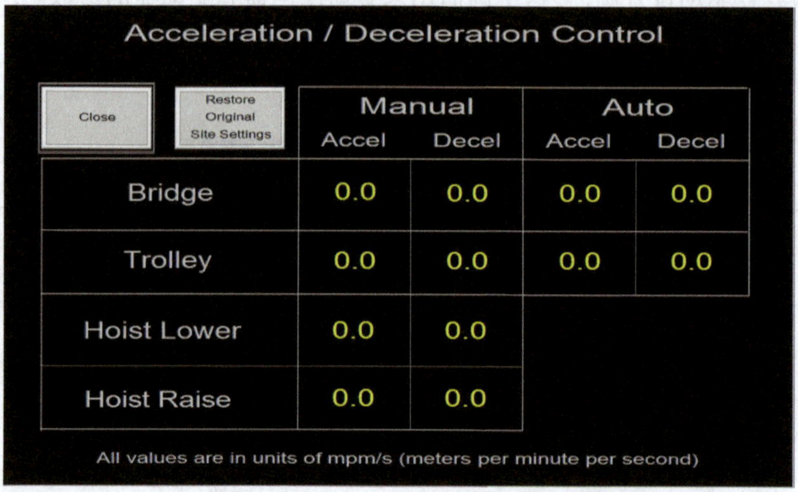

图 2-12　加/减速画面

13）通过工具画面打开堆芯维护画面，堆芯维护画面用来按需要标记堆芯是否装料或空位。

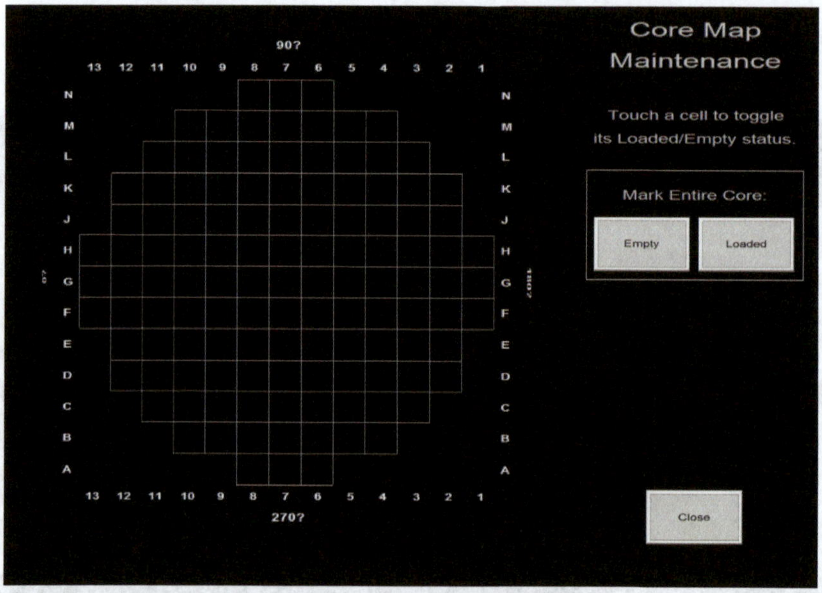

图 2-13　堆芯维护画面

14）从工具箱画面可以打开 XP 任务管理器，显示哪些程序在运行并进行管理。

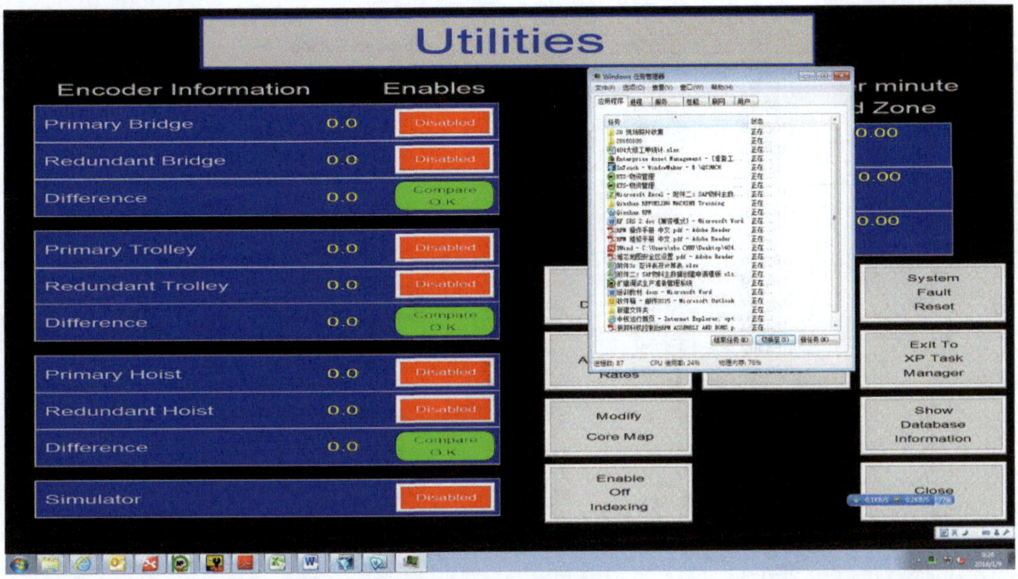

图 2-14　XP 任务管理器

15）从工具箱画面打开此画面，可进入有关的数据库。

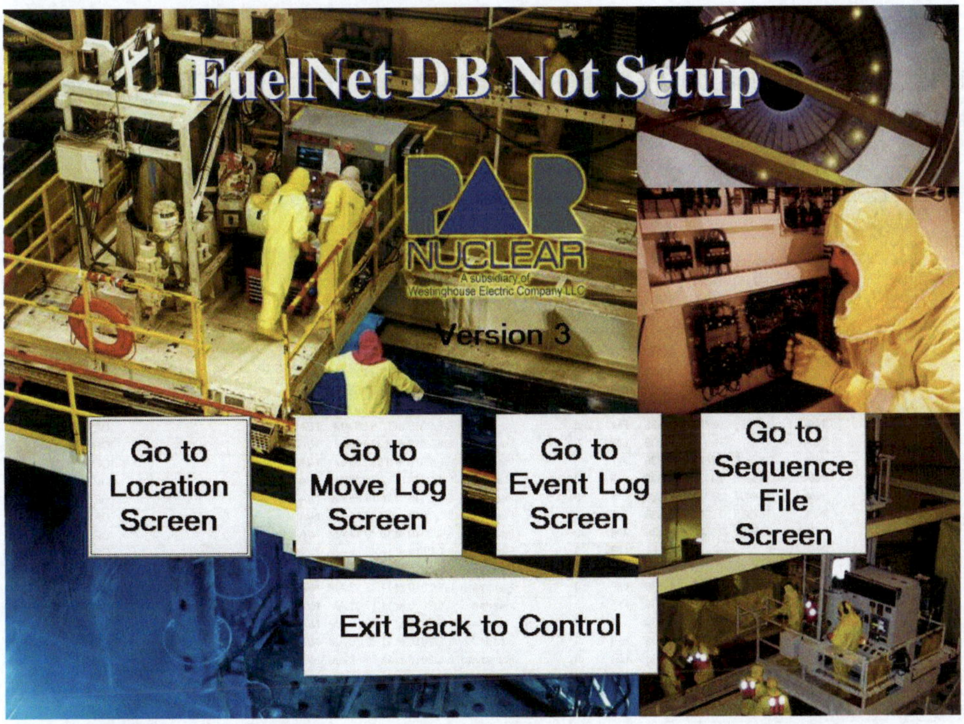

图 2-15　进入数据库画面

16）位置数据库，下面的画面显示所有位置坐标和区域，可以对堆芯地图进行搜索坐标、修改、增减、批量导出、批量导入等操作。

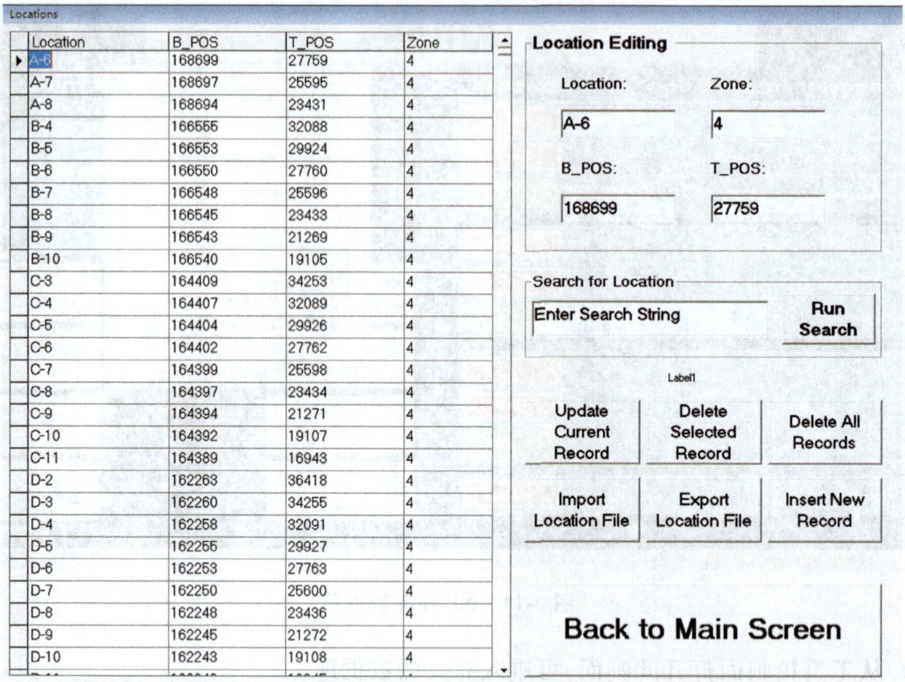

图 2-16 位置数据库

17）数据库画面里可以点击选择进入装卸料移动的记录文件，可对操作记录进行删除、导出操作。

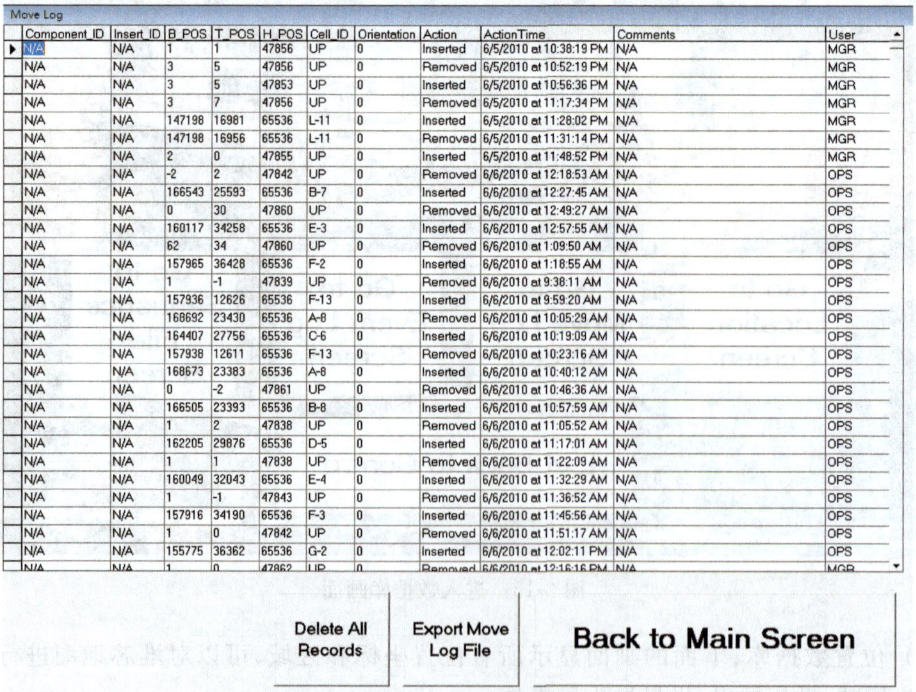

图 2-17 数据库画面(一)

18）数据库画面里可以点击选择进入事件日志，可供查看事件发生信息记录，可以删除、导出事件日志操作。

Event Log

B_POS	T_POS	H_POS	Orientation	Event	EventTime	User
166013	8982	39862	0	Travel Override Start	6/10/2010 at 12:25:55 PM	MGR
169194	9211	39862	0	Travel Override End	6/10/2010 at 12:26:24 PM	MGR
170079	9168	39862	0	Travel Override Start	6/10/2010 at 12:27:56 PM	MGR
170079	9206	39862	0	Travel Override End	6/10/2010 at 12:28:42 PM	MGR
165698	9253	39862	0	Travel Override Start	6/10/2010 at 1:36:40 PM	MGR
165670	9253	39862	0	Travel Override End	6/10/2010 at 1:36:42 PM	MGR
164997	9253	39862	0	Travel Override Start	6/10/2010 at 1:37:08 PM	MGR
165023	9253	39862	0	Travel Override End	6/10/2010 at 3:22:23 PM	MGR
194265	9356	39862	0	Travel Override Start	6/11/2010 at 10:29:33 AM	MGR
194313	9356	39862	0	Travel Override End	6/11/2010 at 10:29:35 AM	MGR
194311	9356	39862	0	Travel Override Start	6/11/2010 at 10:38:08 AM	MGR
194303	9356	39862	0	Travel Override End	6/11/2010 at 10:38:08 AM	MGR
194300	9356	39862	0	Travel Override Start	6/11/2010 at 10:38:10 AM	MGR
194248	9356	39862	0	Travel Override End	6/11/2010 at 10:38:12 AM	MGR
194264	9356	39862	0	Travel Override Start	6/11/2010 at 10:42:53 AM	MGR
194308	9356	39862	0	Travel Override End	6/11/2010 at 10:42:54 AM	MGR
194307	9356	39862	0	Travel Override Start	6/11/2010 at 10:50:16 AM	MGR
194212	9356	39862	0	Travel Override End	6/11/2010 at 10:50:18 AM	MGR
-116	-7	38784	0	Travel Override Start	7/11/2011 at 3:48:10 PM	MGR
74	-7	38784	0	Travel Override End	7/11/2011 at 3:48:11 PM	MGR
155804	25613	86881	0	PLC Override Start	7/11/2011 at 3:55:21 PM	MGR
155804	25613	78074	0	PLC Override End	7/11/2011 at 3:57:20 PM	MGR
150304	25574	87287	0	Travel Override Start	7/13/2011 at 10:00:37 AM	MGR
150304	25574	86806	0	Travel Override End	7/13/2011 at 10:00:40 AM	MGR
150304	25574	86806	0	Travel Override Start	7/13/2011 at 10:00:43 AM	MGR
151711	25574	86806	0	Travel Override End	7/13/2011 at 10:00:52 AM	MGR
151538	27745	85790	0	Travel Override Start	7/13/2011 at 10:26:55 AM	MGR
151518	27745	85790	0	Travel Override End	7/13/2011 at 10:27:01 AM	MGR
155800	21332	86333	0	Travel Override Start	7/14/2011 at 1:53:02 PM	MGR
155800	21071	86333	0	Travel Override End	7/14/2011 at 1:53:07 PM	MGR

Delete All Records　Export Event Log File　Back to Main Screen

图 2-18　数据库画面(二)

19）顺序文件，显示的是燃料移动顺序文件，供装卸料机自动运行使用。

Sequence

Step Number	Step Type	Component ID	Insert ID	Pickup Location	Pickup Orientation Component	Setdown Location	Setdown Orientation Component	Pickup Orientation Mast	Setdown Orientation Mast	Crane	Assembly Type	Insert Type
1	Assembly	1234rd	NI	UP	NW	E-7	NW	0	0	CRANE	NI	TP
2	Assembly	sdfs	NI	e-7	SW	UP	SW	180	180	CRANE	NI	RC
3	Assembly	12wsdg	ed1234	f-7	SE	UP	SE	0	0	CRANE	NI	RC
4	Assembly	2324	12323	f-8	NE	UP	NE	0	0	CRANE	NI	SS
5	Assembly	123	123fsa	UP	NE	F-8	NE	0	0	CRANE	NI	TP
6	Assembly	123	234132gr	UP	NE	F-8	NE	0	0	CRANE	NI	RC
7	Assembly	234	3dss	UP	NE	E-7	NE	0	0	CRANE	NI	SS
8	Assembly	sdd345	333	UP	NE	G-7	NE	0	0	CRANE	NI	BA
9	Assembly	eds345	444	UP	NW	H-7	NW	0	0	CRANE	NI	BA
10	Assembly	234rf	NI	UP	NW	G-7	NW	0	0	CRANE	NI	BP

Import Sequence File　Back to Main Screen

图 2-19　数据库画面(三)

20）自动和半自动确认画面，可以选择全自动或半自动进行操作。

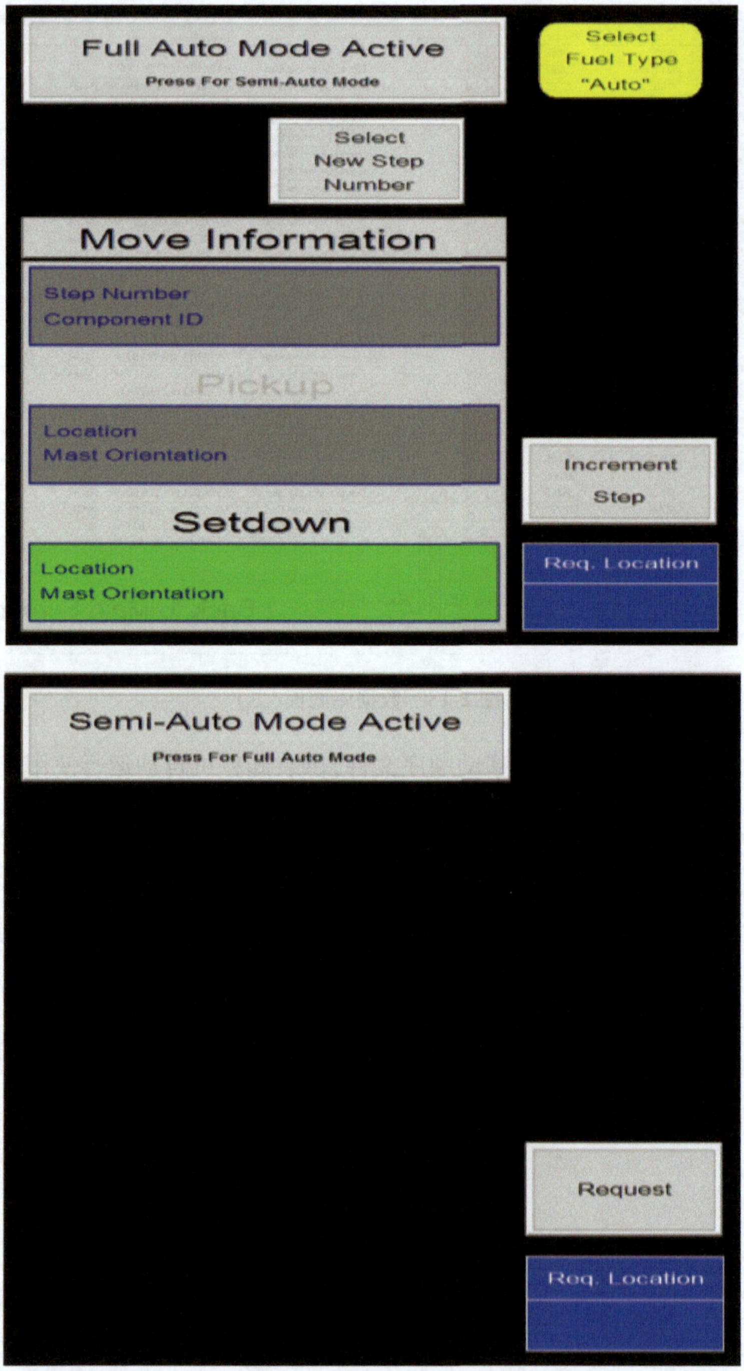

图 2-20　自动和半自动确认画面

21）装卸料机卸料时主提升上升到指定位置后，跳出偏移移动位置确认窗口。

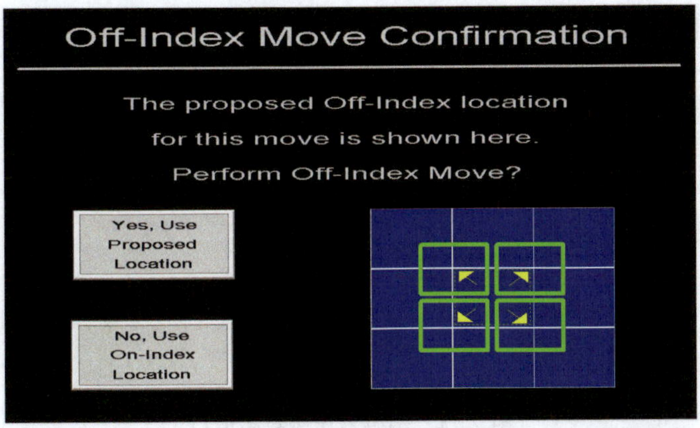

图 2-21 位置确认窗口

22）自动和半自动模式下的偏移移动画面，当移动时自动跳出此画面。画面中包括所有可能的移动位置和按钮。

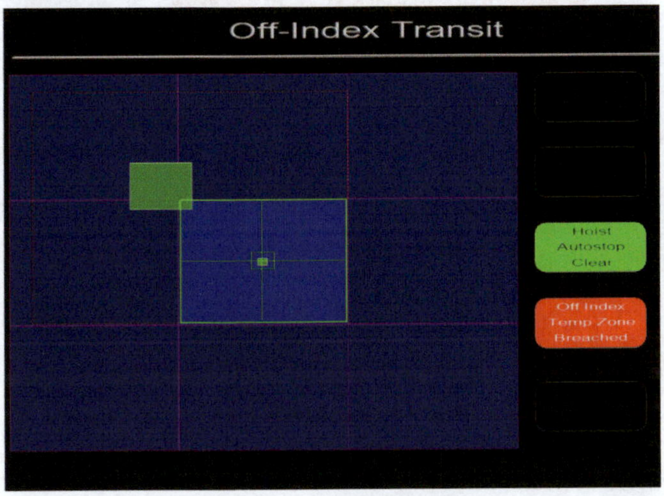

图 2-22 偏移移动画面

23）手柄故障窗口。

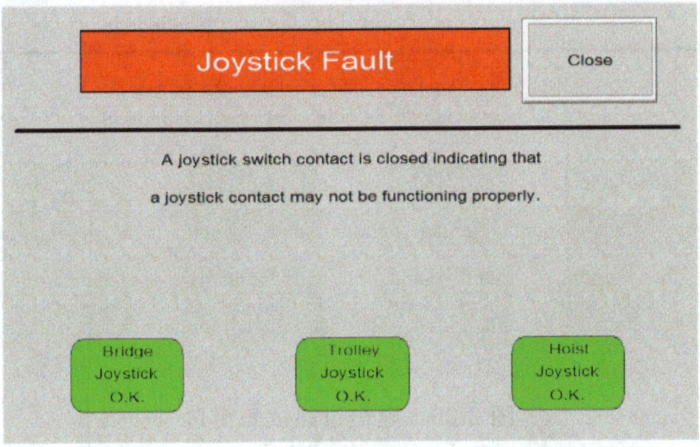

图 2-23 手柄故障窗口

24）编码器比较故障窗口。

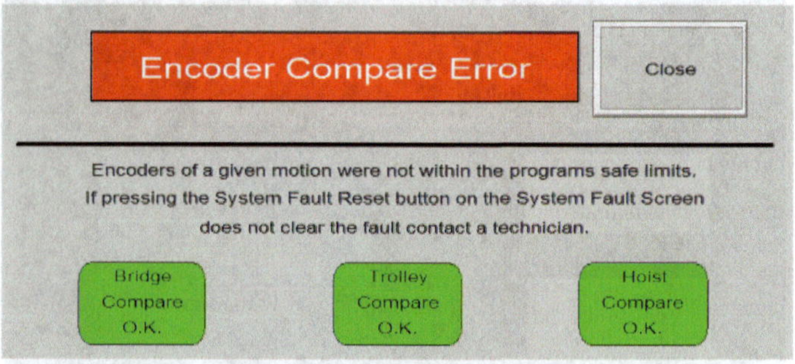

图 2-24　编码器比较故障窗口

25）电机驱动故障窗口。

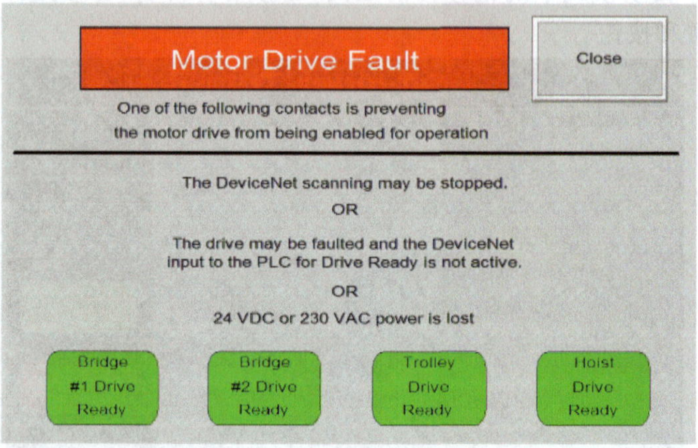

图 2-25　电机驱动故障窗口

26）电机过热故障窗口。

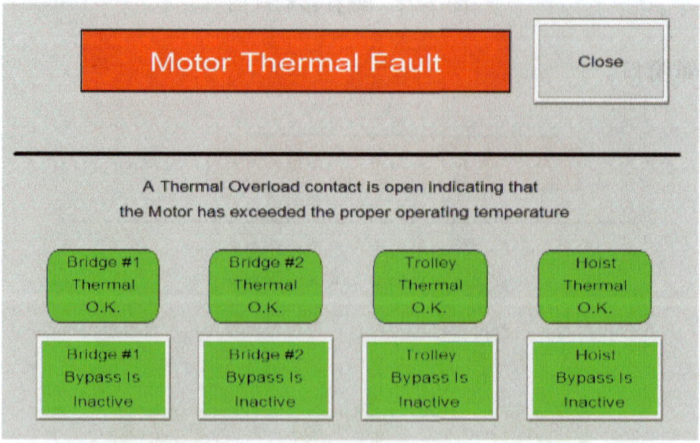

图 2-26　电机过热故障窗口

27）控制电源丧失窗口。

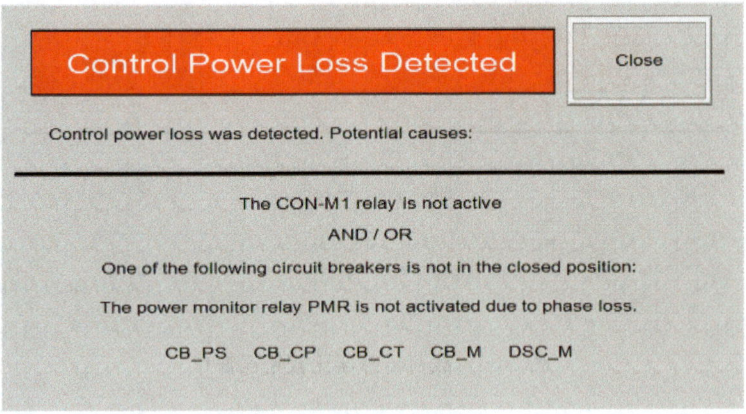

图 2-27　控制电源丧失窗口

28）DeviceNet 总线故障窗口。

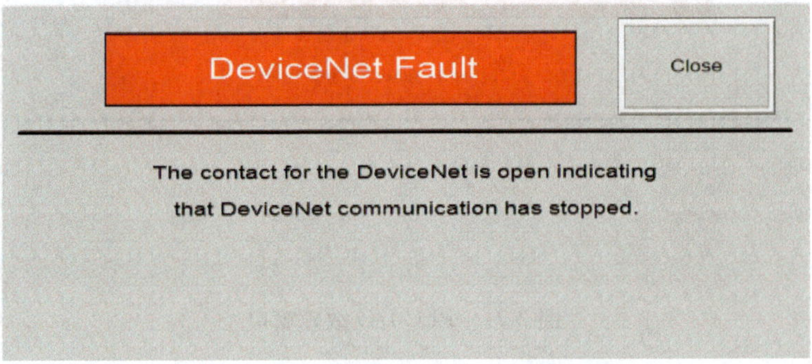

图 2-28　DeviceNet 总线故障窗口

29）电源监控故障窗口。

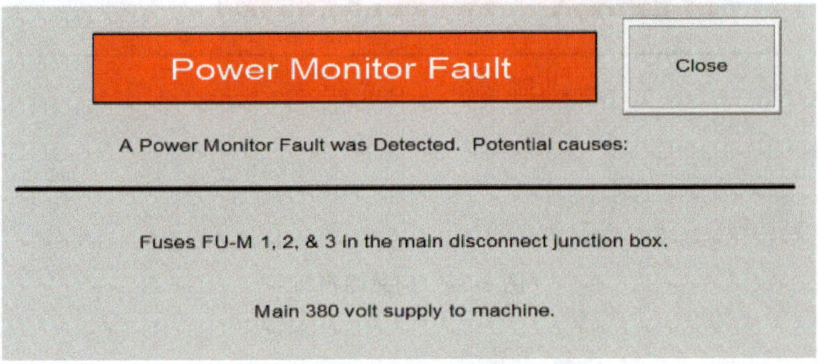

图 2-29　电源监控故障窗口

30）载荷传感器比较错误窗口。

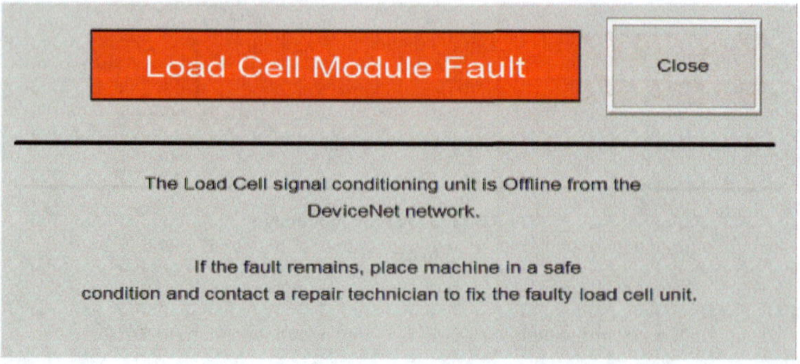

图 2-30 载荷传感器比较错误窗口

31）PLC I/O 故障窗口。

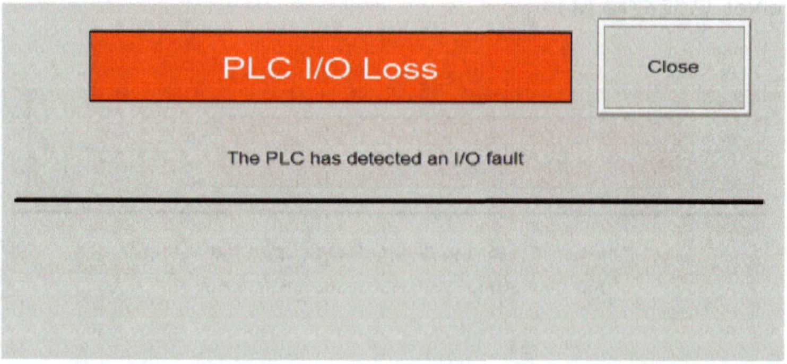

图 2-31 PLC I/O 故障窗口

32）门故障窗口。

图 2-32 门故障窗口

33）运动故障窗口。

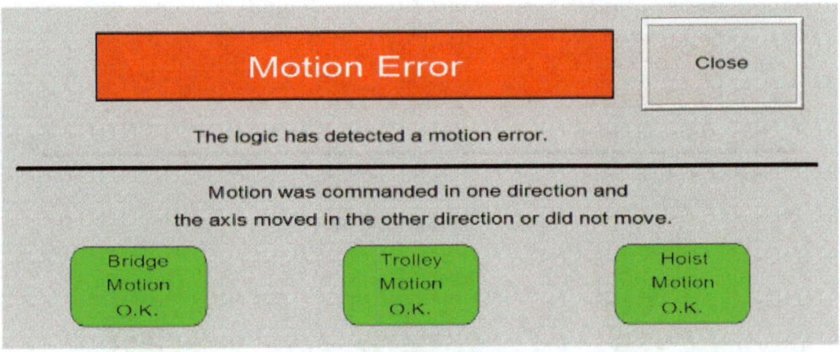

图 2-33 运动故障窗口

34）编码器故障窗口。

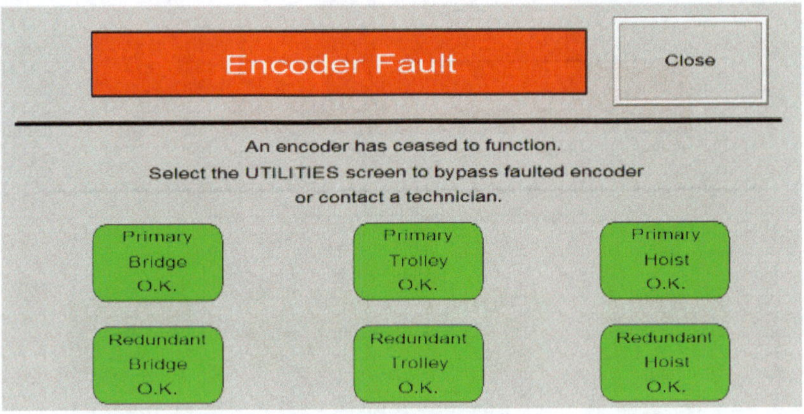

图 2-34 编码器故障窗口

35）大车门故障窗口。

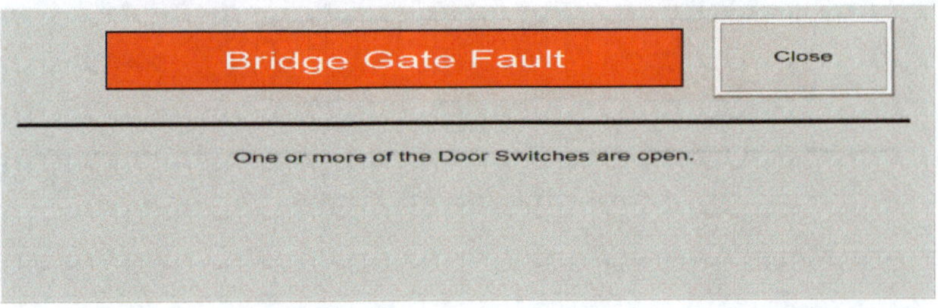

图 2-35 大车门故障窗口

36）超速故障窗口。

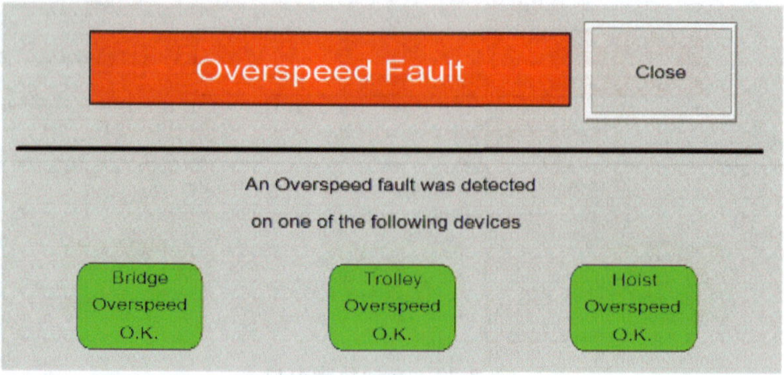

图 2-36 超速故障窗口

37）手轮故障窗口。

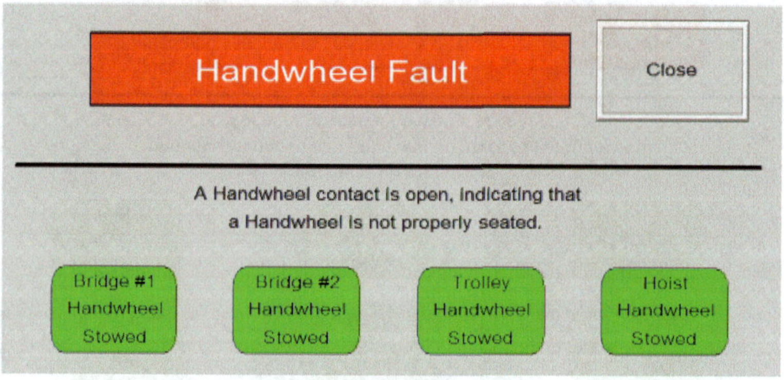

图 2-37 手轮故障窗口

38）断绳故障窗口。

图 2-38 断绳故障窗口

39）主提升制动器磨损故障窗口。

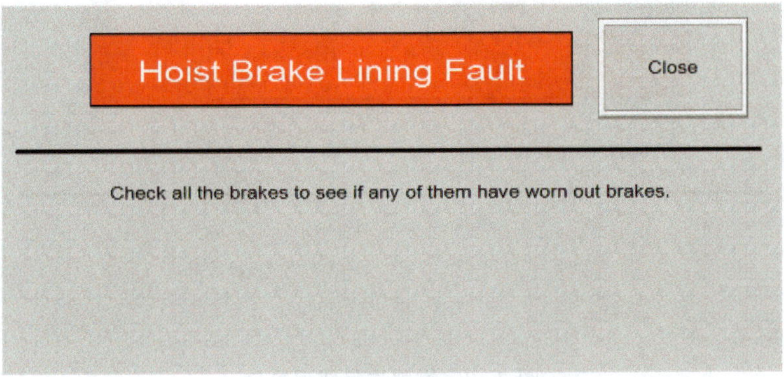

图 2-39 主提升制动器磨损故障窗口

40）叠绳故障窗口。

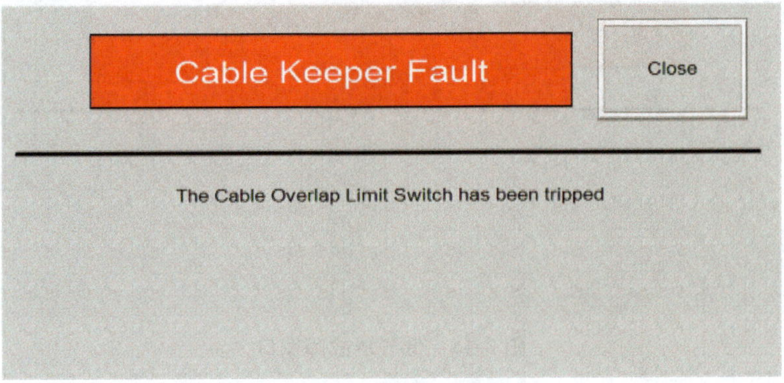

图 2-40 叠绳故障窗口

41）载荷传感器比较错误窗口。

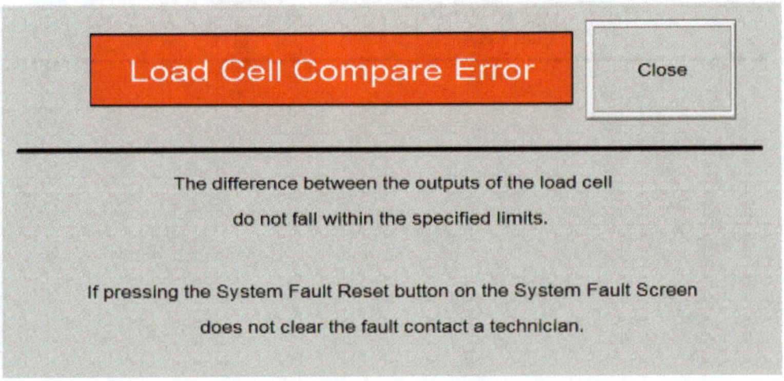

图 2-41 载荷传感器比较错误窗口

42）燃料选择错误窗口。

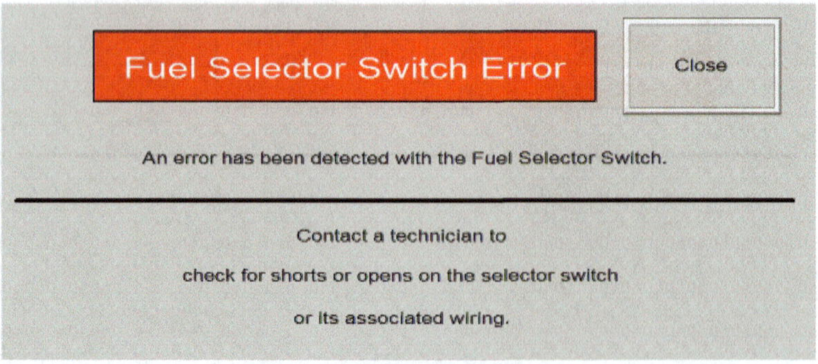

图 2-42 燃料选择错误窗口

43）低气压故障窗口。

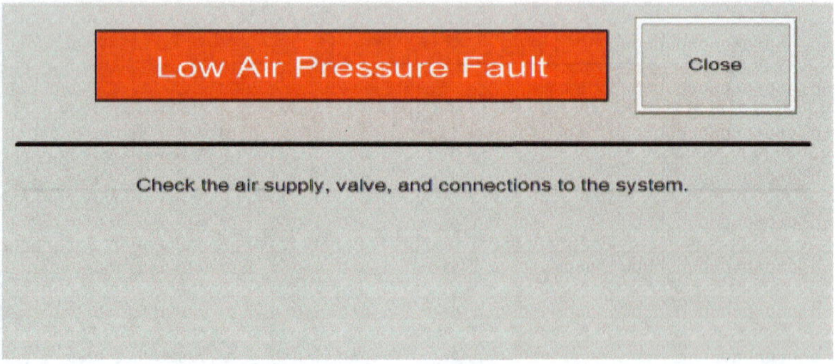

图 2-43 低气压故障窗口

44）安全 PLC 故障窗口。

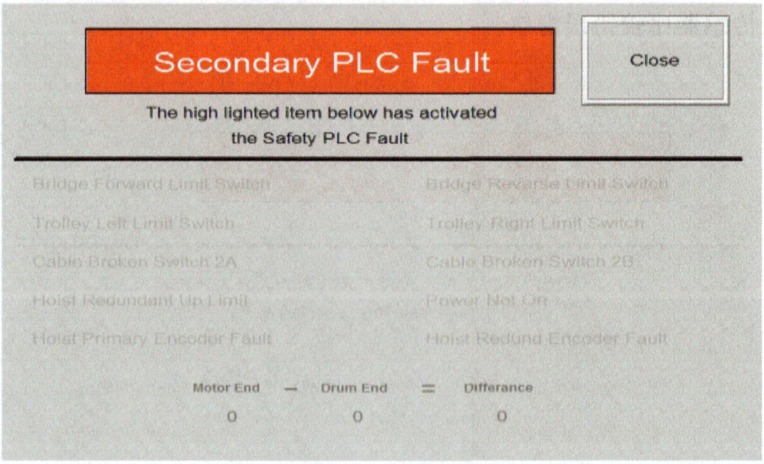

图 2-44 安全 PLC 故障窗口

45）大、小车联锁窗口。

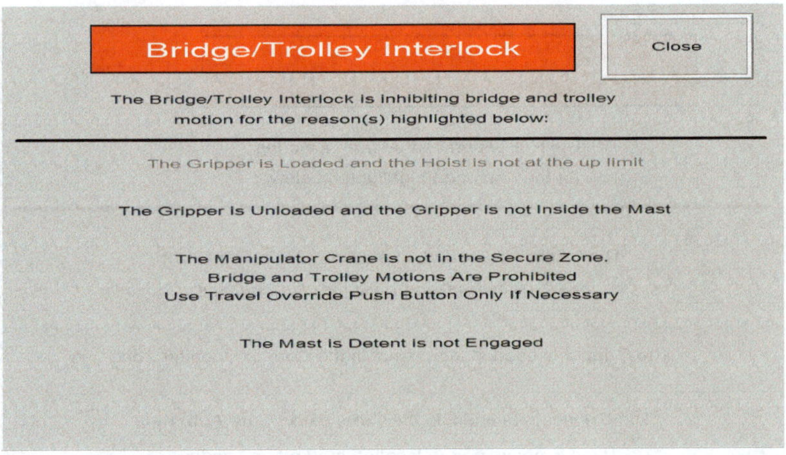

图 2-45 大、小车联锁窗口

46）抓具脱扣联锁窗口。

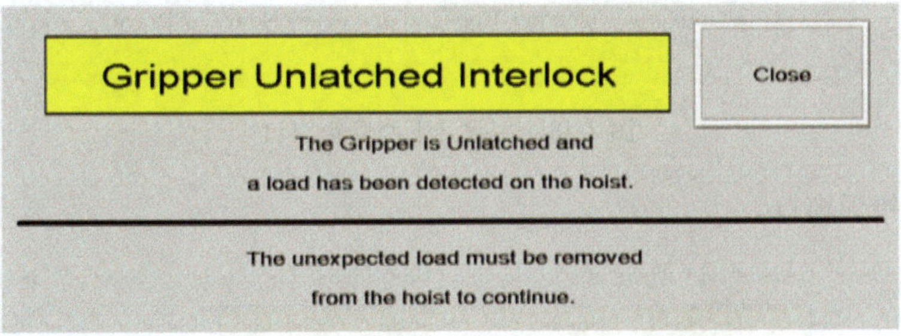

图 2-46 抓具脱扣联锁窗口(一)

47）抓具联锁窗口，会声音报警，可以在窗口左上角进行消音操作。

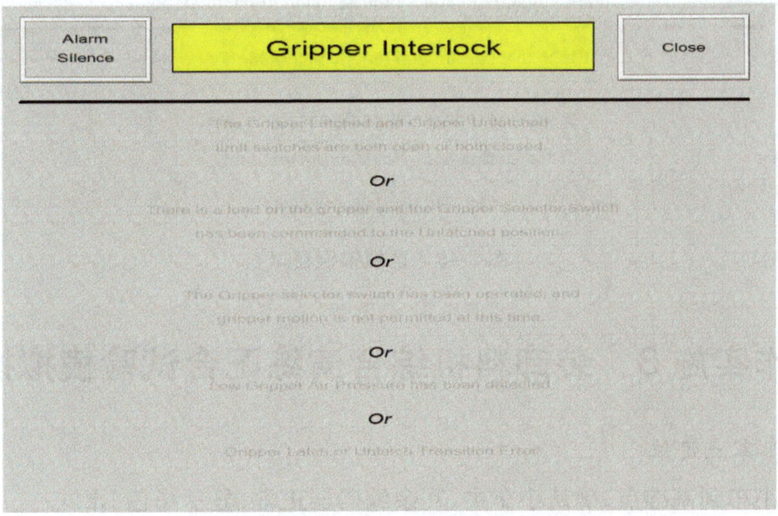

图 2-47 抓具脱扣联锁窗口(二)

48）主提升下降联锁窗口。

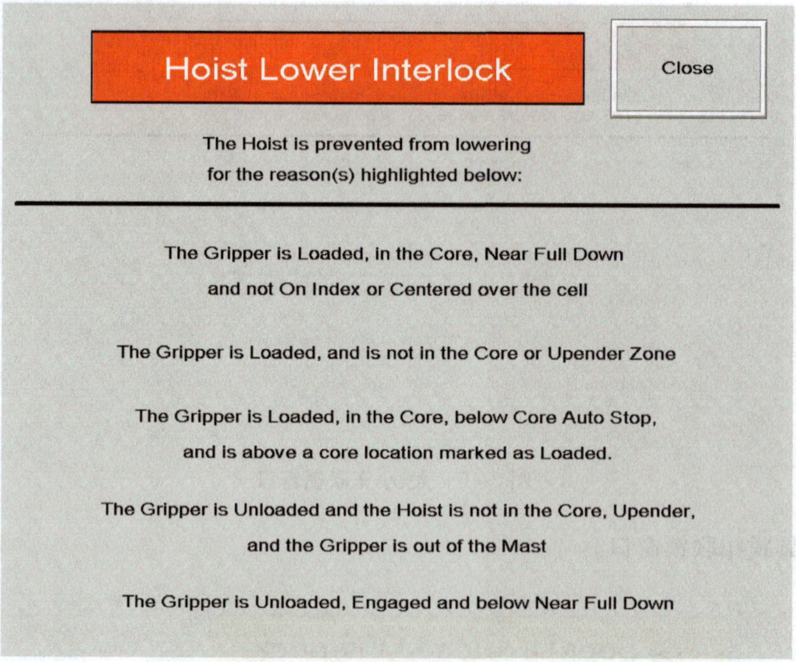

图 2-48 主提升下降联锁窗口

49）区域错误窗口。

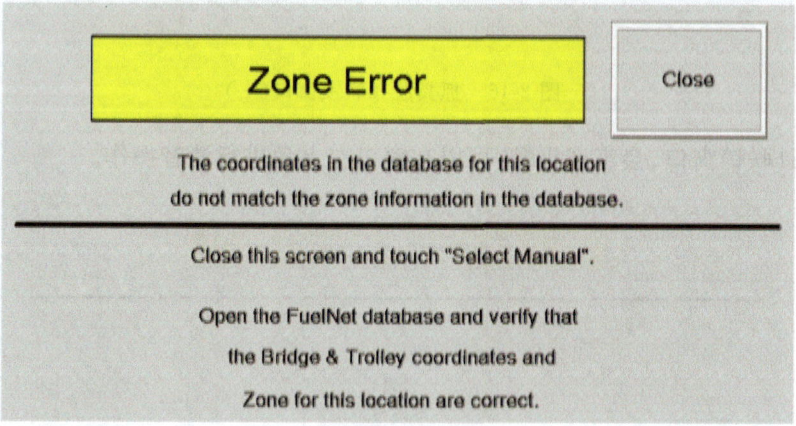

图 2-49 区域错误窗口

2.4 操作实施 3 装卸料机综合演练配合试验模拟操作

1. 小车车零点定位

1）移动小车到基准点，确认小车主、冗余编码器正常，显示绿色 LED。

2）主页面上选择菜单栏按钮，选择进入工具箱。

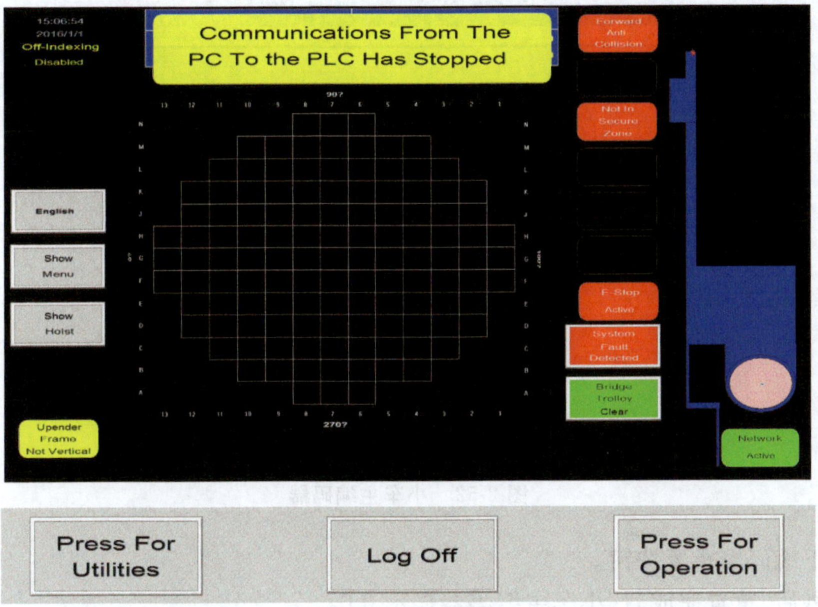

图 2-50　工具箱界面

3）工具箱界面中，选择编码器编程按钮，进入编码器编程界面。

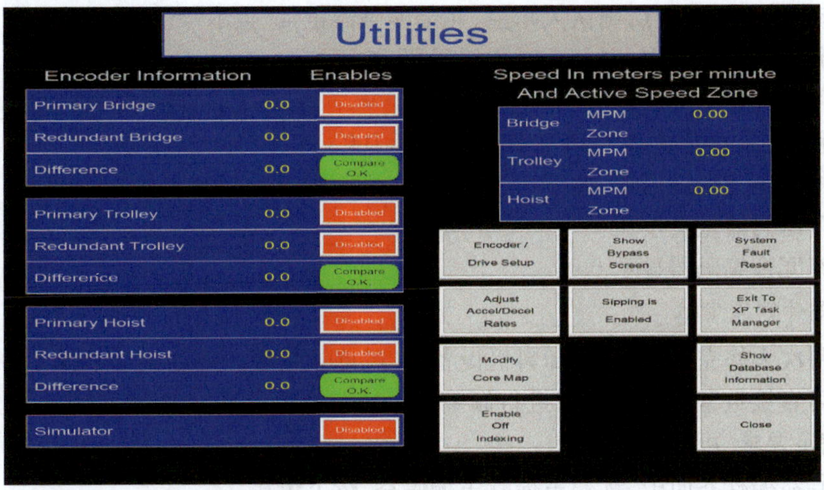

图 2-51　编码器编程界面

4）编码器编程界面中，选择小车主编码器，按下按钮。

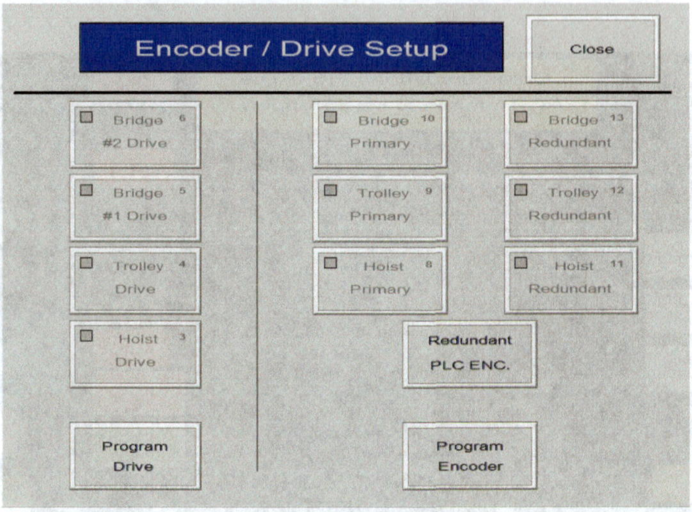

图 2-52 小车主编码器

5）按下编码器重置按钮。

6）一秒后，重置完成后，小车主编码器显示 0.0。

7）选择小车冗余编码器，按下按钮。

8）按下编码器重置按钮。

9）小车冗余编码器显示 0.0。

2. 大车零点定位

1）移动大车到基准点，确认大车主、冗余编码器正常，显示绿色 LED。

2）编码器编程界面中，选择大车主编码器，按下按钮。

3）按下编码器重置按钮。

4）一秒后，重置完成后，大车主编码器显示 0.0。

5）选择大车冗余编码器，按下按钮。

6）按下编码器重置按钮。

7）大车冗余编码器显示 0.0。

3. 主提升零点定位

说明：每次大修完成，拆除装卸料机设备前，需确认主提升停在 0 点位置，所以每次主提升 0 点均可直接重置。但需最后进行倾翻架及堆芯位置及高度的确认，并且能正常操作抓具。如不满足要求，可进行微调。

1）编码器编程界面中，选择主提升主编码器，按下按钮。

2）按下编码器重置按钮。

3）一秒后，重置完成后，主提升主编码器显示 0.0。

4）选择主提升冗余编码器，按下按钮。

5）按下编码器重置按钮。

6）主提升冗余编码器显示 0.0。

7）倾翻架区，主提升能正常抓取假组件。要求：主提升高度满足 4 765～4 790 mm，模拟载荷释放到 300 kg 以下。

8）在堆芯区域，如为卸料前，主提升下放到位后，抓具能正常啮合假组件；如为装料前，主提升能正常下放假组件至制定位置。主提升高度满足（8 915～8 940 mm），载荷释放至 300 kg 以下，满足抓具释放要求。

4. 超速保护功能验证

（1）大车超速保护

1）在上位机中打开 Proficy 程序软件，打开对应程序，在线，找到 B_HIGH 变量，并记录 B_HIGH=_______。

2）将 ADD_DINT 数值减小至原数据的一半。

3）将大车手柄推到底，观察屏幕上主画面是否显示系统故障，按下按钮。

4）在系统故障画面，显示红色超速故障按钮，其他均为绿色，确认显示故障信息。

5）关闭系统故障画面。

6）大车禁止运行。

7）恢复 ADD_DINT 数值，清除故障（按下故障复位按钮），系统故障消失。

8）大车恢复正常工作。

（2）小车超速保护

1）在程序中找到 T_HIGH 变量，并记录 T_HIGH=_______。

2）将 ADD_DINT 数值减小至原数据的一半。

3）将小车手柄推到底，观察屏幕上主画面是否显示系统故障，按下按钮。

4）在系统故障画面，显示红色超速故障按钮，其他均为绿色，确认显示故障信息。

5）关闭系统故障画面。

6）小车禁止运行。

7）恢复 ADD_DINT 数值，清除故障（按下故障复位按钮），系统故障消失。

8）小车恢复正常工作。

（3）主起升超速保护

1）在程序中找到 H_HIGH 变量，并记录 H_HIGH=_______。

2）将 ADD_DINT 数值减小至原数据的一半。

3）将主起升手柄推到底，观察屏幕上主画面是否显示系统故障，按下按钮。

4）在系统故障画面，显示红色超速故障按钮，其他均为绿色，确认显示故障信息。

5）关闭系统故障画面。

6）主起升禁止运行。

7）恢复 ADD_DINT 数值，清除故障（按下故障复位按钮），系统故障消失。

8）主起升恢复正常工作。

9）离线程序，关闭 Proficy 软件，不保存任何修改。。

（4）验证超、欠载定值

1）根据要求，模拟器机上位机上模拟“Primary”或“Redundant”载荷。

2）确认各模拟载荷满足要求，并能正常触发报警。

3）手柄操作各机构，确认无法动作。

(5) 配合维修支持堆芯地图准确性验证

1) 模拟机上,在堆芯区域,操作装卸料机进行规程内选取的5个点精度验证。

2) 如发现不能满足精度要求,重新验证问题坐标,进行大、小车0位调整。

3) 倾翻架区,验证主提升能正常抓取假组件,带载提升主提升,验证提起过程中载荷变化均匀,不存在摩擦力较大现象。

4) 在堆芯区域,重新验证问题坐标,需满足精度要求。

2.5 操作实施4 编码器更换

1) 确认编码器状态灯显示为红色,该编码器已损坏。

2) 对编码器电缆及接头进行触碰或紧固,观察编码器是否正常。

3) 对装卸料机进行断电,断电后重新插拔该编码器接线,重新上电后观察状态。

4) 如确认该编码器损坏,领取备件。

5) 编码器更换前需将装卸料机控制电断电,可将装卸料机整体断电。

6) 松开编码器电缆,拆下编码器本体,拆除前需松开固定轴的C形紧固环。

7) 打开拆除编码器本体,确认编码器地址设置。

8) 打开备件编码器本体,设置编码器地址为原编码器地址。

9) 恢复编码器本体后,重新安装至固定位置,紧固C形环,确认同轴固定。

10) 端接好电缆接头。

11) 对装卸料机进行重新上电,确认编码器状态灯指示为绿灯,确认该编码器状态正常。

12) 动作相关机构,观察编码器动作是否正常。

13) 相关机构行驶到0位,对编码器进行重新清零。

2.6 操作实施5 退出模拟机

1) 主画面上点击“Show Menu”按钮进入工具箱,确认左下角“Simulator”为绿色“Enable”状态,点击绿色框使变成红色“Disable”,取消模拟。

2) 控制柜操作屏上拍下“装卸料机紧急停止”按钮。

3) 按下“电源断开”按钮,确认动力电断开。

4) 使用键鼠操作打开PLC软件Proficy Machine Edition,将装卸料机正式程序由上位机导入至PLC并确认。

5) 点击“Show Menu”按钮,选择“Log Off”,确认登出并关闭系统。

6) 待上位机关闭后,将模拟机柜正面的总电源开关由“ON”扳至“OFF”,确认均断电。

7) 将拖线盘电源从检修电源上断开,模拟机柜上的总电源接头从拖线盘上断开。

8) 将模拟机柜上的电缆航空插头从控制柜PMC001PP断开。

9) 将拆下电缆规整放置好,恢复现场。

第三章　故障检查和处理

3.1　常见故障现象和判断方法检查和处理概述

以下是可能出现的系统故障及故障现象汇总，还包括诊断步骤。大多数故障是电气故障，接卸故障是显而易见，且易于诊断。维修人员在确认故障后，进行故障隔离，采用标准的维修技术，包括更换故障部件。在所有情况下，现场维修人员必须查阅原理图，电路图、接线图、组装图、零部件清单，以便确认故障和进行修理。对于特定部件的测量参考原理图和单独部件图纸。当系统功能发生偏差时，安装和现场试验程序与测量数据具有决定价值。

3.2　系统启动故障

启动按钮未能启动电源。现象：启动指示灯没有点亮。不能操作，主接触器 CON_M1 没有带电，需检查以下各项：

1）主隔离开关是否在闭合位置；

2）在开关输出段是否有 3 相电；

3）确认控制台的所有断路器是否闭合；

4）按下启动按钮，确认 611A 和 611B 是否有 24 VDC；如果没有电压，按钮触点有故障；如果按钮有电压，CON_M1 线圈断开。

3.3　故障状态

如果检测到硬件有问题，装卸料机操作被禁止。监控以下输入，如果有以下故障，将禁止操作，直到故障被清除。

电源监控继电器(PWR)-PLC 监控输入信号，以保证没有缺相。如果检测到缺相，PLC 停止操作，触摸屏显示系统故障。显示发现缺陷故障。

启动按钮-控制台上的启动按钮接通系统电源。接通电源后，并且 CON_M1 接通，信号发送给 PLC，如果按下急停按钮，断电，输入信号不能送给 PLC。如果两个信号任何一个关闭，所有运动将停止。

急停按钮-PLC 监视输入信号，检查是否有急停运动，如果按下急停按钮，急停继电器断电，信号送给 PLC。

停止按钮-按下停止按钮切断系统电源。按下按钮后，断开继电器 CON_M1 电源，断开送给 PLC 的输入。如果两个给 PLC 的输入任何一个关闭，停止所有输出。

大车电机 1 驱动器就绪-PLC 监视此输入，电机驱动器功能正常。

大车电机 1 过热-当电机温度超过额定温度时，过热保护装置动作。

大车电机 2 驱动器就绪-PLC 监视此输入,电机驱动器功能正常。

大车电机 2 过热-当电机温度超过额定温度时,过热保护装置动作。

主提升电机却动器就绪-PLC 监视此输入,确认电机驱动器功能正常。

主提升电机过热-当电机温度超过额定温度时,过热保护装置动作。

3.4 大车运动故障

没有运行

现象:大车任意方向不能运行,检查以下项目。

确认所有手轮在存放位置;

检查 GE 驱动器没有显示故障;

如果驱动器显示无故障,检查控制台的所有断路器是否在闭合位置;

检查大车两个编码器是否啮合;

检查大小车是否在运行边界上;

如果在半自动模式下,尝试切换至手动模式;

检查大车驱动器的电源(1206A、1207A、1208A),如果正常,检查驱动器是否显示"Power On";

检查大车 2 驱动器的电源(1306A、1307A、1308A),如果正常,检查驱动器是否显示"Power On";

当操作手柄时,检查大车使能信号(1227A、1327A)的电源+24 VDC;

检查手柄给 PLC 的输入,如果没有输入,检查手柄触点;

如果电压正常,驱动器使能,检查驱动器,参考 GE 安装手册。

现象:仅能向前,检查以下内容。

检查手柄给 PLC 的输入,如果没有输入,检查手柄触点。

现象:仅能向后,检查以下内容。

检查手柄给 PLC 的输入,如果没有输入,检查手柄触点。

3.5 速度控制错误

现象:仅能低速或高速运行,检查以下内容。

检查手柄控制电压(大约 0 到+10 VDC),检查手柄输入 PLC 的电压是否正确;

如果操作手柄后测量电压变化,检查 PLC 的输入电压,如果本所亭亭化的,是 PLC 有故障。

现象:仅能低速运行,检查以下内容。

装卸料机在慢速区;

联锁旁路触发,或在旁路状态;

大车电机制动器没有释放,检查制动器电压(1219A 和 1216B)是否为 220 VAC;

大车电机 2 制动器没有释放,检查制动器电压(1319A 和 1319B)是否为 220 VAC;

发出大车移动命令后,检查继电器 CR_B1MB 是否触发;

发出大车移动命令后,检查继电器 CR_B2MB 是否触发;

检查 MD_B1 和 MD_B2 是否输出给制动器继电器。

现象:低速运行时,大车运行不稳定,检查以下内容。

监视电机电流,观察电流并和驱动器说明书中的电流做比较,确定大车电机电流是否正常,如果电流正常,问题出在驱动器中,更多信息参考 GE 驱动器说明手册。如果电流非常高,大车机械阻滞,造成电机过载,必须解决阻滞。原因可能是:1)大车车轮边缘未沿轨道行驶;2)导向轮不对称;3)减速箱故障。这些要通过手动释放制动器来检查。

现象:大车没有在命令位置或极限停止,检查以下内容。

大车编码器齿轮与齿条滑移。

现象:移动时,大车位置显示不改变。检查以下内容。

大车编码器齿轮与齿条完全脱开。

3.6 小车运动故障

没有运行

现象:小车任意方向不能运行,检查以下项目。

确认所有手轮在存放位置;

检查 GE 驱动器没有显示故障;

如果驱动器显示无故障,检查控制台的所有断路器是否在闭合位置;

检查小车两个编码器是否啮合;

检查大、小车是否在运行边界上;

如果在半自动模式下,尝试切换至手动模式;

检查小车驱动器的电源电压(1406A、1407A、1408A),如果正常,检查驱动器是否显示“Power On”;

当操作手柄时,检查小车使能信号(1427A)的电压+24 VDC;

检查手柄给 PLC 的输入,如果没有输入,检查手柄的触点;

如果电压正常,驱动器使能,检查驱动器,参考 GE 安装手册。

现象:只能一个方向运行,检查以下项目。

检查手柄给 PLC 的输入,如果没有输入,检查手柄的触点。

速度控制错误

现象:仅能低速或高速运行,检查以下内容。

检查手柄控制电压(大约 0 到+10 VDC),检查手册输入 PLC 的电压是否正确;

如果操作手柄后测量电压变化,检查 PLC 的输入电压,如果电压是变化的,是 PLC 有故障。

现象:仅能低速运行,检查以下内容。

装卸料机在慢速区;

联锁旁路触发,或在旁路状态;

小车电机制动器没有释放,检查制动器电压(1419A 和 1419B)是否为 220 VAC;

发出小车移动命令后,检查继电器 CR_TMB 是否触发。

现象:低速运行时,小车运行不稳定,检查以下内容。

监视电机电流,观察电流并和驱动器说明书中的电流作比较,确定小车电机电流是否正常。如果电流正常，问题出在驱动器中，更多信息参考 GE 驱动器说明手册。如果电流非常高，小车机械阻滞，造成电机过载，必须解决阻滞。原因可能是：1)小车车轮边缘未沿轨道行驶；2)导向轮不对称；3)减速箱故障；4)车轮轴承损坏，附带的一种可能是电机制动器故障。这些要通过手动释放制动器来检查。

现象：小车没有在命令位置或极限停止，检查以下内容。

小车编码器齿轮与齿条滑移。

现象：移动时，小车位置显示不改变，检查以下内容。

小车编码器齿轮与齿条完全脱开。

3.7 主提升运动故障

没有运行

现象：主提升任意方向不能运行，检查以下项目。

确认所有手轮在存放位置；

检查 GE 驱动器没有显示故障；

如果驱动器显示无故障，检查控制台的所有断路器是否在闭合位置；

检查主提升两个编码器是否啮合；

检查大、小车是否在运行边界上；

如果在半自动模式下，尝试切换至手动模式；

检查主提升驱动器的电源电压(1506A、1507A、1508A)，如果正常，检查驱动器是否显示“Power On”；

当操作手柄时，检查主提升使能信号(1527A 和 15 298)的电压+24 VDC；

检查手柄给 PLC 的输入，如果没有输入，检查手柄的触点；

如果电压正常，驱动器使能，检查驱动器，参考 GE 安装手册。

现象：仅能上升，检查以下内容。

检查主提升下降联锁，例如松绳、全下位；

检查手柄给 PLC 的输入，如果没有输入，检查手柄的触点。

现象：仅能下降，检查以下内容。

检查主提升上升联锁，例如超载、上限位；

检查手柄给 PLC 的输入，如果没有输入，检查手柄的触点。

速度控制错误

现象：仅能低速或高速运行，检查以下内容。

检查手柄控制电压(大约 0 到+10 VDC)，检查手柄输入 PLC 的电压是否正确；

如果操作手柄后测量电压变化，检查 PLC 的输入电压，如果电压是变化的，是 PLC 有故障。

现象：仅能低速运行，检查以下内容。

联锁旁路触发，或在旁路状态；

主提升电机制动器没有释放。检查制动器电压(1519A 和 1519B)是否为 220 VAC，检查冗余制动器线圈的 1521C 和 1521D，检查安全制动器线圈的 1151A 和 1151B；

发出主提升移动命令后，检查继电器 CR_HMB 是否触发；

发出主提升移动命令后，检查继电器 CR_HRB 是否触发；
发出主提升移动命令后，检查继电器 CR_HSB 是否触发。
现象：低速运动时，大车运行不稳定，检查以下内容。
检查主提升运行是否阻滞，阻滞会导致电机过载；
如果电流正常，问题出在驱动器中，更多信息参考 GE 驱动器说明手册。
现象：主提升没有在命令位置或极限停止，检查以下内容。
主提升编码器的钢丝与气管或电缆缠在一起。
现象：移动时，主提升位置显示不改变，检查以下内容。
检查编码器的钢丝。

3.8　主提升载荷，大、小车和主提升位置显示

现象：大、小车和主提升位置显示错误或不规则数值，检查以下内容。

检查 PLC 与转接板之间的所有电缆连接器，以及转接板与数显表之间的所有连接器是否牢固；更多的信息参见供货商关于系统文件部分的 Weschler/NES 操作手册。

3.9　抓具故障

现象：抓具未能打开或者关闭，检查以下各项。
检查压缩空气气源（如果气压低于 40 psi，抓具就不能操作）；
检查是否有联锁妨碍抓具运行；
检查抓具电磁阀是否动作；
检查电磁阀空气入口；
如果上述没有问题，问题出在抓具上。

3.10　电脑故障

现象：电脑不能启动，检查以下内容。
检查 220 AC 电源已连接；
检查电脑背面的开关已置于开位置。
现象：电脑不能引导 Wonderware，检查以下内容。
检查启动目录中的 In Touch。
现象：电脑屏幕停止更新信息，检查以下内容。
检查以太网连接；
更多的诊断，参见 PC 的使用手册。

3.11　PLC 故障

现象：所有输出关闭，检查以下内容。

PLC 检测出故障,检查电源模块上的诊断 LED 显示;

检查供给输出模块的 24 VDC;

PLC 可能不在运行模式;

使用 Proficy 软件检查故障表。

现象:PLC 不能检测输入,检查以下内容。

PLC 检测出故障,检查电源模块上的诊断 LED 显示;

PLC 可能不在运行模式;

使用 Propcy 软件检查故障表;

检查输入模块的接线;

检查输入模块上的输入指示。如果某个开关的操作没有产生预期的输入指示,检查该开关的触点,否则检查转入模块。

现象:PLC 没有产生某些输出,检查以下内容。

PLC 检测出故障,检查电源模块上的诊断 LED 显示;

检查供给输出模块的 24 VDC;

PLC 可能不在运行模式;

使用 Proficy 软件检查故障表;

检查输出模块的接线;

检查输出模块上的输出指示,如果出现输出,但是元件没有产生预期的动作,检查该元件,否则检查输出模块;更多的诊断信息,参见 GE 的 PLC 参考手册。

第四章　操作结束

4.1　清理现场

工作结束后，做到工完料尽场地清。工具整理并与工具清单进行对比，确保工具无缺失，并检查工具的可用性，记录损坏情况并汇报。清理工作过程中的耗材，进行分类处理，放置到对应的塑料袋中。清理现场的塑料布，橡胶板，必要时用白布清理现场。

4.2　工后会

工作负责人组织工作组成员召开工后会，对工作中出现异常情况进行总结：

序号		检查项目	检查结果	备注
工作回顾	1	工作许可证已归还	□是　□否	
	2	检修现场清理完成	□是　□否	
	3	设备标牌清晰无损伤	□是　□否	
	4	检修任务达到预期结果	□是　□否	
	5	试验设备和工器具已归还	□是　□否	
经验反馈	6	工期安排合理	□是　□否	
	7	工作人员配置充足	□是　□否	
	8	工作文件准备充分	□是　□否	
	9	工作人员的检修技能满足要求	□是　□否	
	10	规程、图纸需要升版	□是　□否	
	11	库存备件需要补充	□是　□否	
	12	更换下来的旧部件需要利旧翻新维修	□是　□否	
	13	检修过程中出现预期外的现象和报警	□是　□否	
	14	提出缺陷单、QDR、状态报告等	□有　□无	
	15	编写良好实践、经验反馈	□有　□无	
	16	工作中需要协调、改进建议等	□有　□无	
其他事项	17			
工作组成员签名/日期：				

4.3 总结培训过程

通过对秦二厂3、4号机组装卸料机的仪控专业培训,并逐项讲解装卸料机各个设备以及运行方式。引导学员完成各项操作,力求使学员初步掌握设备的软件与硬件功能,具备初级实际动手能力。

4.4 评判

针对培训过程中的关键点加以说明。教员对学员的陈述简要记录,根据阐述评判学员的掌握情况。教员指出学员阐述过程中的错误以及需要注意的事项,并且依据评判表,对学员的学习情况做出整体评判。

第五章 经验反馈

5.1 事件案例:伺服驱动无反应故障

装卸料机主起身上电后无法动作,操作下降就报“FE”故障,此时已在上限位,起升应可以下放。

经PLC程序检查起升下放使能信号均正常,应可以下降起升,同时确认速度命令也已发出;查控制柜后伺服接线,所有信号均已送到并正常,怀疑伺服故障,通知电气配合检查,最终发现伺服驱动参数上下位不一致,上位机上重新Program后,主起升动作正常。

此问题只出现在主起升上,大、小车均能正常动作,未出现驱动参数需重新下装现象,咨询电气人员也认为现象很奇怪,无法解释。相比历次3号机回装后也无需进行驱动Program。后续类似现象,首先考虑对驱动进行重新参数Program。

5.2 事件案例:装卸料机抓具限位开关磁性块固定螺丝松动故障

403 大修过程中,出现装卸料机抓具限位开关磁性块固定螺丝松,导致抓具释放位置无法正常反馈“抓具释放”信号,抓具状态不对,装卸料机抓具无法正常脱开燃料。

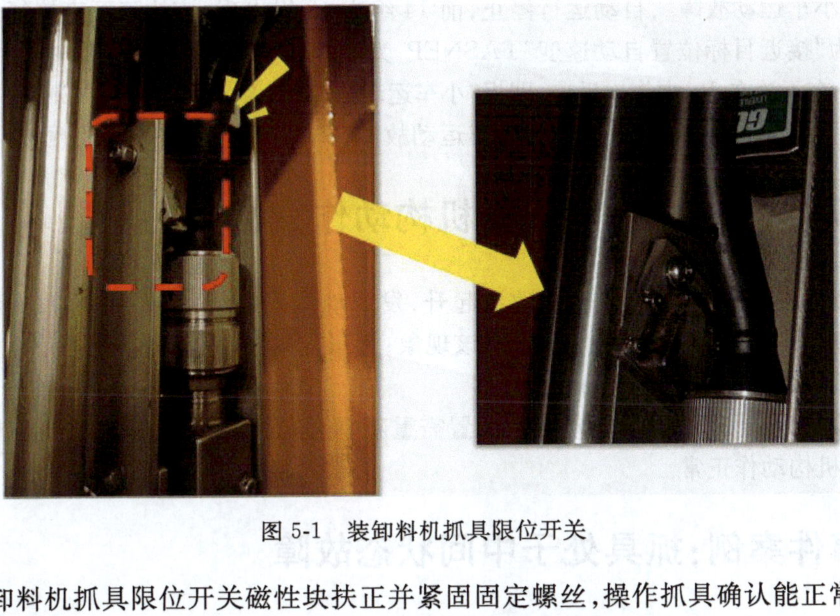

图 5-1 装卸料机抓具限位开关

对装卸料机抓具限位开关磁性块扶正并紧固固定螺丝,操作抓具确认能正常反馈释放状态,后对水下限位开关及另一磁性块紧固螺丝分别进行紧固。

图 5-2 处理前后的限位开关

处理过程中严格遵守防异物准则，在缺陷处理前，通知核清洁人员将套筒内伸缩套筒及固定套筒内壁使用塑料布进行全面保护，防止异物掉落水池。

使用的内六角扳手需用绑绳进行捆绑，另一端绑至手腕，确保工具不会掉落。

同时，工作人因需穿戴好辐射防护用品，纸衣、手套、口罩、鞋套，严格执行辐射防护相关规定。

5.3 事件案例：小车运动故障

403 大修过程中，半自动模式下，由堆心向倾翻区，小车运行到倾翻区后低速调整至“0位”时，报“小车运动故障”，自动运行停止，前 14 组中 13 组出现，该故障可直接复位。

分析为“接近目标位置自动速度”TASNEP 为 0.15 过小，在当前装卸料机性能状态下，装卸料机小车无法在 1 s 内作出反应，即报“小车运动故障”14 组时将小车 TASNEP 改为 0.2。

修改后，至卸料结束出现过 3 次“小车运动故障”，基本改善该故障出现频率。

5.4 事件案例：装卸料机各机构动作异常

送上动力电，故障消除完毕后，动主起升，发现动作方向与命令方向相反，且为快速动作，继而报伺服“FE”故障；尝试小车也是该现象；大车方向正确，但是动作速度也是为高速，在要求慢速的情况下也为高速动作。

后经检查尝试为 PLC 的驱动参数设置需重新赋给伺服，当在上位机触摸屏上进行该操作后，所有机构动作正常。

5.5 事件案例：抓具处于中间状态故障

上电后，抓具原本无电情况下处于啮合状态，未能正常释放，处于中间状态，释放、啮合、中间三个指示等均亮。

首先，需将抓具开关打到释放位置，经上位机上进入设置的“系统旁路”界面，“旁路关抓具闭合”（不考虑高度和载荷允许操作抓具）。按下按钮变成红色后，再次按下取消旁路，此时抓具状态就会回复释放的正常状态。

需关注抓具打到释放位置，否则该操作不会有效果。

5.6　事件案例：触摸屏电脑无法启动故障

404 大修装卸料机恢复时，装卸料机回装完成后，对控制柜进行上电进行功能检查，上电后上位机触摸屏电脑无法启动，多次尝试启动，始终处于黑屏状态，导致无法进行后续检查。

更换原先备用的触摸屏上位机。将 4 号装卸料机 PLC 程序、上位机 intouch 程序、堆芯地图坐标备份重新导入系统软件中，回装后触摸屏电脑工作正常。

5.7　事件案例：偏移窗口无法跳出故障

装料时主起升偏移位置下降自动停止正常跳出“Hoist Auto Stop”窗口，确认后未正常跳出“Off-Index Transit”窗口，此时大小车均无法偏移操作，3 次不可提主起升，2 次可提主起升，共出现 5 次。

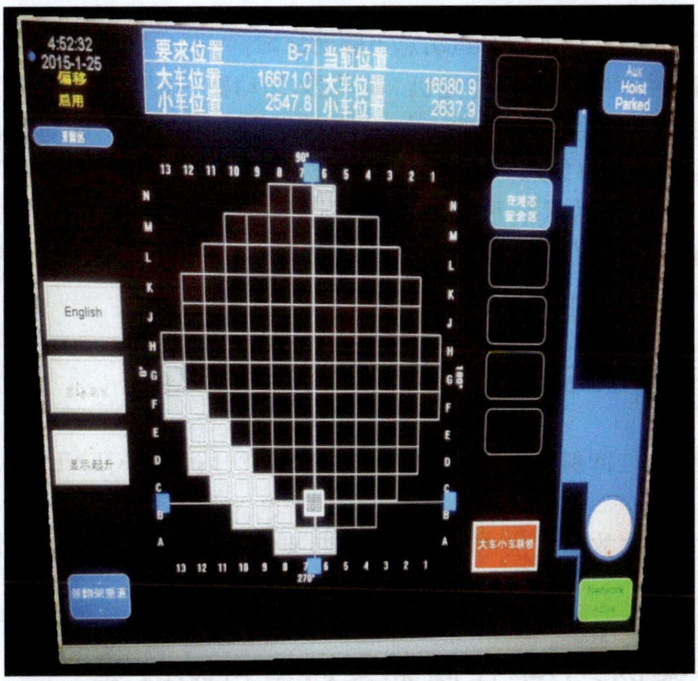

图 5-3　偏移窗口

大小车由于 HASL 触发，OTISA 未触发，无法动作；由 HASL 触发导致主起升无法动作；偏移窗口未弹出，OTISA 未触发同样导致大小车连锁无法动车。

Intouch 中，当 PLC 中“HASL”被置 1，“Hoist Auto Stop”窗口应自动弹出。

Intouch 中，当“Hoist Auto Stop”窗口被关闭，“OFF_INDEX_TRANSIT”窗口应自动弹出。

Intouch 中当“OFF_INDEX_TRANSIT”窗口显示时，“OITSA”将会被置 1，该变量会被交换给 PLC 中，但现场由于该窗口未正常弹出，“OITSA”未被置 1。

PLC 中“HASL”正常触发，说明主起升偏移区正常到达，此时无法动作主起升，Intouch 中正常跳出“Hoist Auto Stop”窗口，但确定后未弹出“OFF_INDEX_TRANSIT”窗口，导致“OITSA”未被置 1，大小车无法动车。

结论：Intouch 软件本身问题。

5.8 事件案例：堆芯位置无法正常抓取燃料组件故障

装卸料机司机在到堆芯抓取燃料定位五点时，第一个就无法啮合，查看程序为啮合条件有：到达 8 915 mm 以上且载荷达到要求。而当前显示的为 8 914.9 mm。

为能正常啮合抓具抓取燃料，我们将零位往上提了约 5 mm，到达载荷卸载后高度约为 8 920 mm，能正常抓取燃料；在倾翻架区域抓具可下到 4 782 mm 左右，满足高度 4 765～4 790 mm，也能正常释放燃料。

5.9 事件案例：大车半自动模式下报驱动故障

演练过程中半自动状态下大车运动总报驱动故障。

在报驱动故障时，尝试打开大车电机 1 制动器，制动器一打开大车发生了走动，警示喇叭响，说明大车车身扭得非常厉害，蹩的力非常大，怀疑大车电机 2 的跟随没有起到作用，反而让大车车身走得更斜，受力更大。尝试将大车电机 2 比较跟随增益系数改下尝试，最终将系数由 18.5 改为 0 时，半自动状态下多次从堆芯到倾翻架来回走，没有报出大车驱动故障。观察一段时间，大车运动一直正常，未报大车驱动故障，填写正规单子，由换料主管签字，做好手续。

5.10 事件案例：总线故障和控制电源故障

401 大修过程中，装卸料机在行驶过程中，突然触发过：DEVICENET 总线故障和控制电源故障。

装卸料机司机无法故障复位，空钩情况下，断装卸料机总电源，再重新上电，系统故障复位后一切正常。

5.11 事件案例：小车在倾翻架通道抖动故障

304 大修期间，发现装卸料机小车半自动模式下，由堆心至倾翻架通道时，0 位附近以某一速度左右晃动，观察晃动范围在±2.5 mm 区间内，最终大车到达 0 点后，小车停在 0 位±1.5 mm 以内。

大、小车到位后停车，小车在距离目标位置±0.3 mm 区间内时，无法及时停车。大车能及时响应停车，小车不行。

计算后小车速度输出参数为 1 333.33，大车速度输出参数为 266.67，小车的调整速度远大于大车的调整速度，导致大车及时停车，而小车无法及时停止，因为速度过大而冲出了停车区间±0.3 mm，继而往复晃动。

借用模拟机平台查看 4 号装卸料机也存在类似问题，模拟机上测试修改 TASNEP 设定值，能改善小车抖动问题。403 大修中小车报运动故障，原因相同，通过修改 TASNEP 设定值改善了故障率。

305 大修过程中，通过修改小车自动接近目标位置速度，最终解决了小车晃动问题。

5.12　事件案例：抓具未全部释放即动作主提升导致抓具中间状态故障

在倾翻架位置，燃料已放入倾翻架内，高度及载荷满足要求情况下，司机正常释放抓具，但抓具释放需要一个过程，在处于中间位置时，司机随即已操作主提升往上，导致抓具无法正常释放（处于中间位置）。

在确认燃料已坐入前提下，触摸屏上旁路“抓具任何高度任何载荷动作”，重新啮合抓具，随即取消旁路，重新下放燃料，在满足要求情况下再次释放抓具，正常操作。

5.13　事件案例：装卸料机主提升带载提升超载后无法下放故障

卸料期间发抓具抓着组件发生超载时不能下插的情况，查看程序并与厂家人员讨论该故障发生的原因，发现是由于组件未提升至设定的高度，程序默认该位置还有组件不允许再下插组件，查找出相应变量 CLL 进行闭锁，闭锁后起升可以下插，装卸料机工作正常。

经与厂家沟通，属程序问题，厂家给出解决方案。程序中对 H_CNTL 模块的第 54 行加入 CNFD 的闭点。程序修改后，8 940～8 686 mm 高度可允许带载提升超载后下方主起升。8 686 mm 以上高度源程序即可超载后下方主起升，程序中当高度到 8 686 mm 以上，CCL 默认该位置燃料已被提出，恢复开点，允许主起升下放。

5.14　事件案例：大车冗余编码器通讯故障

卸料期间，出现冗余编码器指示灯红闪，导致大车不能动作，检查总线，未做任何维修工作，指示灯恢复成绿色。

更换上 4 号机组大车冗余编码器，更换后大车编码器工作正常，未再报出故障。

对编码器进行解体查看，发现内部焊点虚焊，轻拽后脱落。怀疑焊点本身焊接毛糙，每次拆装编码器难免会拽到电缆而牵动焊点，导致电缆焊点松动而通讯不畅。对其进行重新焊接，恢复编码器，该编码器暂不进行回装，作为备件使用。后续维修时需注意，如果编码器总线接头端损坏，更换备件时需要进行线缆焊接。

5.15 事件案例:模拟载荷信号故障

在配合综合演练过程中,超欠载报警试验完成后未使用模拟器恢复载荷,取消模拟载荷,就将模拟器卸下,导致欠载信号一存在,闭锁提升下降。

现场检修操作为:在程序中找到欠载变量,重新读取操作后,欠载信号消失,起升恢复正常工作。个人认为可尝试将载荷测量通道打至另一个通道,使系统再次读取载荷,这样即可消除该故障。

5.16 事件案例:大车主编码器故障

302 大修过程中,在 UP 位置,降主提升至 4 600 mm 附件时,安全制动器突然抱死,声音很大。

查程序为系统报错“编码器故障”,具体为大车主编码器故障,查看编码器红灯闪烁,对接头紧固后绿灯亮。复位后故障消除,期间断电上电后还是无法消除故障。该问题在后面还出现过一次,动了下编码器的线就红灯恢复绿灯,分析怀疑编码器内接线松动或插头接触不好。

换班后继续出现大车比较故障及大车主编码器故障(现场大车主编码器指示灯为红灯),厂家人员手指轻触编码器尾部总线弯曲处,故障消除,怀疑是编码器总线电缆在弯曲处有虚接的现象,由于该故障在前一天晚班时出现过几次,所以决定更换该编码器降低故障率。更换备件后该故障没有再次出现。

5.17 事件案例:伺服驱动器通讯离线导致总线故障

302 大修装料尾声,出现小车驱动故障,电气对驱动器断电并重新上电后,驱动器本体显示无故障,但是上位机还是无法复位该故障;再次观察驱动器状态,发现小车驱动器的总线状态指示灯绿灯闪烁,其他电机的驱动器的总线状态指示灯显示为绿灯常亮,故怀疑是小车驱动器总线连接处松动导致,重新插拔该驱动器的总线插头,上位机上出现了其他驱动器的故障,检查 PLC 总线模块,发现总线模块指示灯为红,不正常。

对 PLC 断电再重新上电后故障消除。故障出现的原因可能是小车驱动器总线接头松动,导致其他驱动器通讯问题的原因是在 PLC 为断电的情况下插拔总线接头,导致总线断线,进而触发该问题。

5.18 事件案例:伺服驱动器后插头松故障

301 大修装卸料机恢复过程中,恢复装卸料机后,发现装卸料机起升无论操作杆往上往下操作,起升均快速上升并立即停车。

检查程序,发现起升程序段输出正常,检查伺服控制器,伺服控制器显示正常,将控制器输出、反馈插排重新插拔后,重新动作起升,动作正常。

5.19 事件案例:主提升电机端编码器损坏故障

301 大修,卸料期间,发现 PLC2 故障频繁触发,经过检查发现起升电机端编码器读数有不连续,导致与卷筒端数值比较大于 25 mm,致使起升安全制动器动作停车。我们将 4 号机组拆下的编码器备件更换上,故障消失。

但是在安全壳打压试验后发现 PLC2 故障常在,发现还是该编码器有问题,但是库中没有备件(改编码器内径是 12 mm),库中有 14 mm 内径的同类型编码器,机加工了 C 形环后安装内径为 14 mm 的编码器,数据输出连续。解体故障编码器发现是由于编码器光栅断裂导致,估计原因是由于电机高速转动,稍有震动、安装不到位、拆卸时使蛮劲或拆下后不轻拿轻放都会导致该故障的产生。

第六章　习　题

6.1　填空题(10×2=20 分)

1. 装卸料机在换料水池________运行,用于在________和________转运燃料组件。

答:上方;转运装置;堆芯之间

2. 换料水池内,将装卸料机在换料水池中设定的安全可运行区域划分为________个分区,便于控制装卸料机在不同区域的速度与运行控制。

答:7

3. ________可编程控制器用于装卸料机的逻辑控制。使用两个 PLC 进行控制,分别为 PLC1、PLC2。两个 PLC 都是对装卸料机的逻辑控制,而并非是冗余热备。

答:GE 的 90-30 系列

4. 在半自动运行方式中,作业者通过触摸屏键盘能够人工地________。

答:输入目的地坐标

5. 小车运行轨道与大车________。轨道安装在________。

答:垂直;大车主梁之上

6. 小车上安装有________、________、主提升、抓具和其他相关系统。主提升和套筒包括导向轮、电缆和限位开关。抓具安装在伸缩套筒上。主提升装有________和________开关。

答:控制台;主电源箱;上限位;下限位

7. 抓具通过与组件上管座啮合抓取组件。抓具动作靠________推动________动作,释放抓具,失气状态下,抓具为啮合状态,属偏安全设计。压空压力异常时,________操作抓具。

答:压空;汽缸;不能

8. 编程软件为________。PLC 处理器上运行的软件程序使________,PLC 通过 CPU 上的________口与上位机进行通讯,进行实时人机交互的数据交换。

答:Proficy;梯形图语言;以太网

9. 传感器是机械式压电原理,施加在传感器上的________变化将改变电阻上的参考电压,然后送至 Kistler-Morse 单元。随着载荷变化,返回信号成________变化,经过 DeviceNet 传给 PLC。

答:压力;比例

10. 电子称重系统用来测量________的载荷。

答:主提升

6.2　判断题(10×2=20 分)

1. 只有在允许的区域,包括在堆芯、倾翻架、或试验区,才能操作抓具。　(√)

2. 装卸料机的运行模式设置具有多样化,可根据需求自行选择。(√)

3. 装卸料机在换料水池上方运行,用于在转运装置和堆芯之间转运燃料组件。装卸料机的大车横在反应堆厂房的换料水池上方。(√)

4. 大、小车电机伺服驱动器控制大、小车运行。其中大车左右各有一个电机驱动,同时需要两个伺服驱动器进行分别驱动。(√)

5. 大、小车运行时各有1个编码器跟踪它们的位置。(×)

6. 联锁旁路钥匙开关:旋转开关到旁路位置,旁路 PLC 的联锁控制。只有在紧急情况下使用它,可将装卸料机置于安全状态下。旋转到正常位置,清除联锁旁路。(√)

7. 大车故障有以下情况:大车驱动器故障;大车电机过载,并且没有旁路;大车编码器比较错误;大车主或冗余编码器故障,并且没有旁路;大车运动错误;大车手轮接近开关动作。(√)

8. 装卸料机在堆芯区,抓具带载,对中位置,在堆芯自动停止标高以下,主提升运行限制为中速。(×)

9. 装卸料机在堆芯区,带我主提升进入接近全下位前,自动停止,禁止下降,直到释放手柄 2 s 后。(×)

10. 在任何时候,发生最大超载,禁止主提升上升。此阈值防止作用在燃料组件的应力过大。(√)

6.3　简答题(15×4=60分)

1. 简述装卸料机的运行模式。

答:装卸料机的运行模式设置具有多样化,可根据需求自行选择。设计上配备了以下几种运行模式:自动运行模式、半自动运行模式、手动操作模式、联锁旁路操作模式、紧急手动操作模式。大修期间正常情况下选择半自动运行模式,相比传统的手动操作模式速度快很多。必要情况下可以使用联锁旁路操作模式,但需要相关权限的人员进行授权。最后在紧急情况下,可以使用紧急手动操作模式,手动打开制动器情况下,完全靠手轮进行手动操作。

2. 简述上位机工具箱内软旁路。

答:上位机上的系统旁路界面上设置了 7 个软旁路,供特殊工况下司机操作使用:

旁路关抓具故障—当抓具操作受阻时,允许大小车和主提升运行。

旁路关套筒朝向—当套筒不再旋转极限位置时,允许主提升动作。

旁路关大车/小车动作—当主提升不在上限位时,允许大车和小车动作。

旁路关起身联锁—允许主提升在任何区域运行。

旁路关断绳—当主提升断绳不允许动作时,确认没有断绳安全情况下,允许主提升动作。

旁路关浮力—取消浮力计算,以便设定超/欠载阈值。

旁路关抓具闭合—不考虑高度和载荷允许操作抓具。

3. 简述装卸料机偏移法。

答:PLC 会跟踪堆芯的状态,判断每个格栅内装载或空载,以便确定哪里可以使用偏移法。当大小车在堆芯运行时,PLC 会检查目标位置毗邻位置,确认装卸料机主提升是否在开阔区。程序里定义开阔区为:当主提升带载燃料组件外壁同时距离毗邻有燃料组件壁面大于 101.1 mm。如果主提升在开阔区,且在堆芯近全下位高度以上,主提升将被允许以高速运行。装料时,如果装卸料机不在开阔区,主提升在到达自动停止高度前只能以慢速下降。如果任何堆芯位置已有燃料组件在,堆芯自动停止高度以下将不再允许带载主提升下放。

4. 简述装卸料机控制柜上旁通按钮和旁通钥匙。

答:载荷旁路按钮—该按钮操作将旁路在"自动加载旁路区域"中的主提升过载情况,并且允许主提升继续升起,只要按钮一直被按下,直到过载情况消除或设置最大过载。如果设置最大过载,不允许主提升升起直到过载情况消除。

边界区旁路按钮—如果大、小车操作遇到边界区联锁,即当大、小车处于安全区之外时发生联锁,大、小车将不能动作。司机按下"边界区旁路"按钮,司机可以允许在慢速状态下移动装卸料机大、小车。

联锁旁路钥匙开关—该钥匙开关将旁路 PLC 控制系统和所有联锁。在这个情况下,所有动作均按中速状态进行。只有在 PLC 系统故障时,才使用该钥匙开关。

叠绳旁路按钮—如果发生主提升钢丝绳叠绳故障,保持按下按钮,可以旁路该故障,完成当前装卸料操作。

主提升上限位旁路按钮—当主提升提至0位时,无法再正常上提。如果司机还想上提主提升,可以按下按钮,继续上提主提升。该操作在主提升0位设置时经查被用到。

6.4 实操题(100 分)

鉴定点:对控制柜 PMC001PP 进行初步功能检查

试题:对控制柜 PMC001PP 进行初步功能检查

1. 准备要求

考场准备:

(1) 试题名称:对控制柜 PMC001PP 进行初步功能检查

(2) 本题分值:100

(3) 考核时间:60 min

(4) 考核形式:实操

(5) 设备设施准备

序号	名称	规格	单位	数量	备注
1	模拟体	N/A	台	1	教学用模拟体一台
2	装卸料机控制柜	N/A	台	1	现场设备

考生准备:

(1) 试题名称:对控制柜 PMC001PP 进行初步功能检查

(2) 本题分值:100

(3) 考核时间:60 min

(4) 考核形式:实操

(5) 工具及其他准备:常用工具,图纸、规程。

2. 考核要求

(1) 本题分值:100

(2) 考核时间:60 min

(3) 考核形式:实操

(4) 具体考核要求:熟悉其关键点,操作步骤正确

(5) 否定项说明:无

3. 配分与评分标准

序号	考核内容	考核要点	配分	评分标准	扣分	得分
1	将模拟机柜上的电缆航空插头根据电缆号标识接至控制柜 PMC001PP 上	电缆连接	5	不规范操作扣 5 分		
2	对已端接的电缆接头进行逐个检查,如有松动则进行紧固,以防发生虚接现象	逐项检查	5	未检查扣 5 分		
3	将模拟机柜上的总电源接头接至拖线盘上,拖线盘电源接至检修电源上,验电送电	电源连接,送电	5	不验电扣 5 分		
4	确认模拟机柜及控制柜上的电脑均正常启动	状态确认	5	不检查扣 5 分		
5	使用键鼠操作打开 PLC 软件 Proficy Machine Edition,将装卸料机模拟程序由上位机导入至 PLC	导入程序	5	操作错误扣 5 分		
6	控制柜上位机登录页面根据控制柜盘面上标识进行登录,登录后进入主画面	登陆后进入主画面	5	操作错误扣 5 分		
7	点击“Show Menu”按钮进入工具箱,确认左下角“Simulator”为红色“Disable”状态,点击红色框激活使变绿色“Enable”,使能模拟	使能模拟状态	5	操作错误扣 5 分		
8	控制柜操作屏上按下“电源接通”按钮,确认控制柜动力电得电;确认“装卸料机紧急停止”按钮拉出,如未拉出则将其拉出;按下“紧急停止复位”按钮,复位紧急停止	确认控制柜动力电得电	5	操作错误扣 5 分		
9	模拟机柜上模拟正常装卸料机状态,摆好状态	模拟正常状态	5	操作错误扣 5 分		
10	登录后主页面上确认有红色系统故障按钮触发,点击进入复位系统故障	复位系统故障	5	操作错误扣 5 分		
11	手动操作装卸料机大车手柄,确认模拟大车可正常动作	大车功能验证	5	操作错误扣 5 分		
12	手动操作装卸料机小车手柄,确认模拟小车可正常动作	小车功能验证	5	操作错误扣 5 分		

续表

序号	考核内容	考核要点	配分	评分标准	扣分	得分
13	手动操作装卸料机起升手柄，确认模拟起升可正常动作	主提升功能验证	5	操作错误扣5分		
14	手动操作“抓具啮合、释放”按钮（位置如倾翻架抓燃料位置），确认模拟抓具能正常动作	抓具功能验证	5	操作错误扣5分		
15	主画面上点击“Show Menu”按钮进入工具箱，确认左下角“Simulator”为绿色“Enable”状态，点击绿色框使变成红色“Disable”，取消模拟	取消模拟	5	操作错误扣5分		
16	控制柜操作屏上拍下“装卸料机紧急停止”按钮；按下“电源断开”按钮，确认动力电断开	急停，断动力电	5	操作错误扣5分		
17	点击“Show Menu”按钮，选择“LogOff”，确认登出并关闭系统	上位机登出	5	操作错误扣5分		
18	待上位机关闭后，将模拟机柜正面的总电源开关由“ON”扳至“OFF”，确认均断电	断总电	5	操作错误扣5分		
19	将拖线盘电源从检修电源上断开，模拟机柜上的总电源接头从拖线盘上断开；将模拟机柜上的电缆航空插头从控制柜 PMC001PP 断开	断开电缆连接，恢复现场	5	操作错误扣5分		

否定项：1. 设备损坏；

2. 未使用防人因失误工具。

评分人：　年　月　日　　　　核分人：　年　月　日

第十一部分　基于I/A+ADACS-N平台的DCS系统试验操作

第一章　操作准备

1.1　原理描述

1.1.1　方家山核电厂 I/A 系统简介

美国福克斯波罗公司于 1987 年在世界上第一个推出了体现开放概念的超越一般 DCS 的新一代工业控制系统——I/A Series 智能自动化系列。其率先突破了封闭式发展的制约，广泛地采用国际标准，其产品符合国际标准化组织(ISO)提出的开放系统互连(OSI)参考模型。

为了达到开放系统的目的，I/A Series 在硬件、软件和通讯网络的设计上均全面采用国际公认的标准。

1.1.2　I/A Series 系统结构概述

I/A Series 系统由工程师站、操作员站、控制处理采集站、MESH 网络、打印机等组成。系统从体系结构上采用了现场总线技术和开放式计算机与网络技术。

I/A 的系统层具有完整的机组监控功能，通过系统网络获得来自过程控制层的模拟测量值，设备状态量 I/O 数据，并对所获得的数据进行处理，最后把处理结果送到 LCD 显示装置同时送至相关数据库。系统可以通过各种方式完成提供操纵员信息支持、诊断、工艺信息和操纵员动作的记录、运行文件维护、机组性能指标的计算等功能。系统通过网络将操作终端的命令信号通过系统网络传递到过程控制系统实现设备驱动。系统的工程师站也通过同样的网络路径进行组态，同时工程师站兼具操作员站的功能。

该结构具有以下特点：

1）控制器冗余；

2）通讯冗余；

3）电源冗余。

1.1.3 I/A Series 智能自动化系列的硬件

1. 控制处理机（FCP270）

FCP270 选用的是 AMD Elan520 100 MHz，带储程序的高速通讯能力的处理器，内存包括 16 MB 的 SDRAM(同步动态随机存储器)和 32 MB 的闪存。FBM 模块的通讯速率是 2 Mbps，作为一可选的容错站，配置包括 2 块并行工作的 CPV 单元。两块控制处理器模件，作为容错的一对，在任何一块模件发生硬件故障时，可提供连续的运行。两块卡件同时接收处理信息，卡件自身可以检测到故障。故障检测的一种重要途径是在卡件外部接口比较通讯的信息。检测到故障后，两块卡件同时启动自诊断程序以确定故障的卡件。非故障的卡件则继续控制，而不影响正常的系统运行。

基本功能：作为可选的容错站，与相连的现场总线组件 FBM 一起，按照组态好的控制方案对过程进行控制。可实现连续控制、梯形逻辑控制和顺序控制等功能；进行 FBM 采集上传数据处理和报警检测；最多挂 64 个 FBM 卡件；通过 FEM100 扩展卡件，可以再增设 4 个底板，共 32 个卡件；与 MESH 网络的连接，采用 100 Mbps 以太网，光纤接入；该模块设计紧凑，带有皱面铝壳防电保护；可在恶劣条件下稳定运行。

处理周期：基本处理周期(BPC=Basic Process Cycle)，指 CP 再次处理同一个 FBM 模块所需要的时间，最快定义时间为 0.05 s。

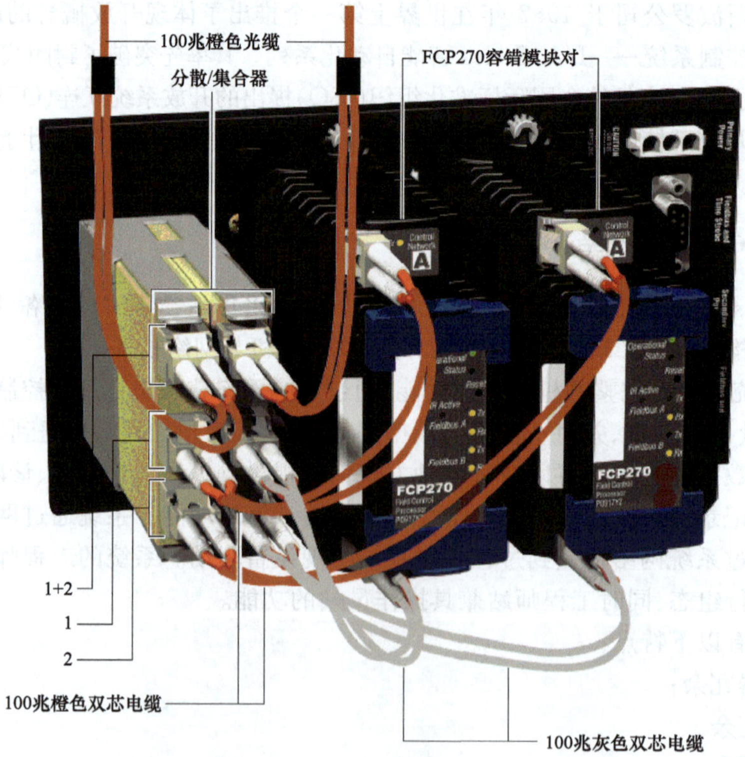

图 1-1 FCP270

2. 现场总线组件（FBM）

FBM 可连接到运行的 I/A Series 综合控制软件的控制处理机 CP 中，与各种现场信号相匹配，执行现场信号的采集/输出功能。该组件分为模拟和数字二种信号类型，每个模拟组件有 8 个输入输出通道，数字组件为 16～32 通道。所有现场信号与控制电子线路隔离，对模拟量输入/输出信号采用变压器耦合与光电双重隔离，且每路 A/D 和 D/A 转换独立，保障故障对系统影响的最小性。

FBM 卡件上有红、绿二种灯，分别代表

1）绿灯亮时，硬件运行正常；

2）红灯亮时，硬件故障；

3）红绿灯同时亮时，机器正在自检和装载软件。

方家山核电厂用到的 FBM 卡件系列如表 1-1 所示。

表 1-1　方家山核电厂 FBM 卡件

型号	说明
FBM201	8 Analog In，0～20 mA DC
FBM201d	8 Analog In，0～10 V DC
FBM202	8 Thermocouple/mV In，−10.5～69.5 mV DC
FBM203	8 RTD In，0～320 ohms
FBM204	4 In(0～20 mA DC)，4 Out(0～20 mA DC)
FBM206	8 Pulse In，10 Hz～25 kHz
FBM207	16 In，0～80 V DC
FBM207b	16 In，24 V DC Contact Sense
FBM207c	16 In，48 V DC Contact Sense
FBM208	Redundant with Readback；4 In & 4 Out(0～20 mA DC)
FBM240	8 discrete inputs，8 discrete outputs(Redundant)
FBM242	16 discrete outputs
FBM230/231	RS232/422/485：Modbus，AB，etc.(231 is Redundant)
FBM232/233	Ethernet：Modbus，OPC，etc.(233 is Redundant)

（1）FBM201(0～20 mA 通道隔离输入接口组件)

FBM201 具有八路 20 mADC 模拟量输入通道。每个通道可接受一个二线制模拟量传感器输入，例如 4～20 mA 变送器或者一个自供电的 20 mA 信号源。每个模拟量输入与其他通道和地完全隔离。FBM201d 的外形和 FBM201 一致，只是其具有八路 10 VDC 模拟量输入通道。

图 1-2　FBM201

(2) FBM202(热电偶/MV 输入接口组件)

FBM202 具有八路隔离的热电偶输入通道以及一路隔离 RTD 参考温度补偿通道(作为冷端温度传感器)。每路热电偶/MW 通道接受用于多种范围的标准热电偶信号,并提供全量程断偶指示特性。每个模拟量输入与其他通道和地线间完全隔离。

图 1-3　FBM202

(3) FBM203(通道隔离,铂/镍电阻,RTD 输入接口组件)

FBM203 提供八个热电阻(RTD)输入通道,每一通道可接受在 0 至 320 Ω 电阻范围以内的 2 线或 3 线 RTD 传感器输入。每个模拟量输入与其他通道和地之间电气隔离。

图 1-4　FBM203

(4) FBM204(通道隔离的 0～20 mA 输入/输出组件)

FBM204 有 4 个 20 mADC 的模拟量输入通道和 4 个 20 mADC 模拟量输出通道。每个输入通道可接受一个模拟量输入,例如 4～20 mA 变送器或自身供电的 20 mA 信号电源。每路输出可驱动一外部负载并产生一个 0～20 mA 的输出信号。

图 1-5　FBM204

(5) FBM206(通道隔离的 10 Hz～25 kHz 脉冲输入信号)

FBM206 包含 8 个可组态脉冲输入通道。每个通道可接受一个最大频率为 25 kHz 的脉冲信号,信号来源包括旋涡流量计,透平流量计,固态或电继电器以及其他带有类似的一些脉冲输出的传感器。

该组完成来自于现场传感器的电信号与冗余的现场总线之间的信号转换任务。每个通道之间,以及与地线之间是隔离的。该组件执行脉冲输入应用程序,此应用程序的组态选项有脉冲的累加值与瞬时值(在每个组件上),以及仪表的标定系数。

图 1-6　FBM206

(6) FBM207/FBM207b/FBM207c(单通道隔离电压监视/触点信号输入接口组)

FBM207/FBM207b/FBM207c 具有 16 路直流电压监视通道或 16 路触点通道。每个通

道均能接受二线制直流电压信号(FBM207)或1对触点/固态开关信号(FBM207b/FBM207c)

图1-7 FBM207/FBM207b/FBM207c

(7) FBM208(通道隔离的0～20 mA输入/输出组件,可冗余配置)

FBM208与FBM204基本一致,但增加了冗余的功能,配合冗余适配器,控制4个20 mADC的模拟量输入通道和4个20 mADC模拟量输出通道。每个输入通道可接受一个模拟量输入,例如4～20 mA变送器或自身供电的20 mA信号电源。每路输出可驱动一外部负载并产生一个0～20 mA的输出信号。

图1-8 FBM208

(8) FBM240(通道隔离的离散量输出接口组件)

FBM240具有8通道的离散型输出通道,并带有通道自诊断功能(即同时通过对应的8路输入信号判断通道是否正常),通道由外部供电,支持的端子板触点支持最大10 A,120 VAC/125 VDC的容量。

图 1-9 FBM240

(9) FBM242(通道隔离的离散量输出接口组件)

FBM242 具有 16 个输出通道,这些通道由外部供电,在 60 VDC 时容量高达 2 A。相关的端子部件提供了 2 A 60 VDC 的离散量输出,触点输出(120 VAC/125 VDC 或 240 VAC)或带有电源分配和保险丝的触点输出。每一路输出与其他通道和地之间都是完全隔离的。

图 1-10 FBM242

(10) FBM230/231(RS232/422/485:Modbus,AB 等串口通讯组件,其中 FBM231 具备冗余功能)

(11) FBM232/233(Ethernet:Modbus,OPC 等以太网通讯组件,其中 FBM233 具备冗余功能)

(12) FEM100(现场总线扩展卡件)

具有扩展功能,增加 CP 的负载能力,可扩展 4 个基板,对应最多扩展 32 个 FBM 卡件。

3. 电源模块(P0922YU)

电源模块为单元式模块化结构,用来对现场控制站的其他单元供电。电源模块主要用来为各 I/O 单元和控制处理机(FCP270)供电,输出电压为 DC 24 V;同时该电源模块也为现场的二线制变送器、干接点及某些 I/O 单元的 I/O 调理等电路供电。所有电源模块的输入均为双相AC 220 V，最大输出功率分为600 W。该电源模块具有过压保护和过流保护功能，并采用冗余性配置，这就大大降低了由于电源而引起的系统故障的可能性，从而提高了系统的可靠性。

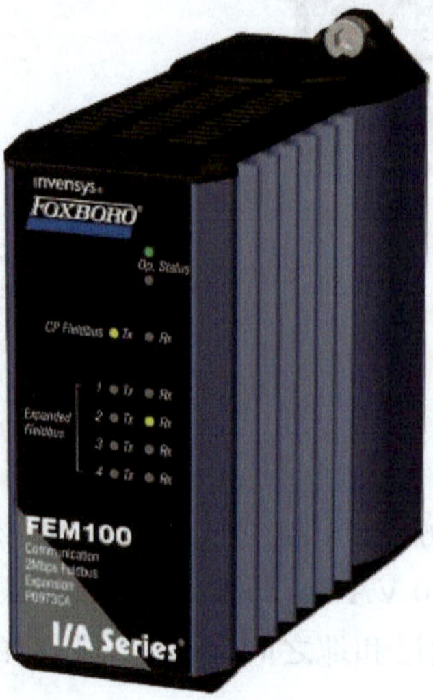

图 1-11 FEM100

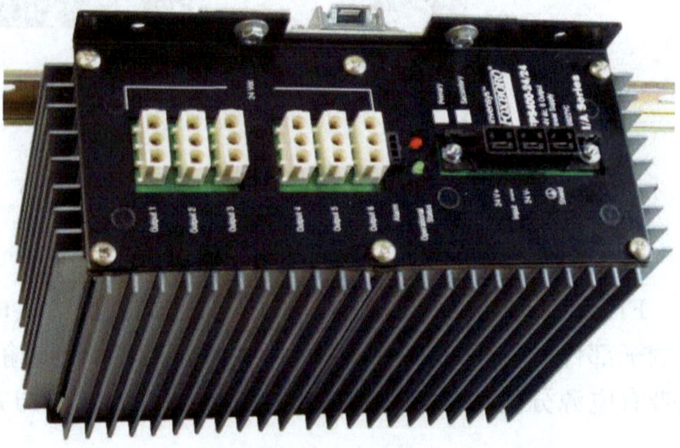

图 1-12 P0922YU

4. 卡件底板

I/A 系统的模件安装底板为标准通用底板，并提供多种可选组件进行功能扩展(GPS 同步，底板编号，预置电缆接口等)，其主要分为2，4，8 槽三类。

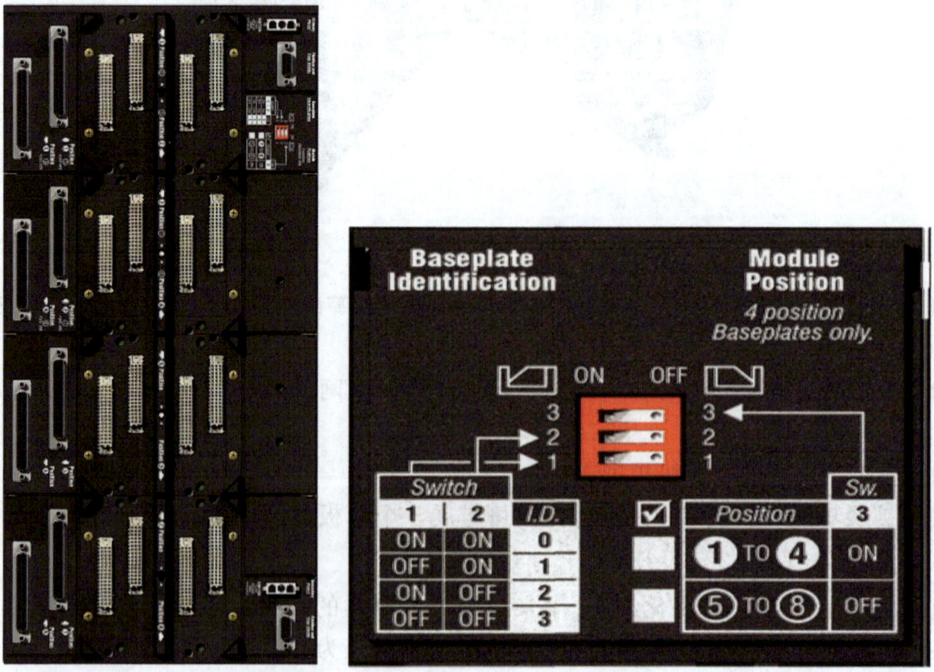

图 1-13 卡件底板

1.1.4　I/A Series 软件及特点

软件的可移植性

1）可连接性和可操作性

2）数据访问的安全性

3）友好的人机界面

4）开放的开发环境

5）容纳第三方软件能力

I/A Series 提供了有关智能信息管理和过程自动化的广泛功能。根据所需要的局部功能和计算能力，软件充分利用了分布式结构的特点。软件系统提供了：

1）使用工业标准的操作系统和同名数据存取进行软件移植

2）用于整体控制分解的智能控制工具软件

3）使用菜单和窗口来支持和协调人机接口

4）用相关数据库进行全系统的信息管理

5）容易使用的系统组态程序

6）数据存取安全地支持工厂机构

为了增进控制力，有一个庞大的应用软件包：

1）系统组态软件

2）综合控制组态软件

3）系统监视软件

4）设备监视软件

5）模块汇总访问软件

6）操作员信息接口软件

7）系统管理显示处理软件

8）电子表格软件(Lotus 123)

9）历史数据库管理软件

10）生产模型软件

11）数学库

12）物理性能库

13）批量工厂管理软件

14）数据验证软件

15）FOXCAD

16）过程最优化软件

17）应用程序接口软件(AIS)

18）信息网络接口软件

应用执行程序也包括相同的数据目标管理和通讯子系统。因此就提供了相同的在 I/A Series 系统中的通讯。这些系统和通讯标准提供：

1）硬件独立于应用软件，这样就允许硬件的升级不会使原有的应用软件无效应用软件的移植，不只是仅仅在一个 I/A Series 的系统上，也可以在不同于 I/A's 的系统上，只要是可运行 UNIX 的个人计算机和其他计算机均可进行；

2）在软件开发环境上可支持多种计算机高级语言，主要有 C 和 FORTRAN；

3）系统中智能化功能适用于与 UNIX 兼容的第三方软件包。

1.1.5 Mesh 网

I/A 8.0 以后的版本采用商用交换机组成 Mesh 网(图 1-14)。通讯标准 IEEE 802.3u/802.1w，传输速率 100 M/1 G，传送介质光缆，传送距离多模光缆 2 km；单模光缆 10 km；单模光缆加中继器 100 km。网络结构可以有线型、环型(图 1-14)、星型(图 1-15)和树型(图 1-16)，树型结构最多四层，最多可挂 1 920 个站/节点。

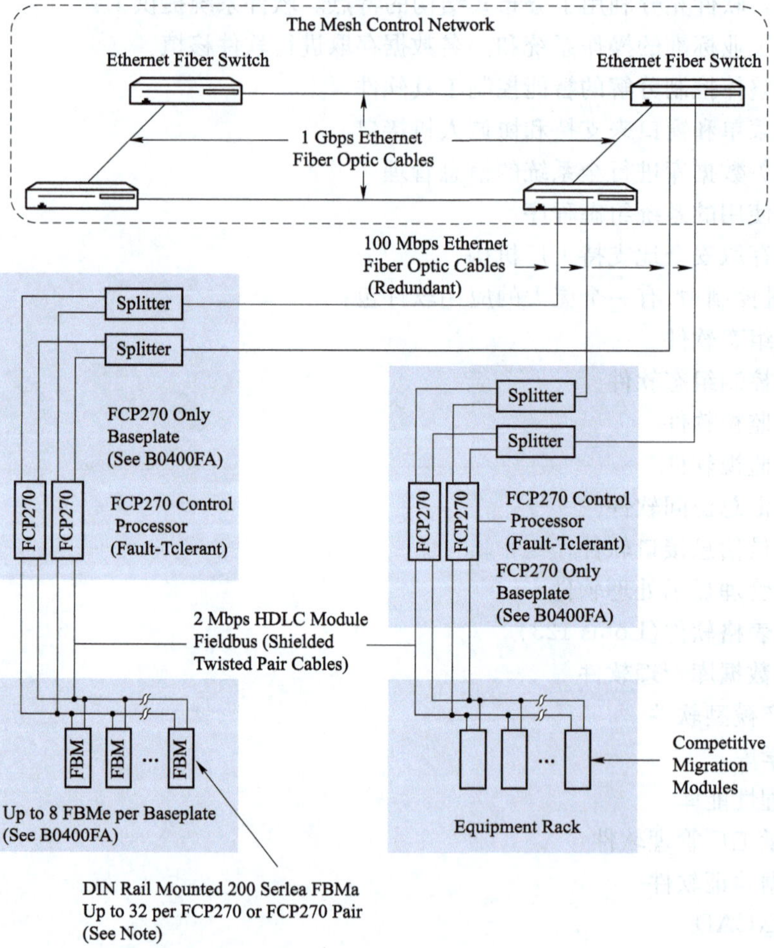

图 1-14 I/A Series 系统 Mesh 网络结构简图

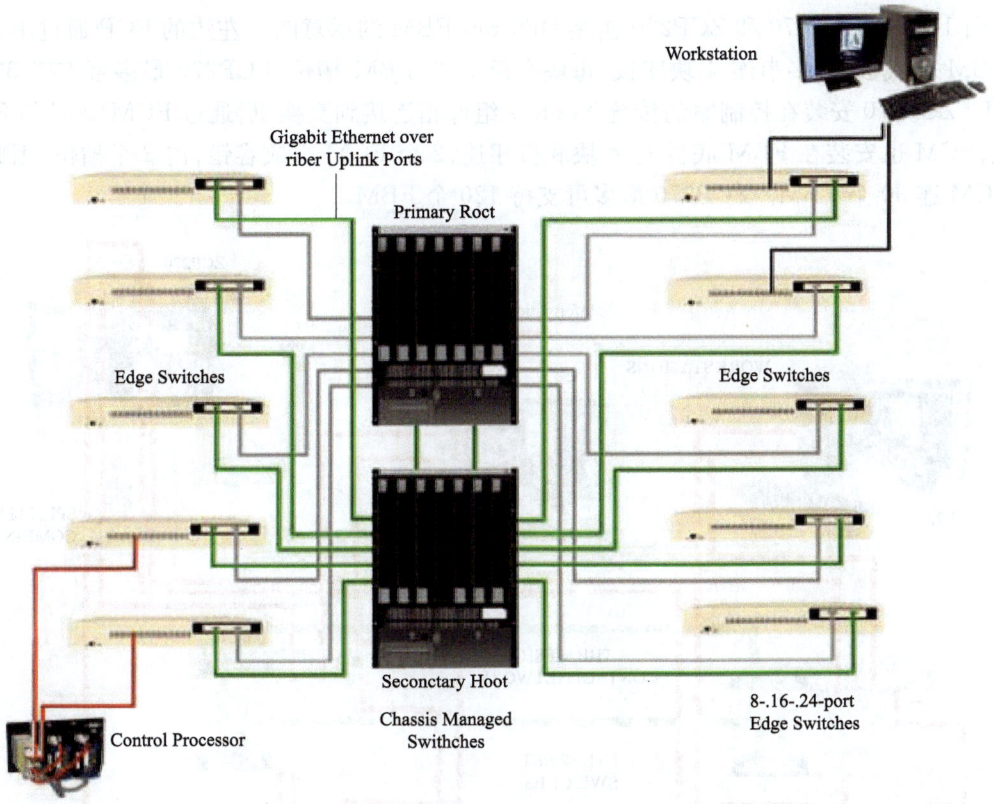

图 1-15 星型 Mesh 网

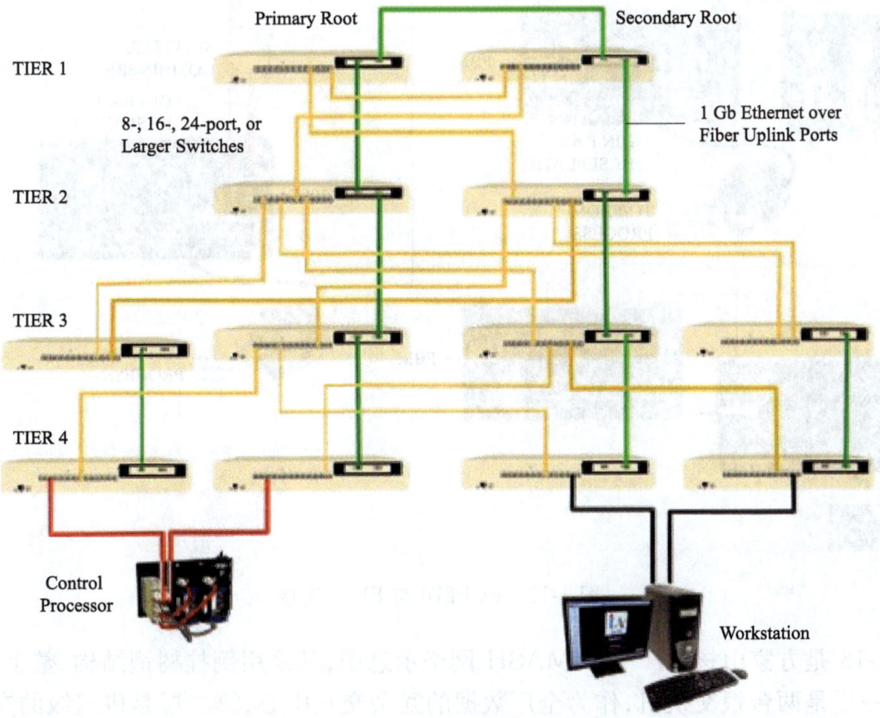

图 1-16 树型 Mesh 网

图 1-17 是 FCP270 和 ZCP270 连接 DIN rail FBM 的示意图。左边的 FCP 通过串口连接 FBM 的底板，最多串连 4 块底板，每块底板 8 个 FBM 槽位，FCP270 最多可支持 32 个 FBM。ZCP270 安装在控制室的传统 NodBus 组件箱连接到交换机，通过 FCM100E 与 FBN 通讯，FCM 也安装在 FBM 底板上，4 块底板相连，2 个 FCM 组成容错，占 2 个槽位，因此一对 FCM 连 30 个 FBM。ZCP270 最多可支持 120 个 FBM。

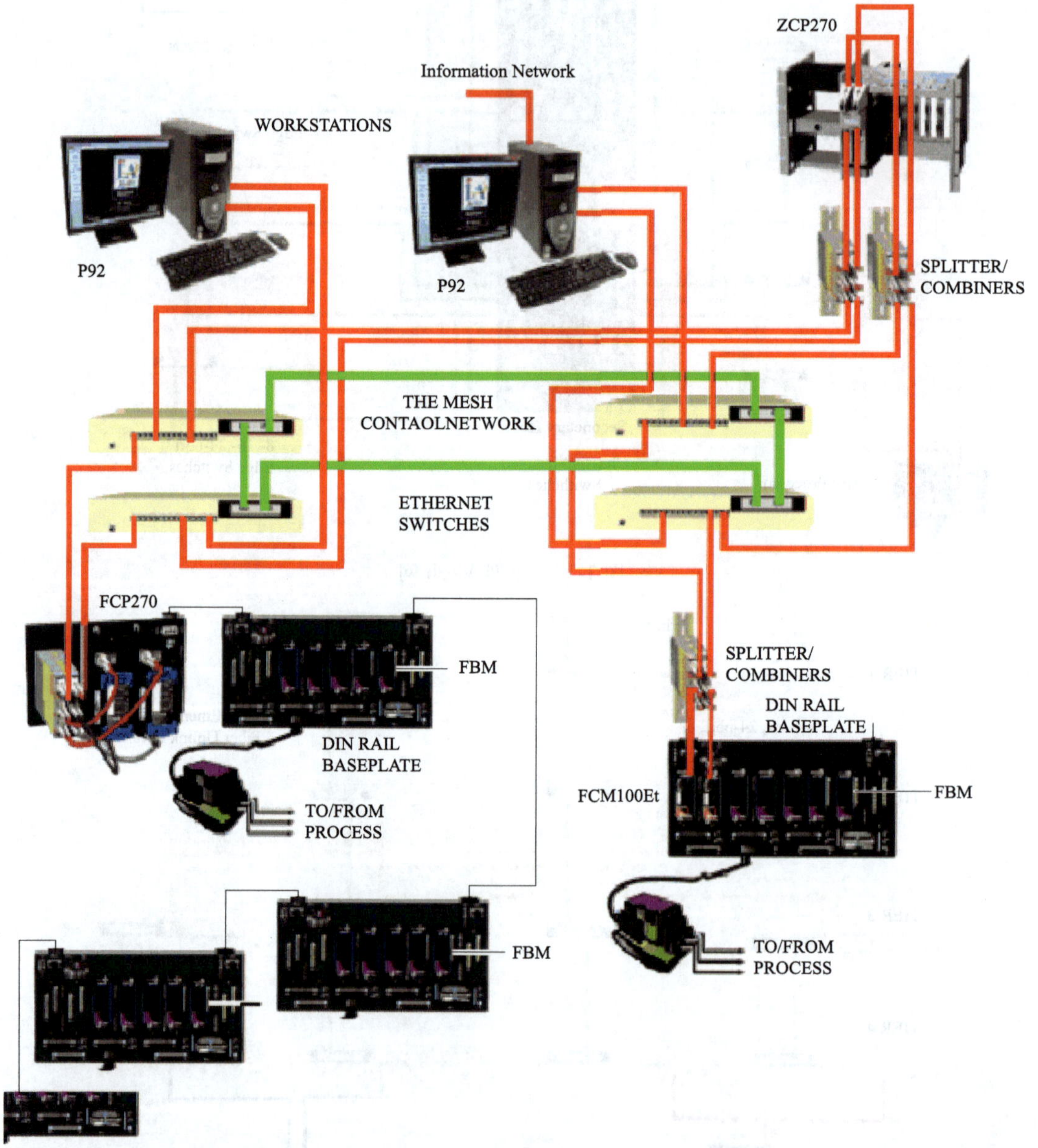

图 1-17　FCP270 与 FB 的连接

图 1-18 是方家山核电厂一层 MASH 网络示意图，其采用倒挂树型结构，整个网络分为三层，第一层是两台根交换机，作为全厂数据的冗余交互中心；第二层是机组级的交换机，集中交互 0、1、2、9 号机组的数据；第三层为房间级交换机，集中交互各电子仪控间的数据。

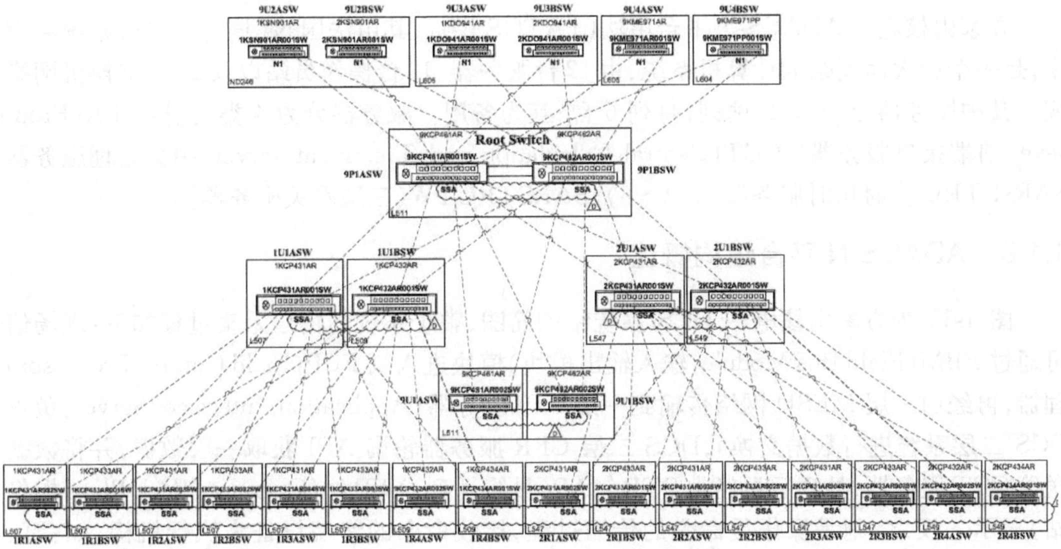

图 1-18　方家山核电厂 MASH 网络图

1.1.6　I/A Series 现场使用举例

为使学员更为直观的了解/A Series 现场使用情况，特以现场实际使用情况为例，进行说明：方家山核电厂 KCP 控制系统采用 I/A Series 产品，该系统主要功能包括：

1）NC*级功能：

- 火灾探测，消防相关功能
- 一些特殊工况所需的监控功能
- ATWT/DAS 功能

2）NC 级功能：

- 核岛和常规岛正常运行监控功能

3）其他功能：

- 自检和故障报警，定期试验等。

在方家山核电厂的 KCP 控制系统中，每个机柜的控制系统分配完全按系统功能划分，为防止当一个控制站发生故障后，此站内所控制的运行系统和备用系统同时失效，采取如下措施：

1）把重要的互为备用的控制系统分散到不同的站；

2）重要阀门的控制信号分配到不同的模板；

3）一个控制回路以及一个系统的点分布在同一个 CP 下，一个系统中的多重测点放在同一 CP 下的不同底板上；

4）网络和所有的 FCP 均为冗余配置，以确保 KCP 系统的高可用性；

5）对于重要的输入输出信号，采用冗余的 FBM 卡件进行采集和处理。

1.1.7 方家山核电厂 ADACS-N 平台简介

方家山核电厂 ADACS-N 平台由法国 ATOS 供货，其由法国 N4 核电厂二层系统演变而来，是一个庞大而复杂的计算机系统，由 12 台服务器、12 台操作员站以及 26 台交换机网络组成。其中服务器分为 A、B 两列，每列 6 台，互为备用。服务器分为 4 类，包括 CFR(Frontier sever 前端接口服务器)、CCT(Central Calculation and Treatment server，中央处理服务器)、SARxSTRx(实时历时服务器，$x=1\sim6$)、SARSTRGTW(三层网关服务器)。

1.1.8 ADACS-N 平台结构概述

图 1-19 为方家山核电厂 DCS 系统结构简图，整个系统的信号采集过程如下：现场信号可通过 FBM(Field Bus Module，输入输出模块)模块进入到 FCP(Field Control Processor)处理器，再经由一层 MESH 网络传输到一层 API 服务器(Application Interface Server，负责与 DCS 二层系统进行数据交换)，DCS 二层 CFR 服务器轮询 API 获取一层数据，并将数据发送给 CCT 服务器，处理后再经由 STR/SAR，最终送到 OWP 站(Operator Work Place 操作员站)显示。反之，则是操作员命令的传输过程，接收命令的终端设备为执行机构，如：泵、风机、阀门、断路器等。

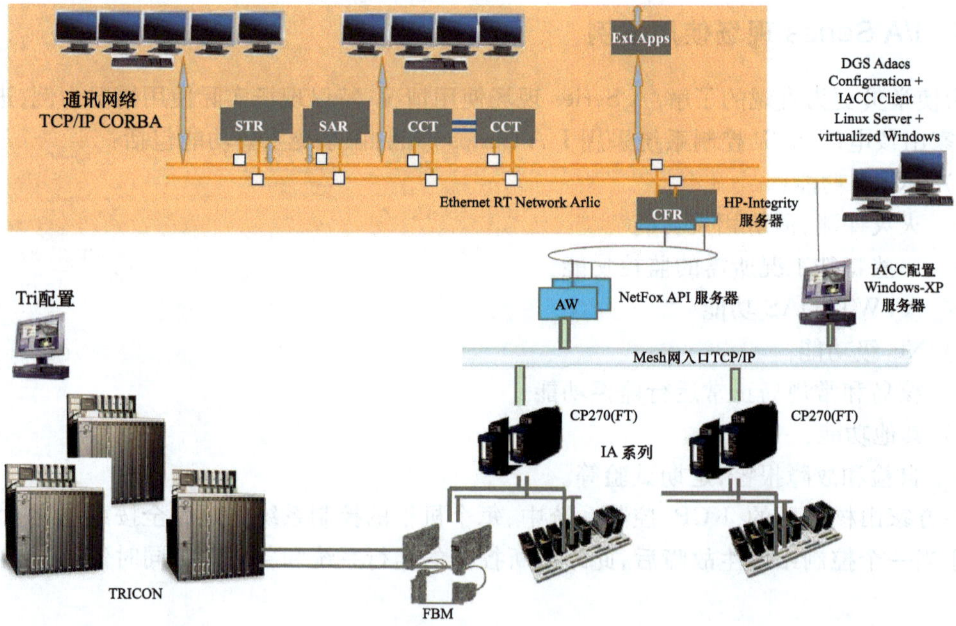

图 1-19 DCS 系统结构简图

1.1.9 ADACS-N 平台硬件配置

中央处理服务器(CCT)硬件配置见表 1-2。

表 1-2　中央处理服务器（CCT）硬件配置

Category	Description
Model Name	HP ProLiant DL380 Gen9 8SFF Configure-to-order Server
Processor	HP DL380 Gen9 Intel® Xeon® E5-2643v3(3.4 GHz/6-core/20 MB/135 W) FIO Processor Kit Ships with a High Performance Heatsink
Memory	HP 8 GB(1×8 GB)Single Rank×4 DDR4-2133 CAS-15-15-15 Registered Memory Kit
Media Bay Kits	HP DL380 Gen9 Universal Media Bay Kit
Storage Controller	HP Dynamic Smart Array B140i,plus optional HP Flexible Smart Array or Smart HBA controller
SAS Controllers	HP Smart Array P440ar/2 GB FBWC 12 Gb 2-ports Int FIO SAS Controller
Hard Drive	HP 200 GB 12 G SAS Mainstream Endurance SFF 2.5-in SC Enterprise Mainstream 3yr Wty Solid State Drive
Optical Drives	HP 9.5 mm SATA DVD-ROM JackBlack Gen9 Optical Drive
Network Controller	HP Embedded 1 Gb Ethernet 4-port 331i Adapter,plus optional HP Flexible LOM
Network Controller	HP Ethernet 10 Gb 2-port 530SFP Adapter
PCIe	3 PCIe slots(+3 PCI slots available with upgrade option,second processor required)
Fans	4 hot plug fans,redundant
Rail Kits	HP 2U Small Form Factor Easy Install Rail Kit
Power Supply	HP 500 W Flex Slot Platinum Hot Plug Power Supply Kit
Management	HP iLO Advanced including 1yr 24×7 Technical Support and Updates Single Server License
China CCC Compliance	China Regulatory CCC Compliance Mark
Warranty	HP 3y 24×7 DL380 Gen9 ProCare Service

前端处理服务器(CFR)硬件配置见表 1-3。

表 1-3　前端处理服务器（CFR）硬件配置

Category	Description
Model Name	HP ProLiant DL380 Gen9 8SFF Configure-to-order Server
Processor	HP DL380 Gen9 Intel® Xeon® E5-2643v3(3.4 GHz/6-core/20 MB/135 W) FIO Processor Kit Ships with a High Performance Heatsink
Memory	HP 8 GB(1×8 GB)Single Rank×4 DDR4-2133 CAS-15-15-15 Registered Memory Kit
Media Bay Kits	HP DL380 Gen9 Universal Media Bay Kit
Storage Controller	HP Dynamic Smart Array B140i,plus optional HP Flexible Smart Array or Smart HBA controller
SAS Controllers	HP Smart Array P440ar/2 GB FBWC 12 Gb 2-ports Int FIO SAS Controller
Hard Drive	HP 200 GB 12 G SAS Mainstream Endurance SFF 2.5-in SC Enterprise Mainstream 3yr Wty Solid State Drive
Optical Drives	HP 9.5 mm SATA DVD-ROM JackBlack Gen9 Optical Drive

续表

Category	Description
Network Controller	HP Embedded 1 Gb Ethernet 4-port 331i Adapter, plus optional HP Flexible LOM
Network Controller	HP Ethernet 10 Gb 2-port 530SFP Adapter
IRIG-B Card	SPECTRACOM TPRO-PCI-U-2 IRIG
PCIe	3 PCIe slots(+3 PCI slots available with upgrade option, second processor required)
Fans	4 hot plug fans, redundant
Rail Kits	HP 2U Small Form Factor Easy Install Rail Kit
Power Supply	HP 500 W Flex Slot Platinum Hot Plug Power Supply Kit
Management	HP iLO Advanced including 1yr 24×7 Technical Support and Updates Single Server License
China CCC Compliance	China Regulatory CCC Compliance Mark
Warranty	HP 3y 24×7 DL380 Gen9 ProCare Service

实时历史服务器(SAR-STR)硬件配置见表1-4。

表 1-4 实时历史服务器（SAR-STR）硬件配置

Category	Description
Model Name	HP ProLiant DL380 Gen9 8SFF Configure-to-order Server
Processor	HP DL380 Gen9 Intel® Xeon® E5-2643v3(3.4 GHz/6-core/20 MB/135 W) FIO Processor Kit Ships with a High Performance Heatsink
Memory	HP 8 GB(1×8 GB)Single Rank×4 DDR4-2133 CAS-15-15-15 Registered Memory Kit
Media Bay Kits	HP DL380 Gen9 Universal Media Bay Kit
Storage Controller	HP Dynamic Smart Array B140i, plus optional HP Flexible Smart Array or Smart HBA controller
SAS Controllers	HP Smart Array P440ar/2 GB FBWC 12 Gb 2-ports Int FIO SAS Controller
Hard Drive	HP 200 GB 12 G SAS Mainstream Endurance SFF 2.5-in SC Enterprise Mainstream 3yr Wty Solid State Drive X 4
Optical Drives	HP 9.5 mm SATA DVD-ROM JackBlack Gen9 Optical Drive
Network Controller	HP Embedded 1 Gb Ethernet 4-port 331i Adapter, plus optional HP Flexible LOM
Network Controller	HP Ethernet 10 Gb 2-port 530SFP Adapter
PCIe	3 PCIe slots(+3 PCI slots available with upgrade option, second processor required)
Fans	4 hot plug fans, redundant
Rail Kits	HP 2U Small Form Factor Easy Install Rail Kit
Power Supply	HP 500 W Flex Slot Platinum Hot Plug Power Supply Kit
Management	HP iLO Advanced including 1yr 24×7 Technical Support and Updates SingleServer License
China CCC Compliance	China Regulatory CCC Compliance Mark
Warranty	HP 3y 24×7 DL380 Gen9 ProCare Service

网关服务器(SAR-STR-GTW)硬件配置见表 1-5。

表 1-5　网关服务器（SAR-STR-GTW）硬件配置

Category	Description
Model Name	HP ProLiant DL380 Gen9 8SFF Configure-to-order Server
Processor	HP DL380 Gen9 Intel® Xeon® E5-2643v3(3.4 GHz/6-core/20 MB/135 W) FIO Processor Kit Ships with a High Performance Heatsink
Memory	HP 8 GB(1×8 GB)Single Rank×4 DDR4-2133 CAS-15-15-15 Registered Memory Kit
Media Bay Kits	HP DL380 Gen9 Universal Media Bay Kit
Storage Controller	HP Dynamic Smart Array B140i, plus optional HP Flexible Smart Array or Smart HBA controller
SAS Controllers	HP Smart Array P440ar/2 GB FBWC 12 Gb 2-ports Int FIO SAS Controller
Hard Drive	HP 200 GB 12 G SAS Mainstream Endurance SFF 2.5-in SC Enterprise Mainstream 3yr Wty Solid State Drive X 4
Optical Drives	HP 9.5 mm SATA DVD-ROM JackBlack Gen9 Optical Drive
Network Controller	HP Embedded 1 Gb Ethernet 4-port 331i Adapter, plus optional HP Flexible LOM
Network Controller	HP Ethernet 10 Gb 2-port 530SFP Adapter
PCIe	3 PCIe slots(+3 PCI slots available with upgrade option, second processor required)
PCIe card	HP SC11Xe Ultra320 SCSI
Fans	4 hot plug fans, redundant
Rail Kits	HP 2U Small Form Factor Easy Install Rail Kit
Power Supply	HP 500 W Flex Slot Platinum Hot Plug Power Supply Kit
Management	HP iLO Advanced including 1yr 24×7 Technical Support and Updates Single Server License
China CCC Compliance	China Regulatory CCC Compliance Mark
Warranty	HP 3y 24×7 DL380 Gen9 ProCare Service

1.2　工器具准备

工器具准备见表 1-6。

表 1-6　工器具准备

工器具名称	规格型号	数量	用途
万用表	FLUKE179	2	I/A 平台用,测量端子的通断
信号发生器	FLUKE744	1	I/A 平台用,接线端子加模拟信号
专用内六角扳手		1	I/A 平台用,FBM 卡件的拆卸和安装
专用 PDA		1	I/A 平台用,通过红外传输接口读取该 CP 讯息

续表

工器具名称	规格型号	数量	用途
一字/十字螺丝刀		2	I/A平台用,端子接线的拆卸与恢复
十字螺丝刀	中号(长杆)	1	ADACS_N平台用,设备拆装
呆扳手		1套	ADACS_N平台用,设备拆装
一字螺丝刀	中号	1	ADACS_N平台用,设备拆装
网线		1	ADACS_N平台用,通讯连接
数字万用表	FLUKE 189	1	ADACS_N平台用,电源测量
笔记本电脑	无	1	ADACS_N平台用,资料读取及操作支持
安装光盘套件	ATOS	1	ADACS_N平台用,系统安装及配置

1.3 模拟体准备

技能培训中心I/A培训模拟体、KIC系统模拟体供电正常,系统已恢复至初始状态。

1.4 辐射防护准备

无。

1.5 工业安全准备

环境要求:I/A系统的工作环境必须满足一定的要求,这些要求大致包括对电源的、温度的、湿度的、接地的和空气微粒的。

1) 电源

I/A系统要求供电电源具备连续性和稳定性,并具备一定时间的电池供应能力以响应市电线路上的意外事件。建议使用带隔离的不间断供电电源UPS。UPS的容量视I/A系统的规模而定,一般每一机柜加上一操作台配置1.5 kVA。电池供应时间要求维持15～30 min。

2) 接地

必须为I/A系统提供一个独立的接地地桩,接地电阻小于5 Ω(电厂为1 Ω)。I/A系统的安全保护地、交流电源地和内部信号的逻辑地均应接入该地桩。任何非I/A设备的接地都不能与该地桩相连。

3) 温度

控制室的温度必须控制在15～30 ℃。

4) 湿度

控制室的湿度必须控制在45%～65%。

5）空气微粒

必须对控制室的空气微尘进行控制，防止灰尘的进入。请建立控制室的日常规章制度，确保 I/A 系统的正常运行。

另外，建立必要的机房规章制度，明确规定上述机房条件的设施，指定专人负责保养和维护。

按照工业安全规定执行，所有人员穿戴劳动保护用品。具体的工业安全准备需根据现场环境而确定，但基本的工业安全需要准备。所有人员必须佩戴安全帽、防砸鞋、工作服、手套等。检修场地使用警示带进行围栏，确保工作过程中无非工作人员进入。

1.6　配合人员准备

序号	工种	资格要求	数量	备注
1	检修工	仪控专业	1	检修工
2	辅助检修工	仪控专业 2 年以上经验	2	辅助检修工

1.7　场地准备

现场铺设白布用于摆放工器具；铺设橡胶板，合理分配场地，确保工具、设备的合理分布，方便检修；在场地外围布置警示带。

第二章　操作实施

2.1　I/A 操作实施 1　模拟量输入模件的更换

模拟量输入模件的更换见表 2-1。

表 2-1　模拟量输入模件的更换

序号	操作步骤	操作要求	工器具	测评标准
1	将基板电源连接线拔下，使基板断电	严格按照步骤进行操作，同组人员做好互检	无	遗漏步骤或工作小组未进行互检“-1”分
2	将模件、模件基板上的接线及模件基板全部拆除	严格按照步骤进行操作，同组人员做好互检	无	遗漏步骤或工作小组未进行互检“-1”分
3	用一字螺丝刀拧下基板上下侧螺丝，将基板从导轨上拆下	严格按照步骤进行操作，同组人员做好互检，正确使用操作工具	一字螺丝刀	遗漏步骤或工作小组未进行互检“-1”分
4	安装新的模件基板，恢复所有接线	严格按照步骤进行操作，同组人员做好互检	无	遗漏步骤或工作小组未进行互检“-1”分
5	设置基板拨码开关	严格按照步骤进行操作，同组人员做好互检	无	遗漏步骤或工作小组未进行互检“-1”分
6	安装模件安装基板到导轨上，固定	严格按照步骤进行操作，同组人员做好互检	无	遗漏步骤或工作小组未进行互检“-1”分
7	将模件、模件基板上的接线全部恢复	严格按照步骤进行操作，同组人员做好互检	无	遗漏步骤或工作小组未进行互检“-1”分
8	恢复基板电源连接线，使基板上电	严格按照步骤进行操作，同组人员做好互检	无	遗漏步骤或工作小组未进行互检“-1”分
9	查看 FBM 模件各通道状态是否正确	严格按照步骤进行操作，同组人员做好互检	无	遗漏步骤或工作小组未进行互检“-1”分

2.2　I/A 操作实施 2　模拟量输入模件的检查

模拟量输入模件的检查见表 2-2。

表 2-2　模拟量输入模件的检查

序号	操作步骤	操作要求	工器具	测评标准
1	在 I/O 柜中将所检查的模拟量输出通道接线端子接线断开，用绝缘胶布包扎防止短路	严格按照步骤进行操作，同组人员做好互检，注意包扎的完好性，防止短接	无	遗漏步骤或工作小组未进行互检“-1”分
2	如果被测通道是热电阻信号，在接线端子上，用电阻箱分别加上量程为 10%、50%、90%的电阻信号	严格按照步骤进行操作，同组人员做好互检，注意电阻箱正确使用	电阻箱	遗漏步骤或工作小组未进行互检“-1”分
3	如果被测通道是热电偶信号，在接线端子上，用 FLUKE744 分别加上量程为 10%、50%、90%的热电偶信号	严格按照步骤进行操作，同组人员做好互检，注意 FLUKE744 正确使用	FLUKE744	遗漏步骤或工作小组未进行互检“-1”分
4	如果被测通道是电流信号，在接线端子上，用 FLUKE744 分别加上量程为 10%、50%、90%的电流信号	严格按照步骤进行操作，同组人员做好互检，注意 FLUKE744 正确使用	FLUKE744	遗漏步骤或工作小组未进行互检“-1”分
5	如果被测通道是电压信号，在接线端子上，用 FLUKE744 分别加上量程为 10%、50%、90%的电压信号	严格按照步骤进行操作，同组人员做好互检，注意 FLUKE744 正确使用	FLUKE744	遗漏步骤或工作小组未进行互检“-1”分
6	在工程师站上读取数据，记入测试表格，并计算通道精度	注意表格记录的完整性	无	遗漏步骤，表格填写不规范“-1”分

2.3　I/A 操作实施 3　模拟量输出模件的更换

模拟量输出模件的更换见表 2-3。

表 2-3　模拟量输出模件的更换

序号	操作步骤	操作要求	工器具	测评标准
1	将基板电源连接线拔下，使基板断电	严格按照步骤进行操作，同组人员做好互检	无	遗漏步骤或工作小组未进行互检“-1”分
2	将模件、模件基板上的接线及模件基板全部拆除	严格按照步骤进行操作，同组人员做好互检	无	遗漏步骤或工作小组未进行互检“-1”分
3	用一字螺丝刀拧下基板上下侧螺丝，将基板从导轨上拆下	严格按照步骤进行操作，同组人员做好互检，正确使用操作工具	一字螺丝刀	遗漏步骤或工作小组未进行互检“-1”分
4	安装新的模件基板，恢复所有接线	严格按照步骤进行操作，同组人员做好互检	无	遗漏步骤或工作小组未进行互检“-1”分

续表

序号	操作步骤	操作要求	工器具	测评标准
5	设置基板拨码开关	严格按照步骤进行操作,同组人员做好互检	无	遗漏步骤或工作小组未进行互检"-1"分
6	安装模件安装基板到导轨上,固定	严格按照步骤进行操作,同组人员做好互检	无	遗漏步骤或工作小组未进行互检"-1"分
7	将模件、模件基板上的接线全部恢复	严格按照步骤进行操作,同组人员做好互检	无	遗漏步骤或工作小组未进行互检"-1"分
8	恢复基板电源连接线,使基板上电	严格按照步骤进行操作,同组人员做好互检	无	遗漏步骤或工作小组未进行互检"-1"分

2.4 I/A 操作实施 4 CP 更换

CP 更换操作见表 2-4。

表 2-4 CP 更换

序号	操作步骤	操作要求	工器具	测评标准
1	拔掉该 CP 上 A/B 路通讯线	严格按照步骤进行操作,同组人员做好互检	无	遗漏步骤或工作小组未进行互检"-1"分
2	用 CP 专用内六角扳手将 CP 拔下	严格按照步骤进行操作,同组人员做好互检	专用内六角扳手	遗漏步骤或工作小组未进行互检"-1"分
3	更换新的 CP	严格按照步骤进行操作,同组人员做好互检	无	遗漏步骤或工作小组未进行互检"-1"分
4	插上该 CP 上 A/B 路通讯线	严格按照步骤进行操作,同组人员做好互检	无	遗漏步骤或工作小组未进行互检"-1"分
5	用 PDA(装有 LetterBug 配置器软件)对准红外传输接口读取该 CP 讯息,看是否正确	1. 打开 PDA 2. 点击 START—HPS Configurator 3. 选中 QINSHAN2.CSV 4. 在空白 ID 栏输入该新 CP 的串号(如:1001UC 等) 5. 点中 ID 栏 6. 将 PDA 红外口对准 CP 红外口 7. 点击软件底部工具条上的"S"按钮 8. 保持 PDA 位置,等待,新 CP 读取正常容错主 CP 相关信息 9. 弹出新窗口,首行显示 Status for "xxxxxx:yyyyyy",其中 xxxxxx 为 CP 的串号,yyyyyy 为 CP 的 LETTERBUG 号,确认 LETTERBUG 号正确,则设置成功	无	遗漏步骤或工作小组未进行互检"-1"分

续表

序号	操作步骤	操作要求	工器具	测评标准
6	从 SYSTEM MONITOR 里观察该对 CP 的 EQUIP INFO 信息，是否主副 CP 状态正常，正常则更换成功	严格按照步骤进行操作，同组人员做好互检	无	遗漏步骤或工作小组未进行互检"-1"分

2.5　I/A 操作实施 5　系统电源模块的更换

系统电源模块的更换见表 2-5。

表 2-5　系统电源模块的更换

序号	操作步骤	操作要求	工器具	测评标准
1	切断配电柜送来的 220 VAC	严格按照步骤进行操作，同组人员做好互检，严格核对电源开关编号是否正确	无	遗漏步骤或工作小组未进行互检"-1"分
2	拔掉 2 路进线 220 VAC(+/-)电源线 Input 插头	严格按照步骤进行操作，同组人员做好互检，严格核对线号是否正确	无	遗漏步骤或工作小组未进行互检"-1"分
3	拔掉 6 路出线 24 VDC 电源线 Output 插头	严格按照步骤进行操作，同组人员做好互检	无	遗漏步骤或工作小组未进行互检"-1"分
4	拔掉接地插头	严格按照步骤进行操作，同组人员做好互检	无	遗漏步骤或工作小组未进行互检"-1"分
5	更换电源模块	严格按照步骤进行操作，同组人员做好互检，严格核对电源模块型号	无	遗漏步骤或工作小组未进行互检"-1"分
6	插上 2 路进线 220 VAC(+/-)电源线 Input 插头	严格按照步骤进行操作，同组人员做好互检，严格核对线号是否正确	无	遗漏步骤或工作小组未进行互检"-1"分
7	插上 6 路出线 24 VDC 电源线 Output 插头	严格按照步骤进行操作，同组人员做好互检	无	遗漏步骤或工作小组未进行互检"-1"分
8	插上接地插头	严格按照步骤进行操作，同组人员做好互检	无	遗漏步骤或工作小组未进行互检"-1"分

2.6 I/A 操作实施 6 I/O 站断电、加电操作

断电、加电前的准备。

—断电操作的原则 1:先停 I/O 柜 220 VAC 电源,再停配电柜对应电源,逐渐减少负荷。

—断电操作的原则 2:先停 I/O 站,再停操作员站、最后停打印站电源。

—断电操作的原则 3:先停外设电源,再停主机电源。

—加电操作的原则 1:先加配电柜电源,再加 I/O 柜 220 VAC 电源,逐渐增加负荷。

—加电操作的原则 2:先启动配电柜设备、再启动 I/O 站、操作员站、最后启动 I/O 站。

—加电操作的原则 3:先启动外设,再启动主机。

I/O 站断电操作(一),见表 2-6。

表 2-6 I/O 站断电操作（一）

序号	操作步骤	操作要求	工器具	测评标准
1	前提准备条件满足的情况下,开始断电	检验断电要求是否满足	无	遗漏步骤或工作小组未进行互检“-1”分
2	打开 I/O 柜顶部电源模块开关,检查底部电源转换模块是否红灯亮,同时机柜所有设备停止工作	严格按照步骤进行操作,同组人员做好互检	无	遗漏步骤或工作小组未进行互检“-1”分
3	依次打开其他 I/O 柜开关,依次检查	严格核对 I/O 开关编号	无	遗漏步骤或工作小组未进行互检“-1”分
4	打开配电柜各分开关	严格按照步骤进行操作,同组人员做好互检	无	遗漏步骤或工作小组未进行互检“-1”分
5	打开配电柜总开关	严格按照步骤进行操作,同组人员做好互检	无	遗漏步骤或工作小组未进行互检“-1”分
6	检查确认断电正常完毕	严格按照步骤进行操作,同组人员做好互检	无	遗漏步骤或工作小组未进行互检“-1”分

I/O 站加电操作(二)见表 2-7。

表 2-7 I/O 站加电操作（二）

序号	操作步骤	操作要求	工器具	测评标准
1	前提准备条件满足的情况下,开始上电	检验上电要求是否满足	无	遗漏步骤或工作小组未进行互检“-1”分
2	合配电柜总开关后,检查各分开关进线是否带电	严格按照步骤进行操作,同组人员做好互检	无	遗漏步骤或工作小组未进行互检“-1”分
3	合分开关,检查进入 I/O 柜 220 VAC 端子是否带电	注意万用表表针接线位置正确,注意档位选择正确	万用表	遗漏步骤或工作小组未进行互检“-1”分

续表

序号	操作步骤	操作要求	工器具	测评标准
4	合分开关，检查进入 I/O 柜 220 VAC 端子是否带电	注意万用表表针接线位置正确，注意档位选择正确	万用表	遗漏步骤或工作小组未进行互检“-1”分
5	有 48 VDC 的 I/O 柜，检查 48 VDC 端子是否带电	注意万用表表针接线位置正确，注意档位选择正确	万用表	遗漏步骤或工作小组未进行互检“-1”分
6	依次合上其他开关，依次检查	严格按照步骤进行操作，同组人员做好互检	无	遗漏步骤或工作小组未进行互检“-1”分

2.7 I/A 配电柜断电、加电操作

I/A 配电柜断电、加电操作见表 2-8。

表 2-8 I/A 配电柜断电、加电操作

序号	操作步骤	操作要求	工器具	测评标准
1	配电柜断电操作	注意：配电柜断电操作只在 LNQ 系统断电或对配电柜进行检修的情况下执行 1. 关掉 A 列电源开关 S1~S18 2. 关掉 B 列电源开关 S19~S36	无	遗漏步骤或工作小组未进行互检“-1”分
2	配电柜加电操作	1. 打开 A 列电源开关 S1~S18 2. 打开 B 列电源开关 S19~S36	无	遗漏步骤或工作小组未进行互检“-1”分

2.8 ADACS_N 操作实施 1 KIC-OWP 站系统安装

KIC-OWP 站系统安装见表 2-9。

表 2-9 KIC-OWP 站系统安装

序号	操作步骤	操作要求	工器具	测评标准
1	将系统安装 U 盘插入 KIC-OWP 站的 USB 接口	将系统安装 U 盘插入 KIC-OWP 站的 USB 接口	U 盘； Redhat Client Operating System Installation DVD (rhel-client-6.6-i386-dvd)	选择正确的安装U盘或光盘
2	重启 KIC-OWP 站	远程登录重启或者手动按电源键	无	系统重启
3	选择所要安装的工作站位号，按下 enter	选择所要安装的工作站位号，按下 enter	无	选择正确的安装工作站位号

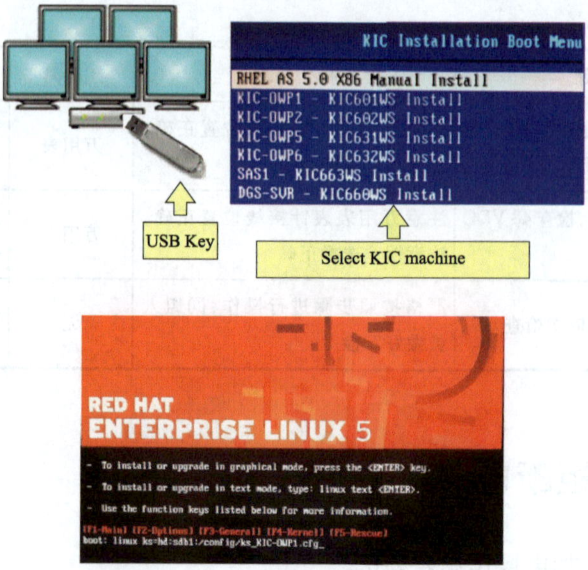

图 2-1 KIC-OWP 站系统安装界面

boot:linux ks=hd:sdb1:/config/ks_KIC-OWP1.cfg
boot:linux ks=hd:sdb1:/config/ks_KIC-OWP2.cfg
boot:linux ks=hd:sdb1:/config/ks_KIC-OWP3.cfg
boot:linux ks=hd:sdb1:/config/ks_KIC-OWP4.cfg

2.9 ADACS_N 操作实施 2 服务器系统安装

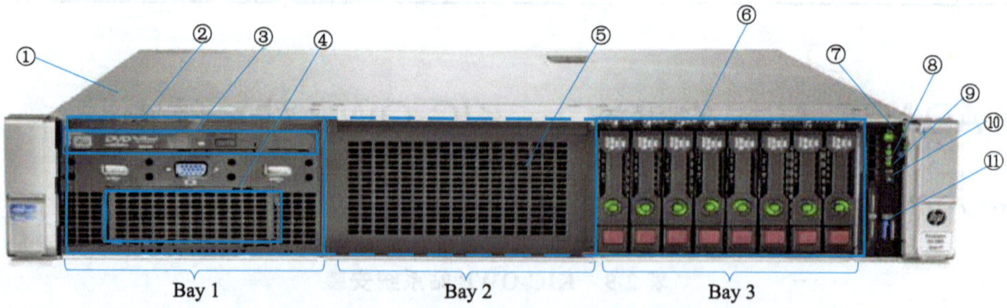

图 2-2 服务器

1—Quick removal access panel

2—Universal Media bay. 2 USB 2.0 and VGA standard(8SFFbay optional)

3—Optional Optical drive. Requires Universal Media bay

4—Optional 2 SFF HDD, blank shown. Requires UniversalMedia ba

5—Drive bay 2. Blank shown, 8SFF or 6NVMe optiona

6—8 SFF Drive Cage Bay

7—Power On/Standby button and system power LED button

8—Health LED

9—NIC status

10—UID button

11—USB 3.0

服务器系统安装操作见表 2-10。

表 2-10　服务器系统安装

序号	操作步骤	操作要求	工器具	测评标准
1	插入安装 USB key，以及 DVD redhat6.6 serve ria64(V6 版本)	插入安装 USB key，以及 DVD redhat6.6 server ia64(V6 版本)	USB key 和 DVD redhat6.6 server ia64	选择正确的安装 U 盘和光盘
2	重启服务器	远程登录重启或者手动按电源键	无	服务器成功启动
3	进入光盘引导	按 F11，在启动菜单选择 EMBEDDED SATA PORT IO CD/DVD ROM：HP DVD D DU8D6SH	无	能否进入光盘引导界面
4	键入 boot prompt 命令语句	Choose"a"：to modify the kernel arguments. At boot prompt，enter the corresponding command for each configuration(语句见下表) grub append>boot：linux ks=hd：sdb1：/config/ks_XXXX.cfg	无	输入正确的命令行语句

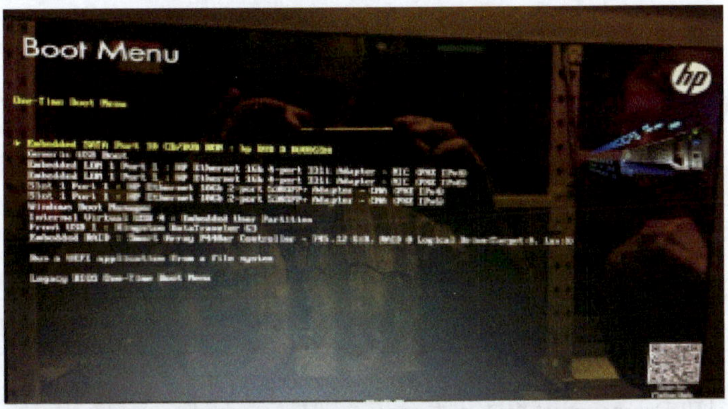

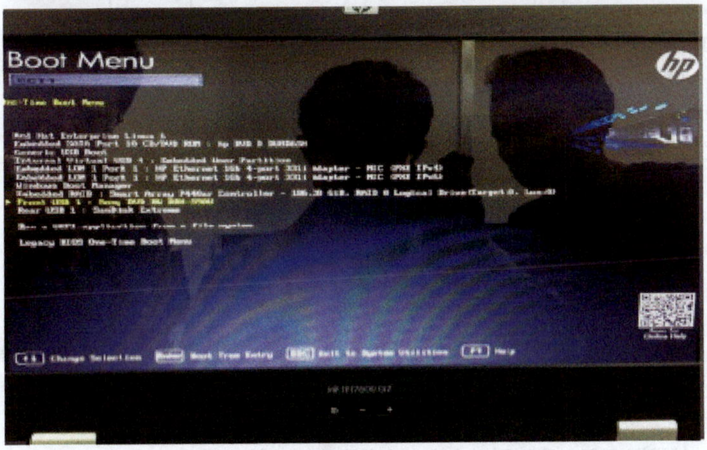

图 2-3　服务器系统安装界面

Choose“a”:to modify the kernel arguments. At boot prompt,enter the corresponding command for each configuration:V6 版本:

grub append>boot: linux ks=hd:sdb1:/config/ks_CCT1.cfg
grub append>boot: linux ks=hd:sdb1:/config/ks_CCT2.cfg
grub append>boot: linux ks=hd:sdb1:/config/ks_CFR1.cfg
grub append>boot: linux ks=hd:sdb1:/config/ks_CFR2.cfg
grub append>boot: linux ks=hd:sdb1:/config/ks_SAR1STR1.cfg
grub append>boot: linux ks=hd:sdb1:/config/ks_SAR2STR2.cfg
grub append>boot: linux ks=hd:sdb1:/config/ks_SAR3STR3.cfg
grub append>boot: linux ks=hd:sdb1:/config/ks_SAR4STR4.cfg
grub append>boot: linux ks=hd:sdb1:/config/ks_SAR5STR5.cfg
grub append>boot: linux ks=hd:sdb1:/config/ks_SAR6STR6.cfg
grub append>boot: linux ks=hd:sdb1:/config/ks_SAR7STR7GTW1.cfg
grub append>boot: linux ks=hd:sdb1:/config/ks_SAR8STR8GTW2.cfg

2.10 ADACS_N 操作实施 3 全局集成下装程序

全局集成下装程序见表 2-11。

表 2-11 全局集成下装程序

序号	操作步骤	操作要求	工器具	测评标准	备注
1	准备全局 UDD	1. 在 DGS-SVR 上,点击 version management,打开 UDD management 窗口,点击 create candidate version 2. 创建 gloab UDD,在 UDD kind 中选择 Global 3. 点击 create,等待 no error detected 出现 4. write candidate version 填写路径:/home/dgs1/DGS/UDD/UDD20131212_1 5. 在备注栏中记录 UDD 开始和结束时间	无	是否生成了全局 UDD 数据包	UDD 文件必须在 DGS-SVR 上生成
2	下装过程	1. 在 SAS 上启动 AMC client:在【adacs@SAS1】命令行中输入 amc_start 如之前已启动 AMC,选择 file→connect 2. 使用 dataconf 用户登录 3. 选择 data management 菜单下的 download data files from DGS 4. ➪ 在 select machine containing the UDD 中选择 dgs-svr;➪ 在 account name 中选择 dgs1;➪ 在 directory 栏中填入 /home/dgs1/DGS/UDD/UDD20131212_1(可以自定义文件名)➪ 确认无误后,点击 confirm	无	数据包成功载入 CCT 服务器	

续表

序号	操作步骤	操作要求	工器具	测评标准	备注
3	停止 KIC 平台	选择 administration 菜单→stop KIC platform 等待所有服务器/OWP 停运，当信息栏出现 END CORRECTLY 时，可开始下步操作	无	KIC 平台停运，KIC-OWP 站黑屏	
4	API restore_index.dat 文件操作	1. 在 API 服务器上，进入 D：盘 opt/fox/ais/bin 下，将 restore_index.dat 删除。重启 API 服务 2. 确认 opt/fox/ais/bin 目录下，restore_index.dat 文件重新生成（文件大小：0 字节）	无	restore_index 删除完成	
5	FIRST START	1. 采用 KIC 用户登录【用户名：kic，密码：kic】 2. Administration 选项中执行 Start KIC Platform 3. Administration＞KIC platform＞First Start 4. Administration＞Operator workplace＞Start All Operator workplaces，启动所有 OWP	无	First start 启动完成，AMC 程序界面上服务器应用程序指示灯为绿色	
6	查看 CFR 与 API 连接是否正常	1. 打开 OWP 上的 SRV 窗口 2. 如有未连接的 API，到 API 服务器上，运行 cmd，进入命令行，输入 netstat-an |grep 45678，查看链接是否 established	无	输入 netstat-an |grep 45678，查看链接是否 established	
7	确认 KIC 系统状态	1. 服务器是否恢复 2. KIC-OWP 站是否恢复	无	KIC-OWP 画面显示正常	
8	Data saving	Data management＞Data saving	无	AMC 软件中查看 available cold files 是否存在	

2.11　ADACS_N 操作实施 4　Cold start 启动流程

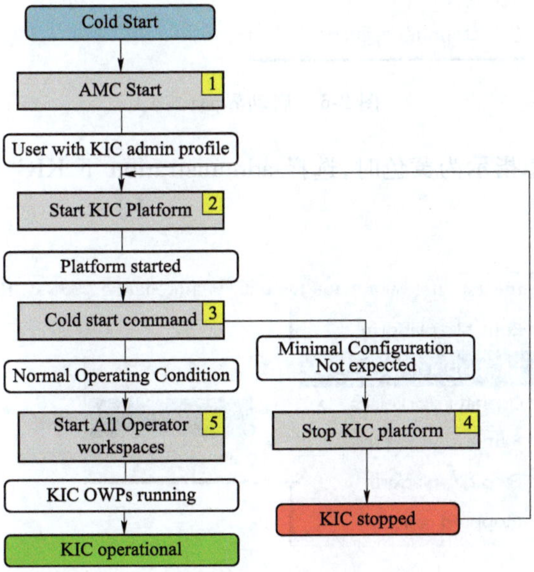

图 2-4　Cold start 启动流程

1）执行完成 mc_start 后，用 kic 用户登录，密码：kic。

图 2-5 启动界面(一)

2）如平台设备未停运，选择 administration 下 stop KIC Platform 按钮，停运整个平台。

3）待所有设备状态指示为红色时，选择 administration 下 start KIC Platform 按钮，启动整个平台。

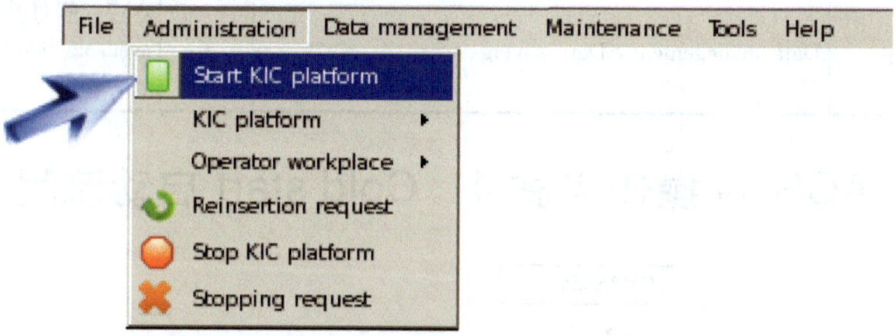

图 2-6 启动界面(二)

4）待所有设备状态指示为黄色时，选择 administration 下 KIC Platform 子项 cold start 按钮。

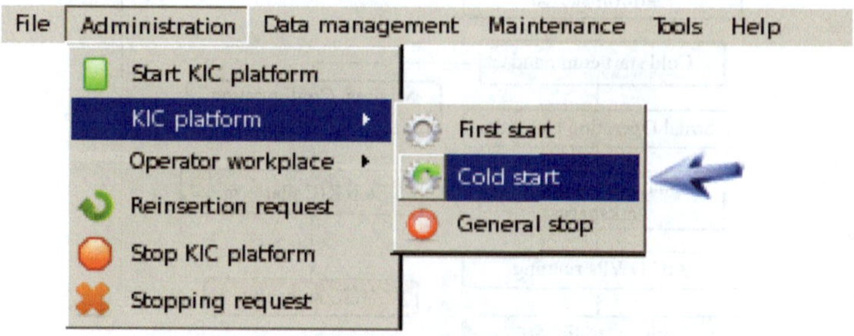

图 2-7 启动界面(三)

5）待服务器启动完成，选择 administration 下 operator workplace 子项 start all operatorwrkplace。

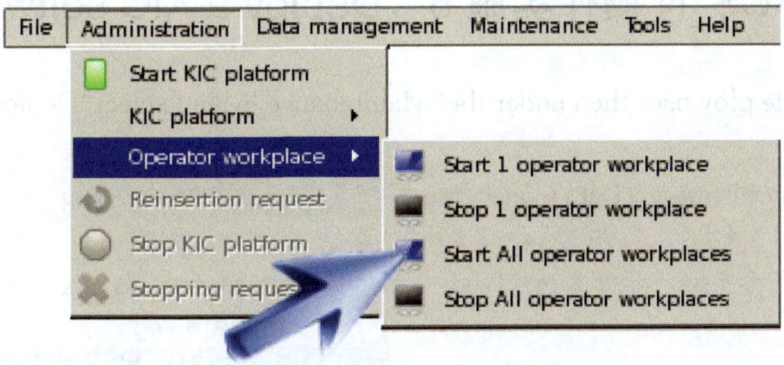

图 2-8 启动界面(四)

2.12 ADACS_N 操作实施 5 载入 backup 数据包步骤

1）Mount the image iso from an usbkey on the DGS-SRV connected as root

$ su-

$ mount/dev/sdc1/mnt

$ mount-o loop/mnt/Dataset_xxx.iso/media

2）Copy the DGS backup database under/home/sam/sam/administration/import_export/ connect as sam

$ su-sam

$ cp/media/backup_xxx.tgz/home/sam/sam/administration/import_export

3）De-tar the backup_ xxx.tgz

$ cd/home/sam/sam/administration/import_export/

$ tar xzf backup_xxx.tgz

4）Start the sam application connected as sam

$ sam_start

5）Stop the MDB

(O)peration->(S)top->(Q)uit

6）Load the backup

(D)atabase->(L)oad->(Y)es->Input the id of the backup_xxx->(Q)uit menu

7）Restart the MDB

(O)peration->(R)estart->(Q)uit

8）Quit the session

(E)nd session

9）Unmount the iso file and usbkey connected as root

$ umount/media

$ umount/mnt

2.13 ADACS_N 操作实施 6 Deploy a KIC software release

Connect as de ploy user then under the"Maintenance"Menu select"Deploy"command.

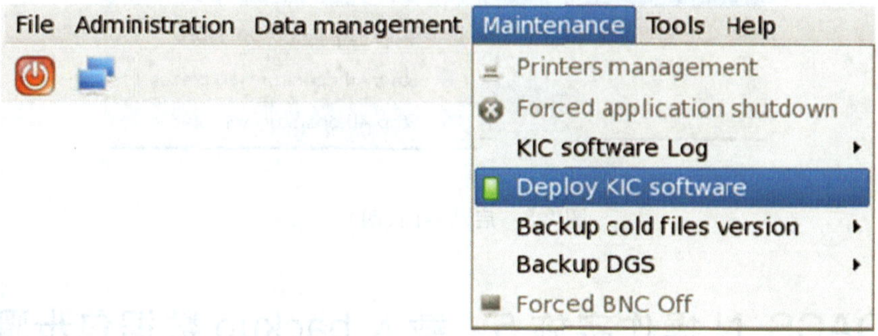

图 2-9 Deploy a KIC software release(1)

A menu is displayed in the Main Screen Panel to enter parameters for this command：

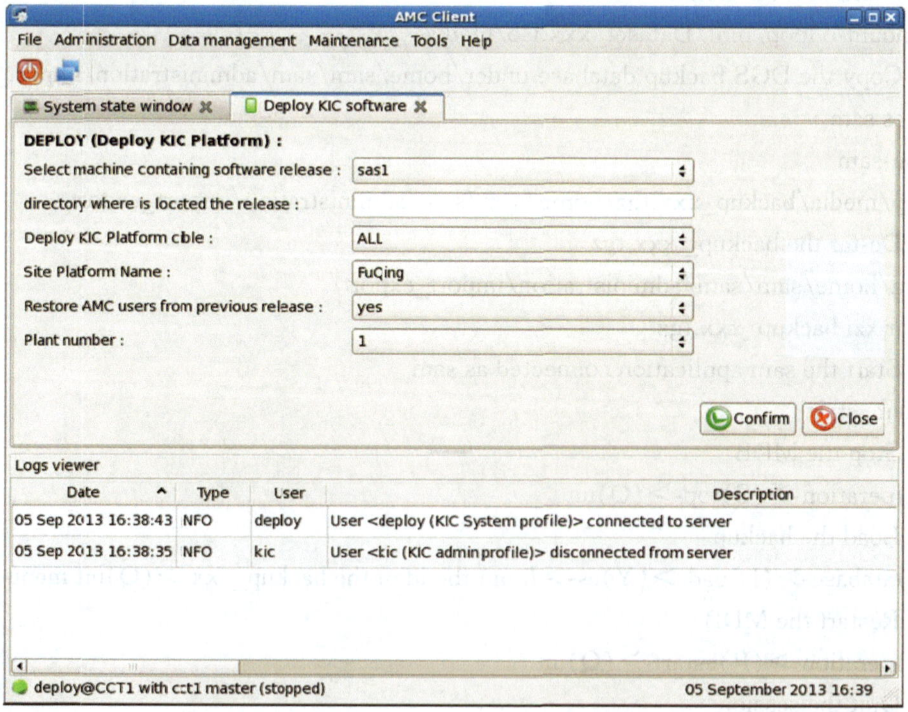

图 2-10 Deploy a KIC software release(2)

2.14　ADACS_N 操作实施中需要特别注意的关键点

针对 5 屏 OWP 站：

1）将系统安装 U 盘插入 KIC-OWP 站的 USB 接口；

2）插入 Redhat Client Operating System Installation DVD(rhel-client-6.6-i386-dvd)；

3）重启 workstation with 5 screens installed。

第三章　故障检查和处理

3.1　I/A 平台日常故障分析

I/A 平台日常故障分析见表 3-1。

表 3-1　I/A 平台日常故障分析

序号	故障现象	故障原因分析
1	过程通道故障	过程通道故障出现最多的是 I/O 卡故障。
2	FCP 通讯故障	FCP 通讯故障出现最多的是冗余的光纤跳线老化，造成光信号衰减或者线路阻断。
3	机柜门报警	柜门限位开关故障、柜内温度异常、内部一路冗余电源故障。
4	电源故障	电源故障问题较多，保险配置不合理，备用电源不能自投，电源波动引起保护误动及接插头接触不良易造成无电源。
5	时钟信号故障	时钟信号故障出现最多的是串接光纤跳线老化，造成光信号衰减或者线路阻断，也有可能是 TSC(Time Strobe Converter)故障。
6	交换机故障	交换机故障出现最多的是光纤跳线老化和光模块故障。
7	干扰造成的故障	对于干扰主要是接地问题，备用电源的切换和大功率的无线通信设备如手机、对讲机等。另外还有 DCS 系统的干扰信号可能由本身造成的。为了防止干扰信号串入系统，严格执行屏蔽和接地要求和方式，信号线远离干扰源，同时采取防电源波动措施。主/从过程处理机之间在机组运行时，除非万不得以，尽量不要人为切换，以防产生干扰，如必须切换，应采取措施，先将控制切手动，以免对机组运行工况产生影响。对电子设备间、工程师站等重点部位，应绝对禁止使用大功率无线电通信设备。

3.2　ADACS_N 平台日常故障分析

ADACS_N 平台日常故障分析见表 3-2。

表 3-2 ADACS_N 平台日常故障分析

序号	故障现象	判断方法	故障原因分析	故障排除方法
1	POP 大屏幕瞬间黑屏，继而重新点亮	查看 POP 大屏幕投射装置的液晶屏幕上的状态显示	大屏幕灯泡故障	更换新灯泡
2	CFR 服务器停运	查看 SRV 画面观察服务器状态	CFR 服务器应用程序停运或 CFR 服务器硬件故障	尝试重启服务器，看是否能恢复系统；如故障频繁出现，可参考上节内容重装系统，或者更换服务器
3	工作站打印功能失效	查看 SRV 画面观察打印机状态	查看是否缺纸；否则，重启打印机，使用 ping 指令确认打印机与 OWP 站连接状态	在 SAS 工作站上远程登录 OWP (ssh-X kic-owp1)，远程登录 OWP，在 OWP 上配置 system-config-printer 中配置打印机在弹出框里启用 enabled
4	显示器画面暗淡	关闭电源，重新开启电源，查看故障状态是否存在	显示器老化	更换新显示器
5	OWP2 鼠标光标能移动，但鼠标点击无效	确认键盘是否存在按钮被卡住；使用新鼠标来判断按键是否失效	键盘按键的卡住导致鼠标点击无效；鼠标长期点击，按键失效	解除卡壳的键盘按键；更换新鼠标

3.3 ADACS_N 平台故障分析诊断流程图

ADACS_N 平台故障分析诊断流程图见图 3-1。

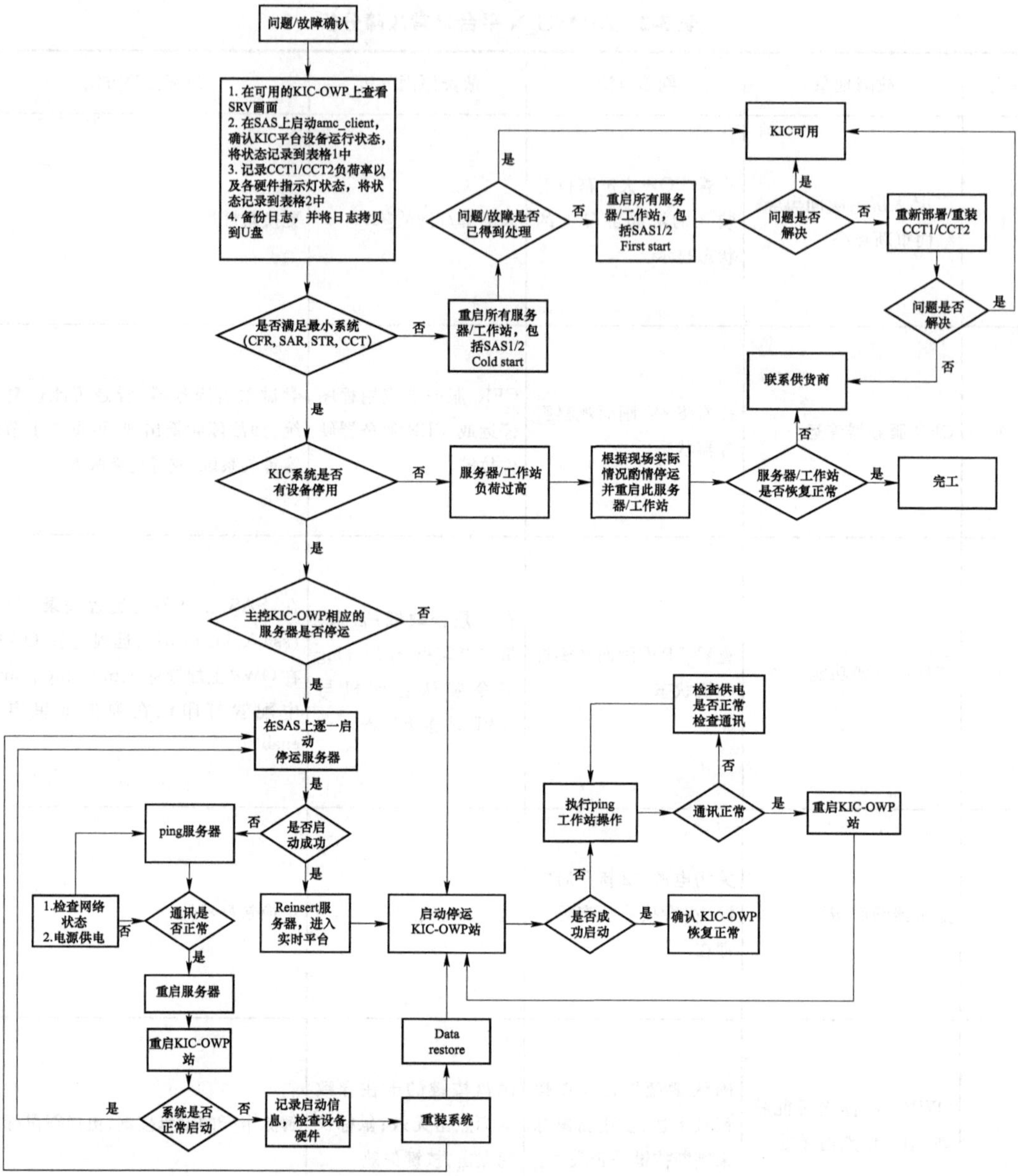

图 3-1　ADACS_N 平台故障分析诊断流程图

第四章　操作结束

4.1　总结培训过程

通过对 DCS 硬件设备的讲解,希望使学员对 DCS 系统有初步的了解,完成对常规操作的训练,使新学员对于设备使用/用电安全/防人因失误工具的掌握有较为全面的认识。

4.2　评判

学员对解体过程进行阐述,并说明其中的关键点以及注意事项。教员对学员的陈述简要记录,根据阐述评判学员的掌握情况。教员指出学员阐述过程中的错误以及需要注意的事项,并且依据评判表,对学员的学习情况做出整体评判。

4.3　清理现场

工作结束后,做到工完料尽场地清。工具整理并与工具清单进行对比,确保工具无缺失,并检查工具的可用性,记录损坏情况并汇报。对更换的领料物资与领料单进行核实,确保所有可更换的物资已更换。清理工作过程中的耗材,进行分类处理,放置到对应的塑料袋中。清理现场的塑料布,橡胶板,必要时用白布清理现场。确认所有光盘和 U 盘以及相应的文档均放置在原来的位置。

4.4　工后会

工后会是对整个工作的过程的回顾以及必要的经验反馈。

回顾工作过程:工作许可证已归还,场地已清理,设备标牌完好,对检修任务进行评价,是否达到预期的目的,试验设备与工器具已经归还。

第五章　经验反馈

5.1　UDD 文件生成环境选择错误

曾经有学员在制作 UDD 文件时,使用的是 DGS workstation,结果导致 UDD 生成失败,原因是 UDD 文件生成必须在 DGS-SVR 上完成。

5.2　AMC 应用程序的用户权限混淆

通过 AMC 应用程序启停平台或下载数据,应该使用正确的用户登录,如 KIC 用户登录,可进行整个平台的启停,而 dataconf 登录,则可以下载数据包,如使用 deploy 用户,则可以部署软件。

5.3　数据下载完成,忘记进行 DATA SAVING 操作

有些学员在完成数据下载操作之后,发现系统已经正常启动,就万事大吉了,遗忘 data saving 操作,这导致系统在出现故障或停运后,无法采用 cold start 程序快速恢复系统。

5.4　报告主题:某核电厂四号机组 DCS 网络故障导致自动停堆(CR201906639)

5.4.1　状态描述

2019 年 1 月 30 日 13 时 38 分,主控巡检发现 KIT 和 KCO 鼠标点击都无法动作,历史库状态显示 Server#1/2 health is BAD 报警,DCS、KIT、KCO 中参数均无法监视。检查一回路状态正常,一回路相关控制系统正常,立即通知仪控检查,停止 3、4 号机组所有操作。

13 时 49 分,主控出现高加/低加水位高低和抽气疏水阀故障报警,A 列 5/6/7 号高加紧急疏水阀全开,机组开始以 30 MW/min 速率降功率到 630 MW。

14 时,启动运行瞬态响应,生产待命整体启动。14 时 35 分,B 列 5/6/7 号高加紧急疏水阀全部开启,为防止超功率,机组开始以 30 MW/min 速率降功率到 550 MW。

15 时 28 分,现场检查 A/B 列高加和低加液位已经接近于排空,设工建议高加退出运行,机组开始以 5 MW/min 速率降功率。

16 时 25 分,机组降功率至 285 MW 功率平台后,由于 APA A 泵转速无法控制,导致蒸汽发生器给水流量调节阀大幅波动,自动控制无法正常控制,停止降功率。

16 时 52 分，DCS“故障-恢复”状态循环切换，蒸发器主给水流量调节阀自动控制大幅波动，蒸发器水位随之大幅波动。

16 时 57 分，APA C 泵转速从 668 rpm 3 s 内上涨至 5 183 rpm，并大幅波动，蒸汽发生器水位从−0.26 m 快速上涨，约 10 s 后 1 号蒸发器水位达到 0.84 m，与 P7 信号(核功率大于 10%Pn)相遇，反应堆停堆，主控开始执行 DEC 规程，引导进入 I1 规程，稳定机组参数。

21 时 30 分，机组进入标准热停堆状态，机组状态稳定后，确认满足条件后，通知通讯员宣布退出整体生产待命。

5.4.2　后果及潜在后果

4 号机组 KIT/KDO 失去控制无法监视，DCS 控制系统异常，高低加紧急疏水阀异常开启，APA 转速调节系统异常，最终导致机组停堆。

5.4.3　已采取行动

通过多种手段严密监视电厂各个参数，加强现场巡检，将机组置于安全状态。

5.4.4　直接原因

1）网络风暴影响 CP 异常，导致主给水泵转速控制异常，出力大幅度波动，触发“蒸汽发生器水位高高”信号(0.84 m)动作，与“核功率大于 10%Pn”信号逻辑联锁，导致 4 号机组自动停堆。

2）机组级交换机 3KIT11 故障。

5.4.5　根本原因

1）3KIT11 交换机故障，数据在 DCS 系统 MESH 网络环形链路中重复收发，产生网络风暴。

2）DCS 环形网络架构未设置阻断机制，造成网络风暴蔓延，导致 CP 控制器控制异常，引发主给水泵转速控制异常。

5.4.6　事件后果

1）对核电厂运行的影响：

DCS 系统参数监测功能丧失，常规岛部分控制操作功能失效。

2）放射性后果：

无。

3）经济损失：

四号机组停机停堆。

4）潜在后果：

无。

第六章　习　题

6.1　选择题(每题5分)

1. DCS(Disturbed Control System)是在那种控制系统基础上演变过来的(C)。

A. PLC　　B. FCS(Fieldbus Control System)

C. 集中式控制系统　　D. 嵌入式控制系统

2. DCS的基本思想是分散控制、(B)、(D)、配置灵活以及组态方便。

A. 分散操作　　B. 集中操作　　C. 集中管理　　D. 分级管理

3. DCS的发展分为(B)个阶段。

A. 2　　B. 3　　C. 4　　D. 5

4. 分布式控制系统有(B)、灵活性、开放性、(C)、(E)、控制功能齐全6个特点。

A. 低可靠性　　B. 高可靠性　　C. 协调性　　D. 难于维护

E. 易于维护

5. KIC系统是基于(D)平台开发的。

A. AB　　B. TXS　　C. NI　　D. ADACS

6. 方家山DCS共分为(D)层。

A. 1　　B. 2　　C. 3　　D. 4

6.2　判断题(每题2分)

1. 方家山核电厂DCS分为四层,其中KCP系统位于第一层。　(√)

2. 在分布式数据库系统中,用户可以感觉到数据是分布的,即用户必须知道关系是否分割、有无副本、数据存于哪个站点以及事务在哪个站点上执行等。　(×)

3. 在核电领域,DCS往往被称作数字化控制系统(Digital Control System),但其实质仍为分布式操作系统。　(√)

4. 分布式控制系统中,各个计算机系统地位平等,除了受全系统的操作系统控制外,不存在主从控制和集中控制环节。　(√)

5. FBM卡件上有红、绿两种灯,红绿灯同时亮时,表示机器发生故障,需要更换。　(×)

6. KIC系统中所有的OWP功能都是一样的。　(×)

7. DCS二层系统的服务器有3种类型。　(×)

8. STR指的是存档服务器。　(√)

9. SAR指的是实时服务器。　(√)

10. DCS二层系统由法国ATOS供货,采用的ADACS_N系统平台由法国N4核电站二层系统演变而来。　(√)

6.3　简答题(每题 20 分)

请简要叙述分布式控制系统(DCS)的特点(只需回答要点即可)。

答:

1)　高可靠性

由于 DCS 将系统控制功能分散在各台计算机上实现,系统结构采用容错设计,因此某一台计算机出现的故障不会导致系统其他功能的丧失。此外,由于系统中各台计算机所承担的任务比较单一,可以针对需要实现的功能采用具有特定结构和软件的专用计算机,从而使系统中每台计算机的可靠性也得到提高。

2)　开放性

DCS 采用开放式、标准化、模块化和系列化设计,系统中各台计算机采用局域网方式通信,实现信息传输,当需要改变或扩充系统功能时,可将新增计算机方便地连入系统通信网络或从网络中卸下,几乎不影响系统其他计算机的工作。

3)　灵活性

通过组态软件根据不同的流程应用对象进行软硬件组态,即确定测量与控制信号及相互间连接关系、从控制算法库选择适用的控制规律以及从图形库调用基本图形组成所需的各种监控和报警画面,从而方便地构成所需的控制系统。

4)　易于维护

功能单一的小型或微型专用计算机,具有维护简单、方便的特点,当某一局部或某个计算机出现故障时,可以在不影响整个系统运行的情况下在线更换,迅速排除故障。

5)　协调性

各工作站之间通过通信网络传送各种数据,整个系统信息共享,协调工作,以完成控制系统的总体功能和优化处理。

6)　控制功能齐全

控制算法丰富,集连续控制、顺序控制和批处理控制于一体,可实现串级、前馈、解耦、自适应和预测控制等先进控制,并可方便地加入所需的特殊控制算法。DCS 的构成方式十分灵活,可由专用的管理计算机站、操作员站、工程师站、记录站、现场控制站和数据采集站等组成,也可由通用的服务器、工业控制计算机和可编程控制器构成。处于底层的过程控制级一般由分散的现场控制站、数据采集站等就地实现数据采集和控制,并通过数据通信网络传送到生产监控级计算机。生产监控级对来自过程控制级的数据进行集中操作管理,如各种优化计算、统计报表、故障诊断、显示报警等。随着计算机技术的发展,DCS 可以按照需要与更高性能的计算机设备通过网络连接来实现更高级的集中管理功能,如计划调度、仓储管理、能源管理等。

6.4　实操题

鉴定点:FBM 输入卡件的更换

试题 1:FBM 输入卡件的更换

1. 准备要求

考场准备:

(1) 试题名称:FBM 输入卡件的更换
(2) 本题分值:15
(3) 考核时间:20 min
(4) 考核形式:实操
(5) 设备设施准备

序号	名称	规格	单位	数量	备注
1	模拟体		台	1	教学用模拟体一台
2	万用表	FLUKE179	把	1	测量端子的通断
3	信号发生器	FLUKE744		1	接线端子加模拟信号
4	专用 PDA			1	读取 CP 讯息
5	专用内六角扳手			1	FBM 卡件的拆卸和安装
6	一字/十字螺丝刀			1	端子接线的拆卸与恢复

考生准备:
(1) 试题名称:FBM 输入卡件的更换
(2) 本题分值:15
(3) 考核时间:20 min
(4) 考核形式:实操
(5) 工具及其他准备:无
2. 考核要求
(1) 本题分值:15
(2) 考核时间:5 min
(3) 考核形式:实操
(4) 具体考核要求:根据 FBM 输入卡件的更换,熟悉其关键点,掌握工作过程大致步骤
(5) 否定项说明:无
3. 配分与评分标准

序号	考核内容	考核要点	配分	评分标准	扣分	得分
1	FBM 输入卡件的更换前准备	确定做好必要保护措施,避免影响设备运行。	1	未模拟检查隔离状态扣 1 分。	1	1
2	将该输入卡件的对应 IO 功能块切换为手动	是否了该项任务的操作	2	未切换手动扣 2 分。	2	2
3	拆下需要更换的卡件	是否了解拆解的过程	4	1. 卡件拆卸错误扣 2 分。 2. 造成零部件损坏扣 2 分。	4	4
4	更换测试为正常的新卡件	了解更换步骤	2	未测试为正常的新卡件扣 2 分。	2	2

续表

序号	考核内容	考核要点	配分	评分标准	扣分	得分
5	将已测试为正常的新卡件插入对应卡槽,确认卡件各通道正常	回装前需要注意的事项	3	1. 未说明零部件完好或已修复、更换。扣1分。 2. 未确认卡件各通道正常扣2分。	3	3
6	在工程师站打开I/A控制系统,点击报警系统,在对应的CP中找到已更换的卡件,“DOWNLOAD”,确认该卡件故障产生的报警已经消除	消除报警	3	1. 在工程师站打开I/A控制系统,点击报警系统,在对应的CP中找到已更换的卡件,“DOWNLOAD”扣2分。 2. 未确认该卡件故障产生的报警已经消除扣1分。	3	3
7	将该模拟量输入卡件的对应I/O功能块切自动	I/O功能块切自动	1	未将该模拟量输入卡件的对应I/O功能块切自动扣1分	1	1

否定项:零部件损坏。

评分人: 年 月 日 核分人: 年 月 日

鉴定点:服务器系统软件安装

试题2:服务器系统软件安装

1. 准备要求

考场准备:

(1) 试题名称:服务器系统软件安装

(2) 本题分值:15

(3) 考核时间:40 min

(4) 考核形式:实操

(5) 设备设施准备

序号	名称	规格	单位	数量	备注
1	DCS二层培训模拟体		套	1	含12台服务器、DGS\SAS工作站
2	安装U盘		个	1	安装U盘
3	Redhat6.6 server光盘		张	1	安装服务器所需光盘
4	Redhat 5.5 client光盘		张	1	安装工作站所需光盘
5	外置光驱		台	1	外置光驱

考生准备:

(1) 试题名称:服务器系统软件安装

(2) 本题分值:15

(3) 考核时间:40 min

(4) 考核形式:实操

(5) 工具及其他准备:无

2. 考核要求

(1) 本题分值:20

(2) 考核时间:40 min

(3) 考核形式:实操

(4) 具体考核要求:通过服务器系统软件安装,熟悉其关键点,掌握服务器系统软件安装的大致步骤

(5) 否定项说明:无

3. 配分与评分标准

序号	考核内容	考核要点	配分	评分标准	扣分	得分
1	服务器前面板部件识别	认识服务器前面板的指示灯含义,部件名称	6	1. 数字 7 标识的部件:电源指示灯; 2. 数字 8 的部件:系统健康指示灯; 3. 数字 9 的部件:网卡状态指示灯; 4. 数字 10 的部件:设备定位指示灯; 5. 数字 6 的部件:固态硬盘; 6. 数字 3 的部件:光驱上述回答如答错一个,扣 1 分。		
2	安装 CFR1 服务器系统	考核对服务器的识别	4	将 CFR\CCT\SARSTR\SARSTRGTW 服务器放在一起,如考生选择了错误的服务器,扣 4 分。		
3	获取安装 U 盘和光盘	选择正确的 U 盘和安装光盘	2	如考生选择 redhat client5.5 光盘,则扣 2 分。		
4	进入光盘引导	正确选择光盘引导	4	如未正确选择光盘引导,扣 4 分; 正确的方式:按 F11,在启动菜单选择 EMBEDDED SATA PORT IO CD/DVD ROM; 可选择外置光驱:选择 PRONT USB1:SONY DVD RW DRX-S98U(如内置光驱无法启动)[具体情况根据接入的光驱型号]。		
5	在 boot prompt 处键入 CFR1 对应的命令	输入配置文件路径	4	如输入的不是 grub append > boot:linux ks=hd:sdb1:/config/ks_CFR1.cfg,则未执行扣 4 分。		

否定项:无。

评分人: 年 月 日 核分人: 年 月 日

鉴定点:DCS 二层全局集成下装

试题 3:DCS 二层全局集成下装

1. 准备要求

考场准备:

(1) 试题名称:DCS 二层数据包全局下装

(2) 本题分值:20
(3) 考核时间:60 min
(4) 考核形式:实操
(5) 设备设施准备

序号	名称	规格	单位	数量	备注
1	DGS backup 文件		个	1	

考生准备:
(1) 试题名称:DCS 二层全局集成下装
(2) 本题分值:20
(3) 考核时间:40 min
(4) 考核形式:实操
(5) 工具及其他准备:无
2. 考核要求
(1) 本题分值:20
(2) 考核时间:40 min
(3) 考核形式:实操
(4) 具体考核要求:根据数据包全局下装,熟悉其关键点,掌握数据下装的大致步骤
(5) 否定项说明:无
3. 配分与评分标准

序号	考核内容	考核要点	配分	评分标准	扣分	得分
1	数据下装前准备	确定数据下装的准备工作是否充分	1	未检查服务器以及工作站的当前运行状态扣 1 分。		
2	全局 UDD 文件准备	考核 UDD 文件生成方法	4	1. 在 DGS-SVR 上,点击 version management,打开 UDD management 窗口,点击 create candidate version,如未执行扣 1 分; 2. 创建 gloab UDD,在 UDD kind 中选择 Global,如未执行扣 1 分; 3. 点击 create,等待 no error detected 出现,如未执行扣 1 分; 4. write candidate version 填写路径:/home/dgs1/DGS/UDD/考生自定义文件名;如未执行扣 1 分。		

续表

序号	考核内容	考核要点	配分	评分标准	扣分	得分
3	下装过程	考核如何将数据下装到 CCT 服务器中	4	1. 在 SAS 上启动 AMC client：在【adacs@SAS1】命令行中输入 amc_start 如之前已启动 AMC，选择 file→connect，如未执行扣 1 分； 2. 使用 dataconf 用户登录，如未执行扣 1 分； 3. 选择 data management 菜单下的 download data files from DGS，如未执行扣 1 分； 4. ➪ 在 select machine containing the UDD 中选择 dgs-svr；➪ 在 account name 中选择 dgs1；➪ 在 directory 栏中填入 /home/dgs1/DGS/UDD/考生自定义文件名 ➪ 确认无误后，点击 confirm，如未下装未成功扣 1 分。		
4	停止 KIC 平台	停止 KIC 平台	1	选择 administration 菜单→stop KIC platform 等待所有服务器/OWP 停运，当信息栏出现 END CORRECTLY 时，可开始下步操作。如未出现 end correctly，即开始下一步扣 1 分。		
5	API restore_ index.dat 文件操作	API restore_index.dat 文件操作	5	1. 在 API 服务器上，进入 D：盘 opt/fox/ais/bin 下，将 restore_index.dat 删除。重启 API 服务，如未执行扣 1 分； 2. 确认 opt/fox/ais/bin 目录下，restore_index.dat 文件重新生成（文件大小：0 字节），如未执行扣 1 分。		
6	FIRST START	FIRST START 操作	4	1. 采用 KIC 用户登录【用户名：kic，密码：kic】如未执行扣 1 分； 2. Administration 选项中执行 Start KIC Platform；如未执行扣 1 分； 3. Administration > KIC platform > First Start；如未执行扣 1 分； 4. Administration>Operator workplace>Start All Operator workplaces，启动所有 OWP，如未执行扣 1 分。		
7	确认 KIC 系统状态	确认 KIC 系统状态	1	1. 服务器是否恢复； 2. KIC-OWP 站是否恢复 Data management>Data saving 如未执行扣 1 分。		

否定项：无

评分人：　　年　　月　　日　　　　　　　　　　　　核分人：　　年　　月　　日